Thinking Better
The Art of the Shortcut

Marcus du Sautoy

数学が見つける近道

マーカス・デュ・ソートイ
冨永　星 訳

CREST BOOKS
Shinchosha

すべての数学の教師たち、
とりわけわたしに
最初の数学の近道を示してくれた
ベイルソン先生へ

THINKING BETTER

The Art of the Shortcut

by

Marcus du Sautoy

Japanese translation rights arranged with Two Cubes, Ltd. c/o Greene & Heaton Ltd.
through Japan UNI Agency, Inc., Tokyo

Illustration by Hiroshi Haruyama

Design by Shinchosha Book Design Division

数学が見つける近道　目次

数学が見つける近道

出発

みなさんは選ぶことができる。目の前に延びる道は長く辛く、途中で美しい景色を楽しめるわけでもない。延々と続いており、すっかりエネルギーを吸い取られてしまうが、少なくとも、最後に目的地にたどり着くことはできる。ところがここに、もう一つ別の道がある。鋭い目を持つ人だけが気づくことのできるその道は、本道から外れ、目的地から遠ざかっていくように見える。だがそのうちに、「近道」と書かれた道しるべが現れる。つまり、この道らしからぬ道を辿っていけば、途中で最小限のエネルギーで普通の道より早く目的地にたどり着けるというわけだ。ひょっとすると、途中ですばらしい展望を得られるかもしれない。頭を働かせ続けていれば、この道を辿ることができる。さあ、みなさんはどちらを選びますか。この本が指し示すのは、二つ目の道だ。つまりここでは、この従来とは異なる道をうまく辿って目的地に達する際に不可欠な、よりよい思考への近道を紹介する。

わたしが数学者になりたいと思ったのは、近道につられたからだった。十代の頃はかなりものぐさで、いつも目的地にもっとも効率よくたどり着く方法を探っていた。べつに、手抜きをしたかったわけではなく、ただ、なるべく骨を折らずに自分の目的を達成したかったのだ。そんなわけで、十二歳の時に数学の授業で先生が、今学んでいる数学という学問では、じつは近道が賞賛されるんだよ、というのを聞くと、ピクンと耳をそばだてた。先生はまず、とてもシンプルな話を紹介した。

主人公は九歳のカール・フリードリッヒ・ガウスという少年、そして時は一七八六年。先生はわたしたちをガウスがいる教室へと誘った。ガウスが生まれ育ったブラウンシュヴァイクは、ハノーファーにほど近い町で、学校には先生が一人しかいなかった。ビュトナー先生は、その町の百人の子どもをたった一つの教室で教えなければならなかった。

わたし自身の数学の先生はベイルソンといって、かなり気むずかしく規律に厳しいスコットランド人だったが、ガウスの先生はそれよりもっと厳格だったらしい。ビュトナー先生は、体罰用の木べらをこれ見よがしに振りながら、生徒たちが座っている長椅子の脇を行ったり来たりして、騒々しい教室の秩序を保とうとした。教室そのものは——後にわたしも数学巡礼の旅で訪れたことがあるのだが——天井が低くて薄暗くくすんだ部屋で、床は波打っていた。まるで中世の牢獄のようで、ビュトナー先生の生徒管理の方法は、その舞台にぴったりだった。

ベイルソン先生の話によると、あるとき算数の授業で、ビュトナー先生はちょいとうたた寝をするために、生徒たちにかなり退屈な作業をさせることにした。「いいかね、君たち……今から石板で、1から100までの数を足しなさい」と先生は命じた。「計算が終わったら、すぐに石板を前に持ってきて、わたしの机に置くように」

ガウスは先生がそう言い終わるより早く立ち上がると、石板を先生の机のうえに置いて、低地ドイツ語で「リゲット・ゼ」といった。できました。先生はあっけにとられて少年を見た。その非礼を正すべく、手にした木べらはブルブル震えていたが、それでも幼いガウスへのお仕置きは、すべての生徒が石板を提出するまで延期することにした。やがて他の生徒たちも計算を終えて、先生の机にはチョークと計算にまみれた石板が山積みになった。先生は、最後に出された石板から順番に、その山をかたづけていった。生徒たちは計算の途中で何かしら間違いをしており、ほぼすべての答えが間違っていた。

ビュトナー先生はついに、ガウスの石板にたどり着いた。いよいよ幼い無礼者に説教するときがきたぞ、と気合いを入れて石板を裏返すと、そこには正解が書かれていた。５０５０。余分な計算はいっさいなし。先生は愕然とした。一体全体この少年は、どうやってこんなにすばやく答えを見つけたのだろう。

このませた生徒は、実はたくさんの数を足すという辛い作業を端折る近道を見つけていたんだ、とベイルソン先生は話を続けた。ガウスは、

1 + 100
2 + 99
3 + 98
……

というふうに、二つの数を組にして足し合わせると、常に１０１になることに気づいた。ところがそのような数の組は全部で五十個あるから、答えは、

$$50 \times 101 = 5050$$

になる。

わたしは今も、この話にびびっと来た瞬間のことをはっきり覚えている。恐ろしく退屈で手間のかかる作業を端折る方法を見つけだしたガウスのこの眼力は、わたしにとって啓示となった。

あの教室でガウスが近道を見つけたという話は、たぶん事実ではなく伝説なのだろう。でもこの

話は、ある重要なポイントをみごとに押さえている。数学は、多くの人が考えているような冗長な計算の学問ではなく、むしろ戦略的な思考の学問なのだ。

「これこそが、数学なんだ」とわたしの先生はいった。「数学とは、近道の術なり」

十二歳のわたしは思った。うわおう……もっと教えてよ！　と。

もっと早く

人間はしじゅう近道を使っている。というよりも、使わざるを得ない。なにしろ、わずかな時間で決断を下さなければならないのだから。複雑な問題を扱うにしても、知的な能力には限りがある。わたしたちが複雑な難問を解決するために最初に発展させた戦略の一つに、発見的方法《ヒューリスティックス》がある。脳に入ってくる情報の一部を――知らず知らずのうちに、あるいは意識的に――省いて、問題をより単純なものにするという方法だ。

問題は、人間が使う発見的方法のほとんどが誤った判断や偏った決定につながり、一般に目的に合うとはいえないことだ。わたしたちは経験からあることを知ると、他のすべての問題を自分が知っているその事実との比較で推し量ろうとする。限られた範囲についての知識で全体を判断する。自分たちを囲む環境がせいぜいサバンナのちっぽけな地域程度なら、それでうまくいく。ところが「近隣」なるものが広がると、このような発見的方法では、自分たちの限られた知識からはみ出す出来事をうまく理解できなくなる。その時点でわたしたちは、よりよい近道を開発し始めた。それらのツールこそが、今日数学と呼ばれているものなのだ。

よい近道を見つけるには、これから探索しようとしている地勢の外に自分を連れ出す力が必要になる。その環境の内側に留まっていると、往々にして周囲に見える物だけに頼ることになる。それでは、自分を正しい方向に導きそうな一歩を積み重ねた結果、ひどく遠回りをすることになってしまったり、ひょっとすると完全に迷子になったりする。だからこそ人間は、よりよい思考法――自分たちを手元の作業の些細な点から引き離す力、もっと迅速かつ効率的に目的に達することができる意外な道があるかもしれない、ということを理解する力――を開発していった。

教室で先生に出された課題と向き合ったときにガウスがしたことは、まさにこれだった。他の生徒たちがもそもそと順繰りに数をいじくって、新たに出くわした数を加える作業に取り組んでいるあいだに、ガウスは問題を丸ごと検討し、その旅の始めと終わりを活用する方法を見いだした。

数学では、思考をさらに高いレベルの思考と置き換える力がすべてであって、上のレベルにあがると、それまででたらめにうねる道しか見えていなかったところに構造が見えてくる。自分を今いる風景から持ち上げて外に出し、より高いところから、地形のほんとうの有り様を見下ろせるようにする。そうやって問題を写しかえたときに、近道が現れる。そしてひとたび人間が、その目で実際に見なくても心の目で構造を見抜けるようになると、このような抽象思考の力のおかげで、人類の文明は何百年にもわたって途方もない前進を遂げることになった。

よりよい思考へのこの旅は、五千年ほど前にナイル川やユーフラテス川のあたりで始まった。人々は、これらの川沿いに生まれようとしていた都市国家を築く巧みな方法を求めていた。ピラミッドを作るには、石の塊が何個いるのか。一つの都市の食料をまかなえるだけの作物を作るには、どれだけの土地を耕さなければならないのか。川の水位にどんな変化があれば、洪水があると予測できるのか。これらの難問を解決するための近道を探る手段を知っている人々は、揺籃期にあったこれらの社会で一角の人物になることができた。そして数学は、これらの文明の急速な発展へと繋がる近道として成功を収めたことから、より速くより遠くへ行きたい人々のための強力なツールとしてスタートを切ることになった。

新しい数学の発見は、文明におけるギアチェンジに幾度となく影響を及ぼしてきた。ルネッサンス以降の数学の急激な発展によって、わたしたちは微分積分学などのツールを手に入れ、それによって科学者たちは、問題を効率的に解決するためのすばらしい近道を手に入れた。そして今日数学は、わたしたちのコンピュータに実装されているすべてのアルゴリズムの背後にあり、それらのアルゴリズムがデジタルのジャングルを進むわたしたちを助けている。文字通り目的地への最良のルートを示し、インターネット検索では最良のウェブサイトへの近道を、さらには人生の旅の最良のパートナーへの近道をわたしたちに示しているのだ。

ところが面白いことに、数学を使って問題に挑む最良の方法を手に入れたのは、決して人間が最初ではなかった。人類がこの地球に出現するずっと前から、自然は問題解決に数学的な近道を使っていた。多くの物理法則の根っこには、常に近道を見つける自然の力がある。光は、たとえそれが太陽のような巨大な物体を迂回する経路であったとしても、目的地に最速で到着できる経路を取る。石けんの膜は、エネルギーが最小ですむ形になる。泡がまん丸になるのは、このシンメトリーな形をとれば表面積が最小になり、したがってエネルギーが最小になるからだ。ミツバチは六角形の巣を作るが、これは、面積を一定にしたとき、六角形ならその面積を囲む蠟の量が最小になるからだ。人間の体は、自分をA地点からB地点へと運ぶもっともエネルギー効率のよい歩き方を見つけてきた。

自然は人間と同様ぐうたらで、エネルギーの低い解を見つけようとする。一八世紀の数学者、ピエール・ルイ・モーペルテュイが述べているように、「自然はその活動のすべてにおいて節約家」なのだ。自然は、近道を探り当てることにきわめて長けている。ということは必然的に、自然には数学的な論拠がある。このため往々にして、自然がいかに問題を解決したかを観察することによって、近道を発見できる。

ここからの旅

この本の目的は、カール・フリードリッヒ・ガウスをはじめとする数学者たちが何百年もの間に開発し、蓄積してきたさまざまな近道をみなさんと共有することにある。各章では、独自の味わいがあるさまざまな近道を紹介していく。とはいえそれらはすべて、問題解決の辛い仕事にコツコツ取り組むしかなかったみなさんを、いの一番に正解を記した石板を提出できる人へと変身させるためのものだ。

わたしがこの旅の道連れとして選んだのは、ガウスだ。教室におけるあの成功に後押しされて進んだ道で、ガウスはやがて「近道の王子」となった。事実、ガウスがその生涯に成し遂げた膨大な数の大発見が、これから紹介するさまざまな近道の多くを作り出したといってよい。

数学者たちが長年蓄えてきたさまざまな近道の物語を紹介することで、この本が、節約して浮いた時間をもっとわくわくすることに使いたいと考えている方々にとってのツールキットになってくれるとよいのだが。多くの場合それらの近道は、一見数学とは無関係な問題に移行することができる。数学は、複雑なこの世界を漕ぎわたり、あちら側に達する道を見つけるための思考法なのだ。

だからこそ数学は、真の意味での教育カリキュラムの核とされるべきなのだ。別に、みんながみんな二次方程式の解き方を知っていることがなんとしても必要だからではない。有り体に言えば、そんな必要があったためしはない！　そのような問題を解く際には、代数やアルゴリズムが持っている力を理解することが欠かせない。

よりよい思考へのこの旅を、まずは数学者が開発したもっとも強力な近道の一つである「パターン」から始めたい。パターンは、しばしば最良の近道になる。パターンがわかれば、そのデータを未来に延ばすための近道が見つかる。物事の背後に潜む法則を捉えるこの力は、数理モデリングの基礎になっている。

これはしょっちゅうあることだが、近道のおかげで、一見まったく無関係なさまざまな問題全体をまとめる基本原理が理解できるようになる。ガウスの近道がなぜすばらしいかというと、たとえ教師がさらにみなさんに、数を一千、あるいは百万まで足しなさいという難題を押しつけたとしても、やはりこの近道を使えるからだ。数を一つ一つ足していくやり方だと、かかる時間がどんどん増えるが、ガウスの方法なら、数が増えてもまったく関係ない。百万までの数を足すには、それらの数を二つ一組にして、和が百万一になるような対を五十万個作ればよい。そしてこの二つをかければ、はい、一丁上がり！　で、答えが出る。山を抜ける近道としてのトンネルと同じで、たとえ山が高くなっても影響はない。

言語を作ったり変えたりする力も、じつはきわめて有効な近道になる。代数の助けがあれば、まったく別物としか思えない多様な問題の裏に潜む原理を見抜くことができる。座標という言語を使うと、幾何学が数に変わり、しばしば幾何学のなかでは見えなかった近道の存在が露わになる。言語を生み出すことは、理解のための驚くべきツールになる。今もはっきり覚えているのだが、かつて、途方もなく複雑な構成に関する問題と格闘したことがあった。その構成を特定するにはたくさんの条件を付ける必要があったのだが、博士論文の指導教員の「それに名前を付けなさい」という一言がもたらした自由は、わたしにとってまさに啓示となり、おかげで本当の意味での近道思考に向かうことができた。

わたしが近道《ショートカット》という概念を持ち出すと、判で押したように、何かずるをしようとしていると思われる。「カット」という言葉からの連想で、手抜き《カッティング・コーナー》を思い浮かべるのだろう。だからまずはじめに、近道と手抜きを区別することが重要だ。わたしが追求したいのは、正しい解に向かう巧みな道であって、正解の不出来な近似を見つけることに興味はない。完璧に理解したいが、不要な苦労はしたくない、というだけのこと。

そうはいっても、手元の問題を解けるくらい優れた近似が近道になる場合もある。ある意味で、言語自体が近道なのであって、たとえば「椅子」という言葉は、わたしたちが座ることのできるありとあらゆる多様な物全体を示す近道だ。だが、ひとつひとつの椅子に対して別々の言葉を考え出すのは、決して効率的といえない。言葉は、わたしたちを取り巻くこの世界の非常に巧みな低次元の表現であって、わたしたちは言葉を使うことでほかの人と効率的に意思を疎通することができ、自分たちの暮らすじつに多面的な世界を易々と進んでいくことができる。実際、たくさんの実例を指し示す一つの言葉という近道がなければ、わたしたちは雑音に圧倒されてしまう。

この本では、数学でも往々にして情報を捨てることが近道を見つけるうえできわめて重要だ、ということを明らかにしていく。計量なき幾何学、それがトポロジーの発想だ。みなさんがロンドンの地下鉄に乗っているとして、自分がどう行けばよいのかを知るには、地理的に正確な地図よりも駅同士の繋がり具合がわかる地図のほうがはるかに役に立つ。図もまた、強力な近道になり得るが、ここでも、最良の図は直面する問題の解決に無関係なすべてを放り出す。そうはいってもこれから説明するように、優れた近道と危険な手抜きの差は、紙一重であることが多い。

微分積分学は、近道を見つけるうえでの人類最大の発見の一つといえる。多くのエンジニアが、この数学の魔法の断片を頼りに、工学上の難問の最適な解を見つけてきた。確率や統計は昔から、巨大なデータセットから多くの知識を得るための近道だった。さらに数学は、複雑な幾何学やもつれたネットワークを進むもっとも効率的な経路を見つけるのに役に立つ場合が多い。わたしが数学との恋に落ちたときに受けた圧倒的な啓示の一つに、無限を扱うときも数学を使えば近道が見つかる、という事実があった。果てしなく続く道の一方の端からもう一方の端へと達する近道が。

この本の各章は格言ではなく、なぞなぞで始まる。その謎には、しばしばある選択が含まれている。長い道をとぼとぼと進むか、それとも——もし見つかれば——近道を行くか。それぞれの謎に、その章の核となる近道を使った答えがある。近道が明らかにされる前に、パズルに挑戦することをお勧めしたい。なぜなら目的に向かって奮闘する時間が長ければ長いほど、最後に近道が明らかになったときに、その真価を味わえるようになるからだ。

わたし自身は自分の旅を通して、近道にもさまざまなタイプがあることに気がついた。だから、みなさんが始めようとしている旅へのアプローチが一つではないという点と、近道を使えば速く目的地に行き着けるという点を強調しておかないと。彼の地には活用すべき近道が控えているのだから、あとは正しい方向を指している道標か、道を示す地図があればよい。そうかと思えば、苦労して掘り出さなければならない近道もある。トンネルを掘るには長い年月がかかるが、いったん掘り抜いてしまえば、他の人々はその後に続いて向こう側に抜けられる。あるいは、宇宙の端と端をつなぐ虫食い穴《ワームホール》のように、自分がいる空間を完全に抜け出さなければ得られない近道もある。みなさんが現在の世界の縛りを抜け出せたなら、実はそこに、二つのものが案外近くにあることを示す新たな次元が存在する。物事をスピードアップする近道、移動距離を短くする近道、使うエネルギーを減らす近道。何かを節約できるからこそ、近道探しに時間をかける価値がある。

だが、近道が的外れになる場合があることも否定はしない。ひょっとするとみなさんは、のんびりマイペースで事を運びたいのかもしれない。旅そのものが大事なのかもしれないし、体重を減らすためにカロリーを消費したいのかもしれない。日がな一日自然の中を歩き回ろうというときに、家への近道を使って楽しみを減らしたりはしないはずだ。なぜウィキペディアで粗筋を読まずに、小説のページをめくるのか。だが、たとえ近道を無視するにしても、そういう近道を選択しうるということを知っておくのはよいことだ。

近道はある程度まで、わたしたちと時間との関係に関わってくる。自分の時間を何に使いたいのか。正しいテンポで経験することが重要であって、自分の感覚をごまかすような近道を見つけても意味がない、という場合もあるだろう。楽曲を端折って聴くことはできない。けれども時には人生があまりに短く、時間をかけずに目的を達したいという場合もある。人生を、九〇分の映画に凝縮することもできる。観客は、自分が追っている登場人物の行動を逐一目撃したいわけではない。地球の裏側に向かう飛行機は、歩いて行く代わりの近道で、おかげで休暇を早く始められる。さらに飛行時間を短くできるのなら、たいていの人はそうするはずだ。でも時には時間をかけて目的地に到達したい場合もある。近道を使って巡礼するなんて、冗談じゃない。それに、わたしは決して映画の予告編を見ないことにしている。なぜなら映画を切り詰めすぎているから。それでもやはり、選択肢があるのはよいことだ。

文学に登場する近道は、決まって破綻へと向かう。赤ずきんちゃんは、本来の道から逸れて森を突っ切って近道しようとしなければ、オオカミに出会わなかった。ジョン・バニヤンの『天路歴程』では、「困難の丘」を迂回する道を進んだ者たちは、道に迷って死んでしまう。トールキンの『指輪物語』ではピピンが、「近道をすると、ひどく遅れる」と警告する。主人公のフロドは、宿に泊まるともっと遅くなる、と反論するのだが。(「ザ・シンプソンズ」の)ホーマー・シンプソンは、恐怖の「イッチー&スクラッチーランド」に向かおうとして悲惨な遠回りをした後で、「近道なんて、もう二度と口にするな」と毒づく。近道について回る危険をみごとに要約したのが、「ロード・トリップ」という映画の次のようなセリフだ。「そりゃあもちろん難しいさ。近道なんだからね。もし簡単だったら、ただの『道』だろ」この本では、こういった文学的な言葉の綾から近道を救済したい。近道は破滅への道ではなく、自由への道なのだ。

人間 対 機械

わたしが、近道のコツを褒め称える本をぜひまとめなくては、と思うようになったのは、一つには、人類が今や近道のことなどまったく気にする必要がない新たな種《しゅ》に取って代わられようとしている、という感じが強まってきたからだ。

わたしたちが暮らすこの世界では、人間なら一生かけても終わらないような計算をコンピュータがほんの半日で済ませてしまう。わたしが小説を一つ読み終える程度の時間があれば、世界中の文学を丸ごと分析できる。チェスのゲームでも、わたしがわずかな数の駒の動きを記憶する間に、じつに多彩なゲームを分析することができる。さらには、わたしが歩いて角の店屋に行き着く前に、地球の表面を覆っている地形や小道を探索できる。

今時のコンピュータに、はたしてガウスの近道を考えつくことはできるのか。まばたきの*n*分の一の、そのまた*n*分の一の時間で1から100までを足し合わせられるのだから、そんな近道など眼中に無いはずだ。

このシリコン製の隣人の異様な速度と無限の記憶に、人類が歩調を合わせられるという望みはあるのか。二〇一三年の映画「her/世界でひとつの彼女」に登場するコンピュータは人間である持ち主に向かって、人間とのやり取りはペースが遅すぎるので、自分の思考速度に見合ったほかのOSとともに時を過ごしたい、とはっきりいう。コンピュータから見た人間は、人間の目から見たひどくゆっくり形成されて浸食される山のようなものなのだ。

それにしても、人間にだって何か強みはあるはずだ。同時に何百万の計算をしようとしても、人間の脳には限界があるし、人間の体は、機械仕掛けのロボットと比べて物理的にはそれほど強くない。だからヒトは立ち止まり、コンピュータやロボットにとっては些細な手順をまるごと回避する方法の有無を考えなくてはならない。

難攻不落のように見える山に直面した人は、すぐには登ろうとせず、近道を探す。ひょっとすると頂上を越えるまでもなく、こっそり迂回する道があるかもしれない。そして往々にして、その近道が問題を解決する真に革新的な方法へと繋がっていく。コンピュータがわしわしと作業を進め、そのデジタルな腕力を駆使している間に、ヒトは辛い労働を丸ごと回避する巧妙な近道を見つけ出し、しれっと目的を達成する。

怠け者はよく気がつく。機械の猛襲に抗うわたしたちにとって怠惰は恩寵だ。人間のものぐさは、じつは何かを行う優れた新たな方法を見つけるうえでの重要な一部なのだ。わたしは何かを見て、よくこう考える。これってちょっと複雑すぎるなあ——すこし後ろに下がって、近道を探すことにしよう、と。コンピュータが言いそうなことはわかっている。「大丈夫、こういう道具があるんだし、わしわしと深く問題に突っ込めるんだから」でも、コンピュータは疲れを知らず怠惰でないからこそ、怠惰なわたしたちの目が捉えるものを見逃す。わたしたち人間は物事にどんどん深く突っ込む力を持たないからこそ、賢いやり方を見つけるしかない。

辛い仕事を避けたいという気持ちや怠け心から革新や進展が生まれたという話はたくさんある。科学の発見は、アイドリングしている頭から現れることが多い。ドイツの化学者アウグスト・ケクレはぐっすり眠り込んでしまって、己の尾を飲み込む蛇の夢を見たことから、ベンゼン環の環状構造を考えついたという。偉大なるインドの数学者シュリニヴァーサ・ラマヌジャンはよく、実家の守護女神ナマギリが方程式を書いている夢を見たといっていた。実際彼は、「わたしは、全身これ神経の塊となった。女神のその手は、たくさんの楕円積分を記していた。それが、わたしの心に焼き付いた。わたしは目覚めるとすぐに、懸命にそれらの式を書き始めた」と記している。新しい発明は、辛い仕事に手を出そうとしない人物によって成し遂げられる場合が多い。ゼネラル・エレクトリックのCEO兼会長だったジャック・ウェルチは毎日一時間、本人曰く「窓の外を見る時間」を取っていたという。

怠惰だからといって、何もしないわけではない。そしてこれが、真に重要な点なのだ。近道を見つけるには、辛い仕事をしなければならないことが多い。これはある種の逆説《パラドックス》だ。仕事をしたくないからこそ近道を見つけようとしたのに、奇妙なことにその結果、単に退屈な仕事を避けるためだけでなく怠惰がもたらす退屈を克服しようとして、しばしば集中的爆発的な深い思考が続く。無為と退屈は紙一重で、これが動機となって近道探しに駆り立てられ、結局はひどい骨折りをすることも多い。オスカー・ワイルドが記しているように、「まったく何もしないというのは、この世でいちばん難しいこと——もっとも難しく、もっとも知的なこと」なのだ。

何もしないことが、偉大な精神的前進の先触れになる場合も多い。二〇一二年に「心理科学の展望 *Perspectives on Psychological Science*」という雑誌に発表された、「休憩は怠惰ではない」という論文では、わたしたちの認知能力にとって神経処理のデフォルト・モードがいかに重要なのかが明らかにされている。このモードは、わたしたちの注意が外の世界に集中しすぎると、往々にして抑えこまれる。最近高まりを見せているマインドフルネスでは、精神を侵略的な思考から免れさせることが啓発への道として奨励されている。これが、仕事をするよりも遊ぶほうが好ましい、ということを意味する場合も多いのだが、機械的で鬱陶しい仕事よりも、遊びのほうが新しい着想や創造性を育む場となる可能性は高い。それもあってスタートアップ企業の事務所や大学の数学科には、決まってコンピュータや机と同じくらいの数のビリヤード台やボードゲームがある。

社会が怠惰を好ましく思わないのは、たぶんひとつには、自分たちに従いたがらない人間を管理し、抑制するためなのだろう。怠惰な人間が疑いの目で見られるのは、じつはそれがゲームの規則に従う気がない人間の印だからで、カール・フリードリッヒ・ガウスの先生にすれば、生徒が辛い仕事を端折ったことで、自分の権威が脅威に曝されたと感じたのだ。

そうはいっても、怠惰は常に嫌われてきたわけではない。サミュエル・ジョンソン（『英語辞典』の編纂で有名な一八世紀の文学者）は、怠惰を擁護すべく大いに熱弁を振るっている。「怠惰な人間は、往々にして実りのない労働を逃れるだけでなく、ときには手の届く範囲にあるあらゆるものを忌み嫌う人間よりも良い結果をもたらす」アガサ・クリスティーがその自伝で認めているように、「発明は、無為から直接生まれてくる。ひょっとしたらものぐさからも。手間を省くために」。最高のホームラン打者のひとりとされてきたベーブ・ルースは、どうやら塁と塁の間を全力疾走するのが嫌で、ボールをスタジアムの外にかっ飛ばしたらしい。

働くことを選択する

わたしとしては、すべての仕事がよろしくないというつもりはない。実際多くの人が、自分の仕事から大きな価値を得ている。それによって自分のアイデンティティーが決まり、目標が手に入る。そうはいっても、仕事の質が問題だ。一般に、何も考える必要のない退屈な仕事からは、大きな価値は得られない。アリストテレスは仕事を二種類に大別した。それ自体のためになされる行為、プラクシス（πρᾶξις、実践、行為）と、何か有益なものを作り出すことを目的とする行為、ポイエーシス（ποίησις、製作、制作）である。後者の場合、わたしたちは喜んで近道を探すが、その仕事を行うこと自体に喜びがあるのであれば、近道を探すことに意味はない。どうやらほとんどの仕事が後者に分類されそうだが、それでも、前者の仕事をするのが理想だ。そしてそのためにあるのが、近道なのだ。近道は、仕事を排除するためではなく、みなさんを意義ある仕事へと導くために存在する。

「完全自動のラグジュアリーコミュニズム」（テクノロジーの恩恵によって万人に贅沢を、という構想）という新たな政治運動が目指すのは、AIやロボットが発達して卑しい仕事は人間ではなく機械が行うようになり、人間が意義を感じられる仕事に没頭する時間を手にする社会であって、このような社会では、仕事は贅沢品になる。良い近道の開拓も、自分たちを目的のための手段としてではなくその喜びゆえに行われる未来の仕事へと導く技術の一覧に加えるべきだろう。娯楽と仕事の差をなくすこと、それはまさに、カール・マルクスが共産主義で目指したことだった。マルクス曰く、「より高度な共産社会では、労働は単なる生活の手段ではなく、人生にもっとも必要なものとなる」。われわれ人間がこれまでに作り出してきた近道は、マルクスがいう「必然性の王国」からわたしたちを抜け出させ、「真の自由の王国」へと導くことを約束している。

それにしても、辛い仕事からどうしても逃がれられない、そんな場所があるのではなかろうか。怠惰な人間が楽器の演奏を学ぶには、どうすればよいのか。小説を書くには？　エヴェレストに登るには？　そのような場面でも、机に向かう時間や練習する時間と優れた近道を組み合わせれば、費やした時間に対して最大の見返りを得られる、ということを示したい。この本のあちこちに、他の分野の人々との対話が差し込まれていて、そこでは彼らの職業に近道が存在しうるのか、それとも——著作家のマルコム・グラッドウェルが語るように——てっぺんに登り詰めるのに必要な一万時間は不可避なものなのか、ということが検討される。

わたし自身は以前から、数学という分野を研究する際に自分が用いてきたのとよく似た近道を、ほかの職種についている人々も使っているのかどうか知りたいと思っていた。あるいはまた、じつはこれまで自分が気づかなかった新しいタイプの近道があって、自分の仕事でも新たな思考方法を推し進めることができるものなのかどうかを。だが同時に、いかなる近道も存在し得ない難問にも、心が躍る。人間のある種の営みが近道の威力を退けているのはなぜか。さまざまな職種の人々との対話において繰り返し明らかになったこととして、そのような限界を定めているのは人体だ、という事実がある。自分の体に新たなことをするよう強いたり、訓練したり、変えたりするには、往々にして時間と反復が必要だ。ところが、このような物理的な変化を加速する近道は存在しない。これからみなさんを、数学者が発見したさまざまな近道を巡る旅へとお連れするわけだが、それぞれの章末ではちょっと一息入れて、その他の分野での人間の営みにおける近道あるいは近道の不在を検討することになる。

話をガウスに戻すと、教室で1から100までの数を巧みな近道を使ってみごと足し合わせたことで、己の数学の力を追求したいというガウスの気持ちに火がついた。ビュトナー先生は、今まさに芽吹こうとしている幼き数学者を育む力量を持ち合せていなかったが、十七歳の助手、ヨハン・マルティン・バルテルスは、ガウスに劣らず数学に情熱を燃やしていた。生徒たちのために羽根ペンを削ったり、初めて字を書く子どもを手伝う助手として雇われていたバルテルスにすれば、幼いガウスとともに自分の数学の教科書を読むのが楽しくてたまらなかった。二人は一緒に数学の大地を探検しては、代数や解析学が差し出す近道を使って楽しく目的地にたどり着いた。

バルテルスはじきに、ガウスの技能を試すにはもっと挑戦的な環境が必要であることに気がついた。そして首尾良く、ブラウンシュヴァイク公爵の謁見を賜ることに成功した。幼いガウスにすっかり魅了された公爵は、パトロンになることに同意、地元のカレッジで、さらにはゲッチンゲン大学で教育を受けるための資金を援助することになった。ガウスはこの大学で、何百年もかけて数学者たちが開発してきた偉大な近道のいくつかを学び、じきにそれらを跳ね板として、数学への自身のじつに刺激的な貢献を開始した。

この本は、わたし自身の視点でまとめた、二千年にわたるよりよい思考の歴史のガイドブックである。わたし自身は何十年もかけて、数学の大地のあちこちにあるこれらの巧みなトンネルや隠れた道を進む方法を身につけてきた。数学者たちは何千年もかけてそれらの近道を寄せ集め、つなぎ合わせてきた。けれどもこの本では、それらの賢い戦略の一部からさらに本質を抽出して、日々の生活で遭遇する複雑な問題にも使えるようにしたつもりだ。みなさんにとってこの本は、近道のコツへの近道なのだ。

第一章　パターンを使った近道

　みなさんのお宅に階段が十段あって、一度に一段か、二段上がれるとします。たとえばてっぺんまで上がるのに、一段ずつ十歩で上がってもよいし、二段ずつ五歩で上がってもよい。あるいは、一段と二段を組み合わせることもできる。このとき、てっぺんまでの上がり方は何通りありますか。この問題に取り組む際に、あらゆる組み合わせを考える、という長い道を選ぶこともできます。でも、我らが幼いガウスだったら、いったいどうするでしょう。

　まったく同じ仕事をして、給金を一五パーセント余分にもらえる近道を知りたいですか？　あるいは、ちょっとした投資を大きな蓄えにするための近道を。はたまた、これから数ヶ月間の株価の動きを理解するための近道などはいかがですか？　たまに、自分が車輪を繰り返し発明し直しているような気がしたりしませんか（すでに存在しているものを一から作り直すこと。無駄な苦労のたとえ）。自分が作っているさまざまな車輪、それらすべてを結びつける何かがあるはずなのに、と感じながら。それとも、ひどく忘れっぽい自分を助けてくれる近道はどうですか。

　これからみなさんと、人類が発見したもっとも強力な近道を分かち合おう。それは、パターンを見つけるという近道だ。人間の脳には、自分たちを取り巻く混沌とした状況からパターンを拾い集める力があって、だからこそわたしたちは、もっともすばらしい近道――未来が現在になる前に未来を知る、という近道――を手に入れることができた。過去や現在を記述するデータのなかにパターンを読み取ることができれば、そのパターンをさらに伸ばすことで、未来がわかるかもしれない。その時が来るのを待たなくてよい。わたしにとってパターンの威力は数学の核であり、もっとも有効な近道でもある。

パターンが見つかれば、たとえ数は違っても、数の増え方の規則は同じだということがわかる。そのパターンの背後に潜む規則に気がつけば、新しいデータの組に出会っても、同じ作業をしなくてすむ。わたしの代わりに、パターンが作業をしてくれる。

経済の至る所にさまざまなパターンを持つデータがあって、それらを正しく読み解けば、豊かな未来が手に入る。とはいえ今から説明するように、なかには紛らわしいパターン――たとえば、二〇〇八年の金融危機に際して世界が目にしたようなパターン――もある。ウィルスに罹患する人の数にはパターンがあり、そのおかげでパンデミックの軌跡を理解し、命を落とす人が増える前に手を打つことができる。宇宙にあるさまざまなパターンのおかげで、自分たちの過去や未来を理解できる。星がわたしたちから遠ざかっていく様子を記述している数字にはあるパターンがあって、そこから、わたしたちの宇宙がビッグバンで始まり、最後は熱的死と呼ばれる冷たい未来で幕を閉じることがわかる。

若き日の野心に満ちたガウスを近道の大家として世界の舞台に押し上げたのは、この天文学のデータに潜むパターンを嗅ぎつける力だった。

惑星が見せるパターン

一八〇一年一月一日に、太陽のまわりを回る軌道上を火星と木星に挟まれるようにして回っている八つ目の惑星が発見された。一九世紀が始まる日に発見されたこの惑星はケレス（セレスとも）と名付けられ、誰もが、科学の未来への偉大なる予兆だと考えた。

ところが数週間後、興奮は失望に変わった。この小さな惑星が（実際には、ごくちっぽけな小惑星だったのだが）太陽の近くで視界から消えて、数多ある星に紛れてしまったのだ。その天体がどこに行ったのか、天文学者たちには見当も付かなかった。

やがて、あるニュースが伝わってきた。ブラウンシュヴァイク出身の二十四歳の人物が、この行方不明の惑星の所在を知っている、と公言しているらしい。そしてその若者は天文学者たちに、望遠鏡を向けるべき方向を指示した。すると……なんとまあ、あら不思議！　そこにはケレスがあった。この若者こそが、誰あろうわたしのヒーロー、カール・フリードリッヒ・ガウスだった。

九歳のときに教室で大成功を収めてからというもの、ガウスは数学においてたくさんのすばらしい発見を物してきた。たとえば、目盛りのないまっすぐな定規とコンパスだけを使って正十七角形を作図する方法の発見。この難問は、古代ギリシャ人たちが幾何学図形を描く巧みな方法を探し始めてから二千年もの間、未解決のままだった。この手柄を誇らしく思ったガウスは、数学の日記を付けはじめた。そして、長い年月をかけてその日記を数や幾何学に関する驚くべき発見で一杯にしていった。とはいえこの場合にガウスが夢中になったのは、この新たな惑星からのデータだった。はたしてケレスが太陽の後ろに隠れる前に取られたデータから、あの惑星の居場所を明らかにする何らかの根拠を探り出す方法はあるのか。そしてついにガウスはその謎を解いた。

天文学に関するガウスのすばらしい予測は、むろん魔法ではなく、数学を使ったものだった。天文学者たちがケレスを偶然発見したのに対して、ガウスは数学的な分析を駆使し、小惑星の位置を示す数値の裏に潜むパターンを探り出して、その惑星がその後どこに来るはずなのかを突き止めた。むろん、動的な宇宙に潜むパターンに気付いたのは、ガウスが最初ではなかった。未来と過去が繋がっている、ということを人類が理解するようになってからというもの、天文学者たちはこの近道を使って変わりゆく夜空を調べ、予測し、未来の計画を立ててきた。

季節にパターンがあるからこそ、農夫たちは収穫をいつにするか計画を立てられた。なぜなら天空での星の配置が、季節によって決まっていたからだ。鳥や動物たちの移動や繁殖行動にパターンがあるからこそ、わたしたちの祖先は最適の時機に狩りをすることができ、最小のエネルギーで最大の獲物を得ることができた。そして日食を予言できたからこそ、予言者はその部族にとって重要な人物となった。かのクリストファー・コロンブスが、もうじき月食があるという知識をうまく使って、地元民に捕まっていた乗組員たちを救ったというのは有名な話だ。コロンブスの船が一五〇三年にジャマイカで座礁した折りに、コロンブスが月が消えることを正しく予言してみせると、すっかり恐れ入った地元民は、船員を解放せよというコロンブスの要求を受け入れたという。

次の数は何ですか?

パターンを見つけることの難しさを端的に表しているのが、おそらくみなさんも学校で習ったことがある、数列の次の数を問う問題だ。わたしは、先生がチョークで黒板に書く難問が大好きだった。パターンを見つけるのに時間がかかればかかるほど、近道を見つけたときの報いが大きくなる。これは、早くにわたしが学んだ教訓で、最良の近道は、見つかるまでに時間がかかる場合が多い。ひと仕事、なのだ。でもいったん見つけてしまえば、そのまま自分のものの見方の一つとなって、後は繰り返し活用することができる。

ここに、パターンによる近道のニューロンを刺戟するための、いくつかの問題があります。この数列の、次の数字は何ですか。

1, 3, 6, 10, 15, 21……

これはそれほど難しくない。おそらくみなさんは、前よりも一つ多い数を足していっているだけだ、ということにお気づきだろう。したがって、次の数は21＋7で28になる。これらは三角数と呼ばれている。なぜなら、小石を並べて一列ずつ増やしながら三角形を作っていくときに必要な小石の数だからだ。ところで、この列の九十九番目までの数をすべて書き出すことなく百番目の数を求める近道は存在するのか。じつはこれこそが、1から100までの数を足し合わせなさいという問題を先生に出されたときにガウスが直面した問題だった。そしてガウスは、数を二つ一組で足し合わせていって答えを出す、という賢い近道を見つけた。さらに一般的に、n番目の三角数を知りたいのなら、ガウスの方法を次のような式で表すことができる。

$$1/2 \times n \times (n + 1)$$

これらの三角数は、ビュトナー先生のクラスで初めて出会ってからずっと、ガウスを魅了し続けた。実際、その数学日記の一七九六年七月十日の欄では、ギリシャ語で「わかった《ユーレイカ》！」と興奮気味に宣言したうえで、次のような式を記している。

$$\mathrm{num} = \Delta + \Delta + \Delta$$

つまりガウスは、いかなる数も三つの三角数の和で表すことができる、という途方もない事実を発見したのだった。たとえば、1796 = 10 + 561 + 1225 というように。この種の観察からは、強力な近道が生まれる可能性がある。なぜなら、ある事実がすべての数についていえることを示さなくても、三角数でいえることを示しさえすればよいからだ。それさえ示せれば、あとはすべての数は三つの三角数の和である、というガウスの発見を使えばよい。

では、もう一つ別の問題をどうぞ。この列の、次の数は何ですか。

1, 2, 4, 8, 16……

別にひねりがあるわけではない。次の数は、32。この列の数は、倍々になっている。指数的な増加と呼ばれるこの増え方は、さまざまなものが増加する様子を定めていて、この種のパターンがどう展開していくのかを理解することは、きわめて重要だ。たとえばはじめのうち、この列はごく無害に見える。きっとかのインドの王様もそう思ったからこそ、チェスを考案した人物が求めた対価を払うと請け合ったのだろう。チェスの考案者は、チェス盤の最初のマス目には米を一粒、二つ目のマス目にはその二倍の二粒、三つ目のマス目にはさらにその二倍の数を入れていって、すべてのマス目を埋め尽くすだけの穀物がほしい、といった。一行目には何の問題もなかった。米は全部で 1 + 2 + 4 + 8 + 16 + 32 + 64 + 128 = 255 粒で、にぎり寿司一つ分に足りるかどうかといったところだ。

ところが王の従者が盤面に米を置いていくと、じきに米が足りなくなった。盤面の半分までたどり着くのに約二十八万キログラムの米が必要で、しかもそれはほんの序の口だった。ではこの王様は、考案者にいったい何粒の米を差し出さなければならなかったのでしょう。なにやらビュトナー先生が可哀想な生徒たちに出しそうな問題のようでもあり、てんでんばらばらな六十四個の数をすべて足す、という辛いやり方でも確かに解ける。しかしそんな面倒なことは、誰もやりたくない。

では、ガウスだったらどうするか。

この計算にはすばらしい近道があるのだが、ちょっと見には、むしろ物事をややこしくしようとしているとしか思えない。近道は、はじめは目的地とは逆の方向に向かっているように見える場合が多い。まず、米の総数に名前を付けよう。x。これは数学のお気に入りの名前で、これ自体が数学者の手持ちの強力な近道のひとつなのだが、そのことは第三章でお話ししよう。

まず最初に、求めようとしている量を二倍する。

$$2 \times (1 + 2 + 4 + 8 + 16 + \dots + 2^{62} + 2^{63})$$

すると、なんだか事態はますますややこしくなったように見えるが、どうか、諦めないように。このかけ算を実際にやってみると、

$$= 2 + 4 + 8 + 16 + 32 + \dots + 2^{63} + 2^{64}$$

となる。ここでちょっとした工夫の出番となる。どうするかというと、この式から x を引く。$2x - x = x$ だから、一見、出発点に戻るだけのような気がする。一体そんなことをして、何の役に立つんだ？　ところがここで、$2x$ と x をそれぞれの和の形で置き換えると、あら不思議……

$$2x - x = (2 + 4 + 8 + 16 + 32 + \dots + 2^{63} + 2^{64})$$
$$- (1 + 2 + 4 + 8 + 16 + \dots + 2^{62} + 2^{63})$$

ほとんどの項が消えてしまう！　相殺しないで残るのは、前の部分の2^{64}と後ろの部分の1だけだ。ということで、残りは、

$$x = 2x - x = 2^{64} - 1$$

になる。たくさん計算しなくても、このたった一つの計算をしさえすれば、王様が考案者に与える米粒の総数がわかるわけだ。その数は、

18,446,744,073,709,551,615

粒で、これは、過去一千年間に地球上で作られた米の総量より多い。辛い仕事と辛い仕事を対決させると、はるかに分析しやすいものだけが残る場合がある、というのがここでの教訓だ。

この王様が苦い経験とともに学んだように、倍々は一見無邪気に始まるが、きわめて急速に膨れ上がる。これが、指数的な伸びの威力なのだ。負債をカバーするために借り入れをした人は、その威力を痛感することになる。ある会社からの一ヶ月に五パーセントの利子で一〇〇〇ポンドのローンを組みませんか、という申し出は、最初は本物の助け船のように見えるかもしれない。一ヶ月経っても、借金は一〇五〇ポンドにしかならない。だが問題は、この額がさらに毎月一・〇五倍になっていくことで、このため二年後には、早くも三二二五ポンドの借金を抱える羽目に陥る。五年後の借金の額は、なんと、一万八六七九ポンド。貸す側にすればたいへんけっこうなことだが、借りる側にとってはあまりけっこうでない。

一般の人々がこのような指数的な伸びのパターンを理解していないと、借金が貧困への近道にな

ってしまう。ペイデイローン（次回の給料を担保とする個人向け短期高利ローン）の会社は、パターンの先行きを読み取れないお客の弱みにつけ込んで、当初はきわめて魅力的に見える契約へと誘い込む。もはや安全な場所に引き返すこともできず、途方に暮れてお手上げになる前に、倍々に潜む危険とそこから始まる転落への道を知っておくことが重要だ。

わたしたち全員が、二〇二〇年に起きた新型コロナウィルスのパンデミックによって——遅すぎたとはいえ——苦い経験とともに指数的な伸びのすさまじさを知ることとなった。感染者の数は平均で三日毎に倍になり、その結果、医療システムは崩壊した。

一方で、指数の威力を考えると、なぜ地球上に吸血鬼が（おそらく）いないのかが説明できる。吸血鬼は、月に一度は人間の血を吸わないと生きていけない。問題は、誰かの血を吸うと、その犠牲者もまた吸血鬼になるという点だ。このため翌月には、人間の血を求める吸血鬼の数が二倍になる。

地球上の人口は約六七億（この値は原書が刊行された二〇二一年のもので二〇二二年十一月には八〇億人を超えている）とされていて、吸血鬼の数は毎月二倍になる。すると、倍々の効果はじつにすさまじく、三十三ヶ月も経たないうちに、たった一人の吸血鬼が世界中の人々を吸血鬼に変えてしまう。

みなさんが万一吸血鬼に遭遇した場合、数学者の手持ちの武器——というかちょっとした工夫——を利用すれば、血をすするあの怪物をやり過ごすことができる。古典的なニンニクや鏡や十字架もさることながら、かの暗闇の王子を撃退するかなり風変わりなやり方として、その棲家である棺のまわりに芥子の粒をまくという方法が有効だ。吸血鬼が計算狂《アリスモメイニア》（数量狂とも、強迫性障害の一症状で、数へのこだわりが著しい）であることはよく知られていて、とにかく数を数えずにいられない。だから理屈のうえでは、ドラキュラが自分の安息の地のまわりに散らばった芥子粒の数を数えている間に太陽が昇って、再びお棺に逆戻りすることになる。

計算狂は深刻な病態で、電気を研究して交流方式を生みだした発明家、ニコラ・テスラもこの症状に苦しんだ。テスラは3で割り切れる数にこだわり、一日に十八本の清潔なタオルを使うことに固執し、自分の歩数を勘定して、常に3で割り切れるようにしたという。お話の中での計算狂の持ち主としてもっともよく知られているのは、おそらくマペットのカウント伯爵（セサミ・ストリートのキャラクターで、何でも数《かぞ》える）で、この吸血鬼は、何世代にもわたる視聴者たちが数学の道の第一歩を踏み出すのを後押ししてきた。

都市のパターン

では次に、少し難しい数の列を紹介しよう。どんなパターンがあるか、みなさんはわかりますか。

179, 430, 1033, 2478, 5949……

ヒントは、それぞれの数を前の数で割ってみること。すると、ひとつひとつの数が前の数の約二・四倍になっていることがわかる。つまりこれも指数的な伸びなのだが、それにしても、これらの数が実際に表しているものがじつに面白い。

これらは、人口規模が二十五万、五十万、百万、二百万、四百万の都市で発行された特許の数なのだ。都市の規模を倍にすると特許の数も二倍になりそうだが、そうはならない。大規模な都市のほうが創造性に富んでいるらしく、人口が二倍になると、創造性は四割余分に増す！　しかも、このようなパターンで伸びるのは、特許の数だけではない。

リオデジャネイロとロンドンと広州は文化的にはまるで違っているにもかかわらず、ブラジルから中国に至るこれらすべての世界中の都市を結ぶ、ある数学的なパターンが存在する。従来わたしたちは都市を、その地理や歴史、さらにはニューヨークや東京といった場所の個性を際立たせる特徴から語ってきた。だがこれらの要素はあくまでも細部——興味深い逸話でしかなく、それで多くが説明されるわけではない。しかるにこれらの都市を数学者の目で見ると、政治的、地理的な境界を超越した普遍的な特徴が浮かびあがってくる。この数学的な視点によって都市の魅力が明らかになり……大きいほどよい、ということが裏付けられるのだ。

数学的には、都市のさまざまな資源の伸びを、その資源に固有のたった一つの魔法の数字を使って理解することができる。都市の人口が倍になると、社会的経済的な要素はその都度ちょうど二倍ではなく、二倍と少しだけ増える。しかも驚いたことに多くの場合、その「少しだけ」は約一五パーセントになる。たとえば人口百万人の都市と二百万人の都市を比べると、大きい都市にはちょうど二倍——ではなく、二倍より一五パーセント多い数のレストラン、コンサートホール、図書館、学校がある。

さらに、給料までがこの倍率の影響を受ける。今、大きさの異なる都市でまったく同じ仕事をしている従業員が二人いたとする。このとき、人口二百万人の都市に住む従業員の給料は、人口百万人の都市に住む従業員のそれより一五パーセント多い。都市の大きさがさらに倍になって四百万人規模になると、給料はさらに一五パーセント上昇する。つまり、都市が大きくなればなるほど、同じ仕事に対する報酬は良くなる。

費やした資源から最大限の結果を引き出したい企業にすれば、このようなパターンに気づくかどうかが重要だ。都市は、形も大きさもじつにさまざまだが、業績に関係するのは大きさであって形は無関係だ、ということを理解している企業は、大きさが二倍の都市に移転するだけで、より多くを得ることができる。

この奇妙な普遍的倍率を発見したのは、経済学者でもなければ社会学者でもなく、理論物理学者だった。通常は宇宙を支える基本法則を探求するのに用いられている数学的な分析を、都市に適用してみたのだ。イギリス生まれのジェフリー・ウェストは、ケンブリッジで物理学を学んだ後にスタンフォード大学に移り、素粒子の性質を研究していた。ところがサンタフェ研究所の所長になったことがきっかけで、都市の成長に関するこの事実を発見することになった。サンタフェ研究所は、異なる学問分野の人々が混じり合ってさまざまな着想について論じ合う方法を模索することに特化した機関だった。自分の研究分野における謎を解明するための近道が、じつは一見無関係な誰かの専門分野を通る迂回路だった、というのはよくあることだ。

サンタフェでは、数学と物理学と生物学が混じり合って沸き立っており、そこからウェストは、何か地球全体に散在するさまざまな都市に広く当てはまる特徴があるのではないか、と考えるようになった。ちょうど電子や光子に、宇宙のどこにいようがまったく変わることのない普遍的な性質があるように。

宇宙の基本法則の核に数学があって重力や電気も数学で説明できる、と考えることはたしかに可能だ。しかし都市は、てんでんばらばらな動機や欲望に基づいて生活上の問題に取り組む人間の集まりであって、一見理解不可能だ。ところがわたしたちが自分を取り囲む世界を理解しようと努力するなかで、じつは数学がこの世界とそこにあるすべてだけでなく自分たちをも支配しているコードだということがわかってきた。何百万ものごちゃ混ぜの個人を支配する力にも、じつは何らかのパターンがある。

ウェストが率いるチームは、世界中の何千もの都市のデータを集めていった。フランクフルトの電線の総延長から、アイダホ州はボイシにあるカレッジの卒業生の数まで。ガソリンスタンドや個人の収入、インフルエンザの流行、殺人事件、喫茶店、さらには歩行者の歩く速さにいたる統計を記録していった。そうはいっても、すべてがウェブに載っていたわけではない。ウェストは、中国の田舎の町の大部な年鑑に載っているデータを読み解くために、中国語と格闘することになった。そしてそれらの数を分析していくと、隠れていたコードが姿を現しはじめた。二つの都市が世界のどこにあろうと、一方の都市の人口が小さな都市の倍であれば、その都市の社会的経済的な要素は、二倍プラスこの魔法の数値、一五パーセントだけ増える。

今や世界の人口の半分以上が都市で暮らしている。ひょっとするとウェストの倍数に現れたこの指数的伸びの割増分が、都市がこれほど魅力的である理由の肝なのかもしれない。ある程度の人数が集まると、どうやら費やした分以上の見返りがあるらしい。だから人々は大都市に移り住むのだろう。二倍の大きさの都市に移住したとたんに、すべてが一五パーセント余計に手に入るのだから。

インフラもまた、このような比例関係の影響を受けることになる。ただしその向きは逆で、都市の規模が二倍になっても、必要なものは二倍にはならず、インフラを節約することができる。人口一人あたりに必要な電線用の銅線や舗装用のアスファルトや下水管は、二倍より一五パーセントだけ少なくてすむ。これはつまり、一般に信じられているのとは逆に、住んでいる都市の規模が大きければ大きいほど、個人のカーボン・フットプリント（商品やサービスの原材料調達から廃棄リサイクルまでの全体を通して排出される温室効果ガスをCO_2に換算したもの）が少なくてすむ、ということだ。

残念ながら、数学が弾き出す倍率は、プラスの面だけでなく、犯罪や疾病や交通量にも同じように関ってくる。たとえば、五百万都市でのエイズの患者数がわかっているとして、一千万都市の患者数はその二倍ではなく、さらに一五パーセントを付け加える必要があって、ここにも一五パーセントという魔法の数字が顔を出す。

ではどうすれば、都市全体にわたるこのような普遍的な倍率が存在する理由を説明できるのか。

リンゴから惑星やブラックホールまで、ありとあらゆる対象に適用できるニュートンの重力の法則のような何かが存在するのだろうか。

都市の状況がなぜその物理的な大きさではなく人口の規模に左右されるのかを理解する際に鍵となるのは、都市が、建物や道路ではなくそこに住む人々によって構成されている、という事実だ。都市は、生身の行為者たちが文明という物語を演じる舞台であって、都市に価値があるのは、彼らが人間の相互作用を容易にするネットワークとして振る舞うからだ。

これはつまり都市を、島にあるとか谷間にあるとか、砂漠にだらだらと延びているといったことに基づいてモデル化するのではなく、住人の間の相互作用のネットワークに基づいてモデル化しなければならない、ということだ。どうやら都市の相互作用から生じるネットワークの性質のなかに、ウェストが発見した普遍的な倍率が含まれているらしい。これこそが数学の威力であって、数学を使うと、わたしたちを囲む複雑な環境の核にある単純な構造を理解できる。

今極端な例として、都市が成長して、全員が他の全員と接触する場合を考えると、なぜ大都市では比例で収まらず、「超線形」の延びが見られるのかがわかる。人口をN人としたとき、これらN人の人々は、異なる相手と全部で何回握手をできるのか。つまり住民同士の繋がりは、最大でどれくらいになるのか。そこで今、全員に1からNまでの番号を付けて一列に並べてみる。1番の住民は、列のそのほかの全員と握手するので、計$N-1$回握手することになる。次に、2番の住民が握手を開始する。ただし1番の住人とはすでに握手をしているから、全部で$N-2$回握手をすることになる。こうやって順繰りに握手をしていくと、それぞれの住民の握手の回数は一つ前の住民より一回だけ少なくなる。つまり握手の総数は、1から$N-1$までの総和になるわけだ。おやまあ、また会いましたね！　これはガウスが先生に命じられた計算で、ガウスの近道によると、$N-1$のときの総和は、

$$1/2 \times (N-1) \times N$$

という式で表わされる。

では、Nを二倍にするとこの回数はどうなるか。握手の数は二倍にはならず、ざっと2の二乗で、四倍になる（Nが大きいと、$N-1 \fallingdotseq N$になるので、Nが2倍になるとほぼ$2N \times 2N$で2^2倍になる）。つまり、握手の数は住民の数の二乗に比例する。

これは、なぜ数学を使うと車輪を一から繰り返し発明し直さなくてもすむのかを示すすばらしい例といえる。まったく異質なネットワークの内部の繋がりに関する問題について考えていたのに、その解を得るためのツールがじつは三角数がどのように増えるかを分析したときにすでに得られていたことが判明したのだから。登場人物がころころ変わっても、筋書きは変わらない。そして筋書きがわかりさえすれば、ドラマに紛れ込んだどんな人物の振る舞いも近道を使って理解できる。この場合、市民の繋がりの数は、住人の数とともに二乗の形で増えていく。

もちろん、都市に暮らすすべての市民が他のすべての市民と知り合うなんて不可能だ。そこでもっと慎重に測る場合は、各自が近隣の市民を知っているはずだ、と仮定することになる。だがこうなると、繋がりの数は市民の数に比例する——つまり線形で延びることになって、全体の大きさとは関係がなくなる。

都市における人々の繋がりは、どうやらこの二つの中間にあるらしい。市民は近所のすべての人々と繋がりを持ち、さらに都市のなかのもっと遠くの何人かとも繋がりを持つ。そしてこのもっと遠くの人との繋がりが、人口が二倍になったときに生じる余分な一五パーセントを生み出すようなのだ。この先でも説明することになるが、さまざまな場面でこのようなネットワークが生じていて、近道を作るうえでたいへん都合の良い状況を作り出している。

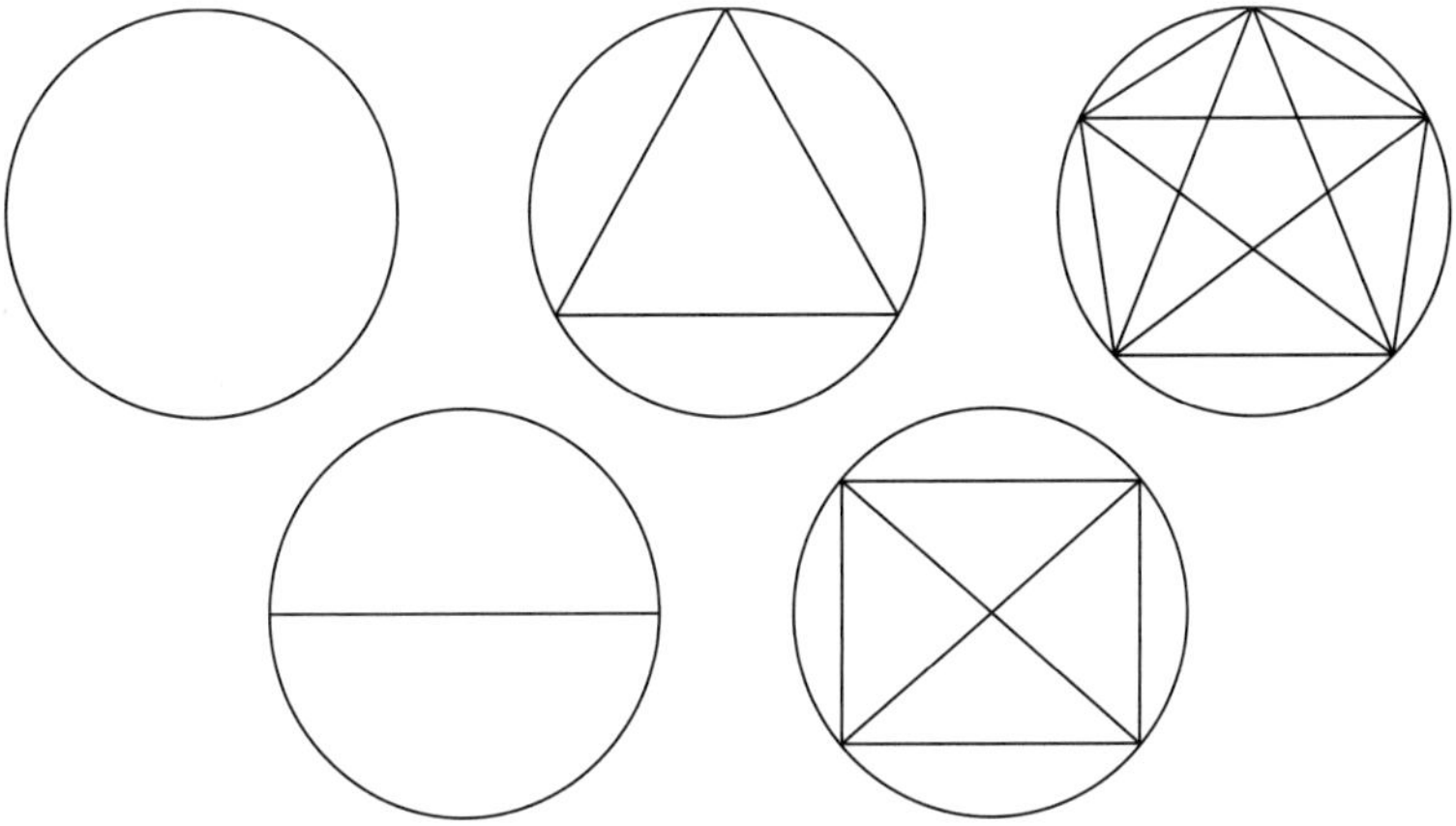

1.1　はじめから五つ目までの円分割数

誤解を招くパターン

パターンは信じられないくらい強力な近道になるが、それでも、使うときには注意が必要だ。ある道を辿り始めた時点では、自分がどこに向かっているのかわかっている、と思っているかもしれない。ところが時には、その道が意外な方向に妙なふうに曲がっていることがある。前にみなさんに出題した、次の数列を見てみよう。

1, 2, 4, 8, 16……

もしもわたしが、次の数は32でなく31です、といったらどうだろう。

今、円を一つ取ってきて、その縁にいくつか点を打ち、それらの点をもれなく互いに線で結ぶと、その円は最大で何個に分割されますか。円上に一つ点を取ったとしても、線は引けないから、領域は一つだけだ。さらに一つ点を加えたら、二点を結ぶことができて、その線によって円は二つの領域に分かれる。次に第三

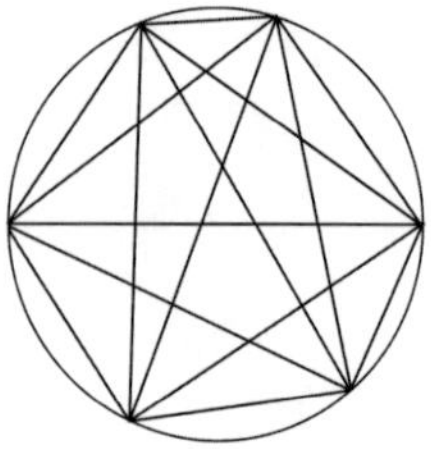

1.2　六番目の円分割数

の点を加えてみる。これらの点同士をもれなく結ぶと、中央に三角形が一つと、その外側に三つの領域ができる。つまり領域は全部で四つになるわけだ。

この作業を続けていくと、あるパターンが現れてくるように見える。さらに一つ点を増やした場合に得られる領域の数のデータを加えると、次のような数列ができる。

1, 2, 4, 8, 16……

こうなると、点を一つ増やすごとに領域の数は二倍になる、と考えたくなる。ところが困ったことにこのパターンは、六つ目の点を円に加えたとたんに崩れ去る。どう頑張ってみても、点同士を結んで得られる領域の数は31であって、32にならない！

この作業で得られる領域の数を求める式は確かに存在するが、それはただの二倍ではなく、もう少し複雑だ。円上にN個の点を取ってそれらをもれなく結んだときにできる領域の数は、最大で、

$$1/24\,(N^4 - 6N^3 + 23N^2 - 18N + 24)$$

になる。この場合の教訓は、次の通り。数だけに頼ることなく、そのデータが何を記述しているのかを知ることが重要だ。そのデータの出所をきちんと理解していないデータサイエンスは、危険である。

この近道に関しては、もう一つ気をつけなければならないことがある。左の数列の次の数は何で

しょう。

2, 8, 16, 24, 32……

2の累乗がたくさんあるけれど、24はちょっと違うし……。次の数が47だとわかった方には、次の土曜日にぜひ宝くじを購入されることをお勧めしたい。じつはこれは、二〇〇七年九月二十六日の英国国営宝くじ《ナショナル・ロタリー》の当選番号なのだ。わたしたちはすっかりパターン探しの中毒になっていて、パターンなどあり得ないところにまでパターンを見てしまう。宝くじの当選番号はランダムに決まるのであって、パターンなど存在しない。秘密の式はなく、億万長者になる近道も存在しない。だがそれをいえば、ランダムなものにすら、近道に使えそうなパターンが存在する。詳しくは第八章で説明するが、ランダムを相手にするときのコツは、一歩退いて長期的な視点に立つことだ。

パターンという概念は、その対象が本当にランダムかどうかを理解するための近道になる。しかもそれは、一連なりの数を覚える方法と関係がある。

優れた記憶力への近道

一秒ごとに膨大な量のデータがインターネットに吐き出されている今日、企業はデータを蓄積する賢い方法を探っている。データのなかにパターンが見つかれば、その情報を圧縮して、コンパクトに蓄積することができる。これが、JPEGやMP3といった技術の後ろにあるアイデアだ。

白黒の画素だけでできた画像を考えてみる。その画像の一部に、膨大な数の白い画素があったとしよう。その場合、各画素を白と記録して元のデータと同じくらいのメモリを使って画像を蓄積するのではなく、ある近道を使うことができる。逐一記録する代りに、白い画素からなる領域の境界がどこにあるかを記録しておいて、その領域を白で埋めろという指示を付けるのだ。一般に、領域のなかを埋め尽くさせるためのコードは、そこに含まれるすべての白い画素の記録よりずっと小さい。

画素のなかのこのような識別可能なパターンを使うと、画素を一つずつ記録するよりはるかに少ないメモリで画像を記録するコードを書くことができる。たとえば、ここにチェス盤があったとすると、その画像には明確なパターンがあるから、白と黒の組を盤面全体にわたって三十二回繰り返せ、という単純なコードを書くことができる。たとえチェス盤が巨大になったとしても、コードはそれほど大きくならない。

思うにパターンは、人間がデータを記憶する場合の鍵にもなっている。わたし自身は記憶力がきわめて貧弱で、それもあって数学に惹かれたらしい。わたしにとって数学は、常に自分の物覚えの悪さ——理屈で意味を見いだせないランダムな情報や名前や日付をまるで覚えられないこと——に対抗するための武器だった。歴史でいうと、たとえばエリザベス一世がいつ死んだのか見当も付かず、たとえ一六〇三年に死んだと教わったとしても、一〇分後には忘れてしまう。フランス語ではいつも、不規則動詞の aller の変化（「行く」を意味する単語で、主語の人称と数に応じて、je vais, tu vas, il/elle va, nous allons, vous allez, ils/elles vont と変化する）を思い出すのに苦労したし、化学では、紫の光を放って燃えるのがカリウムなのかナトリウムなのかを忘れた。しかし数学では、確認済みのパターンや論理に基づいて、あらゆるものを再構成することができた。パターンを見つける力が、よい記憶力の代わりになったのだ。

たぶんこれは、わたしたちが記憶を保持する方法の一つなのだろう。記憶力の善し悪しは、わたしたちの脳のパターンや構造を認識する力によって決まる。その力があれば、圧縮されたプログラムを保持することができて、そこから記憶を再生することができる。ここで、ちょっとした問題を考えてみよう。左の六×六のマス目にある殴り書きを、じっと見ていただきたい。それから、この本を閉じる。さてみなさんは、今見た殴り書きを思い出すことができますか。思い出す際の鍵はというと、三十六個のマスをバラバラに思い出そうとせずに、全体像を作る上で役に立つパターンを探すことだ。

　この画像に殴り書きが占める比率は、六×六のチェス盤の黒のマス目とほぼ同じだが、明確なパターンがないので、殴り書きがどこにあったかを思い出すのははるかに難しい。ちなみにこの画像は、コイン投げで表が出たらマス目を塗りつぶす、というやり方で作ったものだ。数学的には、コインを投げたときに表と裏が交互に出てチェス盤のようなパターンになる確率と、表裏がランダムに出て左の図の殴り書きのようなパターンになる可能性はまったく等しいが、それでも、チェス盤のパターンのほうがはるかに覚えやすい。

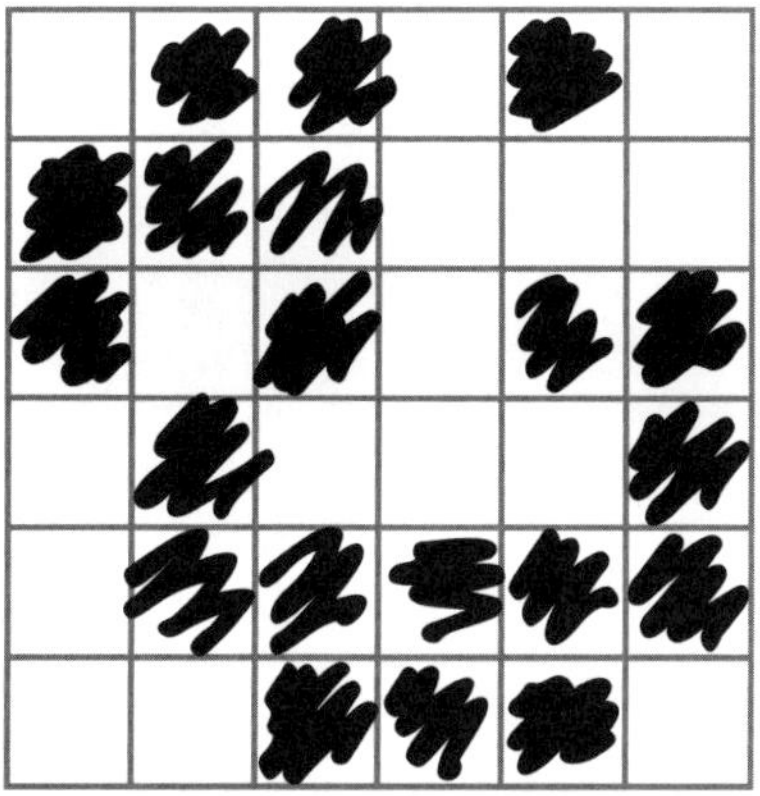

1.3　殴り書きがどこにあるのかを、記憶することができますか？

　画像のなかのパターンが見つかれば、その画像を再生するための処方を書くことができる。数学では、この処方をアルゴリズムと呼んでいる。「ある画像を記憶するのに必要なアルゴリズムの大きさ」というこの概念は、画像に含まれるランダムさを示す強力な尺度になっている。チェス盤のパターンは非常に秩序だっていて、その生成アルゴリズムは小さい。一方コイン投げによって作られた画像を再生するには、三十六個あるマス目のそれぞれの中身を記録するのと少なくとも同じ長さのアルゴリズムが必要になる。

　同じように、画像にはっきりした物語が含まれている写真をJPEGで圧縮したデータは、元の画像のデータよりぐんと小さくなるが、ランダムな画素で構成された画像をJPEGのアルゴリズムで圧縮しても、あまり小さくならない。なぜなら、手がかりとなるパターンが存在しないからだ。

人間であれ機械であれ、何かを記憶する際には確実に、脳の数学的な側面を使っている。記憶するには、蓄積したいデータのなかのパターンや関連や論理を見つけ出す必要がある。パターンは、良き記憶への近道なのだ。

階段を上がる

さてここで、この章の冒頭の問題に戻ってみよう。階段を一度に一段か二段上がるとしたら、十段の階段を上がるやり方は何通りありますか。この問題を解く方法はいくつかあって、たとえば、異なる上がり方を思いつくままに書き下してみることもできる。ただし、系統立ったやり方をしないとどうしても漏れが出るから、明らかに、すべてを書き出すには時間がかかる。では、もっとよい戦略はないのだろうか。

ほんの少しだけ系統立った方法として、まずは一段だけの場合を考える、というやり方がある。これだと毎回一段だけだから、十段を上がりきるやり方は、1111111111の一通りになる。では、一段ずつのなかに二段を一回だけ混ぜたらどうなるか。これはつまり、一段が八回と二段が一回だから、計九歩で上がることになる。しかも、そのうちのどれを二段にするかは好きなように選べる。つまり、二段にする場所は九通りあるわけだ。

これはなかなか有望な戦術だ。そこで次に、二段を二回、一段を六回としたらどうなるか。計八歩で上がることになるが、この場合は、八回のうちのどの二回を二段にするか、その選び方の数を計算する必要がある。一つ目の二段を挟める場所は八通りあって、さらに二つ目の二段は残りの七箇所のどこに挟んでもよい。ということは、どうやら八×七通りあるらしい。ところがここは、慎重を期す必要がある。というのも、これでは同じ上がり方を二回数えることになるからで、一つ目の二段を挟む場所を決めてから、二つ目の二段を挟む場所を決めても、二つ目の二段を挟む場所を決めてから一つ目の二段を挟む場所を決めても、結果は同じだ。よって上がり方の候補の総数は、8×7/2＝28になる。じつは、数学ではこの数に「八つから二つを選ぶ組み合わせ」という名前がついていて、

$$\binom{8}{2}$$

で表される。

さらに一般に、$N+1$個の数から二つの数を選ぶやり方は、$1/2N(N+1)$で得られるが、これは、ガウスが考えついた三角数の式と同じである。おやまあ、またしてもすでに発明済みの車輪の登場だ！　つまり、$N+1$から二つの数を選ぶ問題は、三角数を計算する問題に変換できる。ちなみに第三章では、ある問題を別の問題に変えることで、しばしば問題解決のすばらしい近道が手に入るという事実を紹介するつもりだ。

選び方の個数を計算するこれらの道具は「二項係数」と呼ばれていて、じつはガウスと教室助手のバルテルスも、代数の本に載っていたこの式に夢中になった。

それはさておき、元々の謎を解こうとすると、次に計三つの二段上がりを七つある場所のどこに挟むか、その選び方の数を計算しなくてはならなくなる。確かにこれは、候補を順繰りに積み上げ

る体系的で優れた方法のようだが、この調子だと、どんどん増える二段上がりをどこに挟むのか、その選び方の個数を求める式を次々にひねり出す必要が生じる。なんだかこれも長く辛い道のようで、とうてい近道という感じがしない。

というわけで、この章でこれまでに紹介してきたことをうまく使った、もっと良い方法を紹介しよう。このような問題の場合は、段の数をがくんと減らしたうえで、その場合の上り方に何かパターンがないかどうかを見る、というのがきわめて強力な戦略になる。

今、階段が全部で一、二、三、四、五段の場合の上がり方を見てみよう。これくらいなら、簡単に手で計算できる。

1段なら　1通り
2段なら　11か2
3段なら　111, 12, 21
4段なら　1111, 112, 121, 211, 22
5段なら　11111, 1112, 1121, 1211, 2111, 122, 212, 221

したがって、上り方の候補の数は、1, 2, 3, 5, 8……となる。みなさんはもう、パターンにお気づきかもしれない。前の二つの数を足すと、次の数になっている。ひょっとすると、これらの数がなんと呼ばれているのかも、知っていたりして……。実はこれらは、フィボナッチ数と呼ばれている。フィボナッチというのは一二世紀の数学者で、彼はこの数が自然界のさまざまなものの成長する様子の鍵になっていることに気がついた。花びらに、松ぼっくりに、貝に、ウサギの繁殖。これらすべての数が、同じパターンに従っているように思われた。

フィボナッチは、自然が単純なアルゴリズムを使って、さまざまなものを成長させていることに気がついた。前の二つの数を足すという規則は、貝や樅の球果や花のような複雑な構造を作る際に自然が使う近道なのだ。それぞれの生命体が、最後の二つだけを使って次の動きを決めている。

自然にとって、パターンを使って構造を展開することは、近道の鍵になっている。たとえば自然がウィルスを作る場合も、ウィルスはきわめて対称性の高い構造になっているが、これは、対称性があるとその構造を展開するアルゴリズムが簡単になるからだ。今かりにウィルスが対称なサイコロ型だったとすると、分子を模写するDNAは、各面を構成するまったく同じタンパク質のコピーを複数作ればよく、さらに同じ規則をウィルスに適用すれば、その構造を展開することができる。各面に、異なる指示を出す必要はない。パターンが一つということは、ウィルスをすばやく効率的に作れるということで、だからウィルスはあれほど致命的な脅威なのかもしれない。

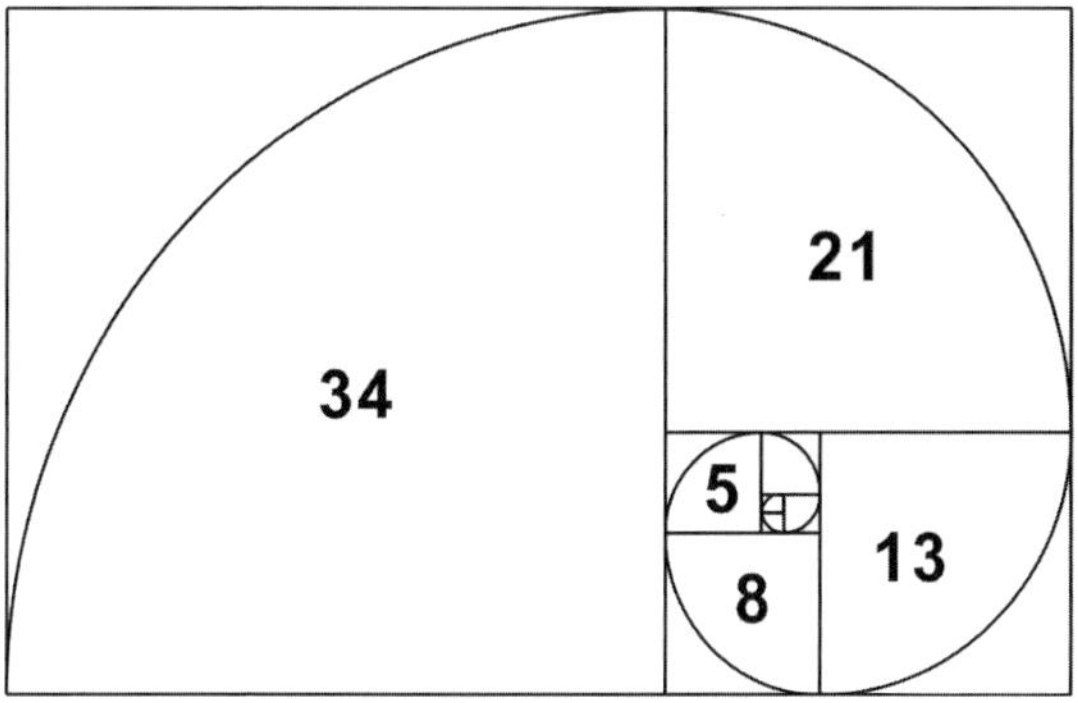

1.4　フィボナッチ数を使ってらせんを伸ばす方法

それにしても、こんなに少ないデータから、フィボナッチの規則が階段上がりの秘密である、とほんとうに確信できるのか。

じつはこの規則は、その次の計六段の場合の計算方法をきちんと説明してくれる。計六段を上がりきるには、四段目までの上がり方をすべて取ってきて、そのお終いに二段上りを一つつけるか、あるいは、五段目までの上がり方をすべて取ってきて、最後に一段上りを一つ付け加えればよい。そうすれば六段を上がりきるすべての方法が得られるわけだが、それはつまり、直前の二つの数を足し合わせたものになっている。

この問題の答えを得るには、フィボナッチ数列の十番目の数を求めればよい。

1, 2, 3, 5, 8, 13, 21, 34, 55, 89

ということで、計八十九通りの上り方があることがわかる。このパターンは、階段のてっぺんまで上がるやり方が何通りあるかを知る近道になっていて、段の数が百になっても、一万になっても、難問を解くのを助けてくれる。

これらの数はフィボナッチ数と呼ばれているが、これらの数を最初に発見したのはじつはフィボナッチではなかった。最初に見つけたのは、インドの音楽家たちだった。大昔からタブラと呼ばれる太鼓を演奏する人々は、太鼓で作り出せる多様なリズムを見せびらかすのが好きだった。そして、長い拍と短い拍だけで作り出せるリズムをあれこれ試して調べるうちに、フィボナッチ数にたどり着いた。

今、長拍が短拍の二倍の長さだとすると、タブラの演者がこの二つを使って作ることができるリズムの数は、先ほどの階段上がりの数と同じになる。一段上がりを短拍に、二段上りを長拍に対応させれば、作れるリズムの数はフィボナッチの法則で与えられる。しかもこの規則を使うと、その前のもっと短いリズムを使って長いリズムを作るアルゴリズムも手に入る。

これほど多種多様な事柄をまったく同じパターンで説明できるなんて、実に心が躍る。このパターンはフィボナッチにとって、自然がいろいろなものを育む様子を表すものだった。インドのタブラ演者にとって、リズムを作り出すものだった。さらにこのパターンは、階段を一段ないし二段ずつ上がるやり方が何通りあるかを教えてくれる。金融の世界には、このパターンを使えば下がっている株価がいつ最終的に底を打って上昇に転じるのかを予測できる、と考えるアナリストがいる。この金融パターンは未だに議論の種になっていて、確かに普遍的に成り立つわけではないのだが、幾人かの投資家がこのパターンを使って正しい判断を下してきたのも事実だ。このような見た目がまったく異なるさまざまなものの背後に潜む構造を明らかにする力は、強力な近道になりうる。たった一つのパターンで、まったく異質に見える多様な問題を解決することができるわけで、新しい問題に直面したときは、その問題がじつはすでに解決法を知っている古い問題の変装した姿でないかどうかを確認するのも一法だ。

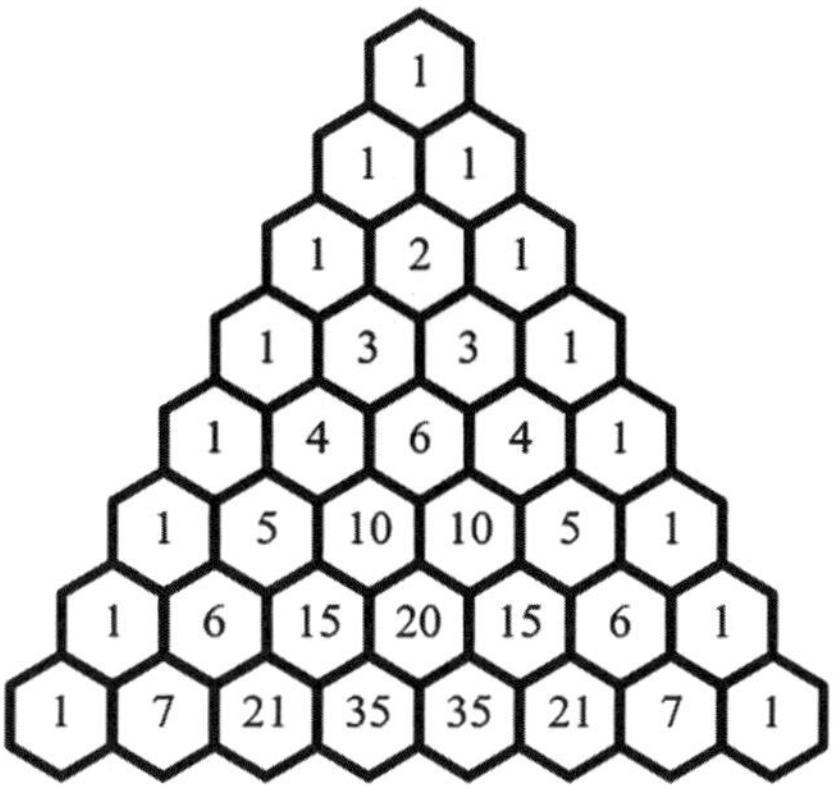

1.5　パスカルの三角形

近道同士を結びつける

この章を終えるにあたって、ぜひともちょっとした締めくくりを付け加えたい。なぜなら、さきほどの辛い作業を活かすことができるからだ。階段を一、二段ずつ上がるやり方が何通りあるかを計算する際に最初に取った戦術では、さらに、七つのものから三つを選ぶやり方が何通りあるのかを求める必要が生じた。じつは数学者たちはすでに、このような選び方の個数すべてを計算する賢い近道を見つけている。パスカルの三角形と呼ばれる近道だ。（フィボナッチ同様、パスカルも最初の発見者ではなく、この三角形の存在に最初に気がついたのは、

古代中国の人々だった）
　この三角形は、フィボナッチと同じような規則に従っているのだが、この場合は、上の段の二つの数を足して次の段の数を作る。この規則に従って表を作るのは簡単で、しかもすばらしいことに、そこにはわたしが求めていた選択肢の個数がすべて含まれている。たとえば今、わたしがピザのレストランをやっていて、店で提供できるピザの種類の多さを自慢したいとする。七種類のトッピングから三種類を選ぶやり方を知りたいときは、この表の（7＋1）行目の（3＋1）番目の数を見ればよい。答えは、三十五通り。つまりこれは、三十五種類のピザが作れるということを知るための近道なのだ。一般に、n個のもののなかからm個を選ぶときには、（n＋1）行目の（m＋1）番目の数を見ればよい。ところが、これらの選択肢の個数は、最初の階段の問題を解く方法の一つでもあったから、じつはパスカルの三角形のなかに、フィボナッチの数が潜んでいるということになる。実際、この三角形の斜め方向の数を足しあわせると、フィボナッチ数が現れる。

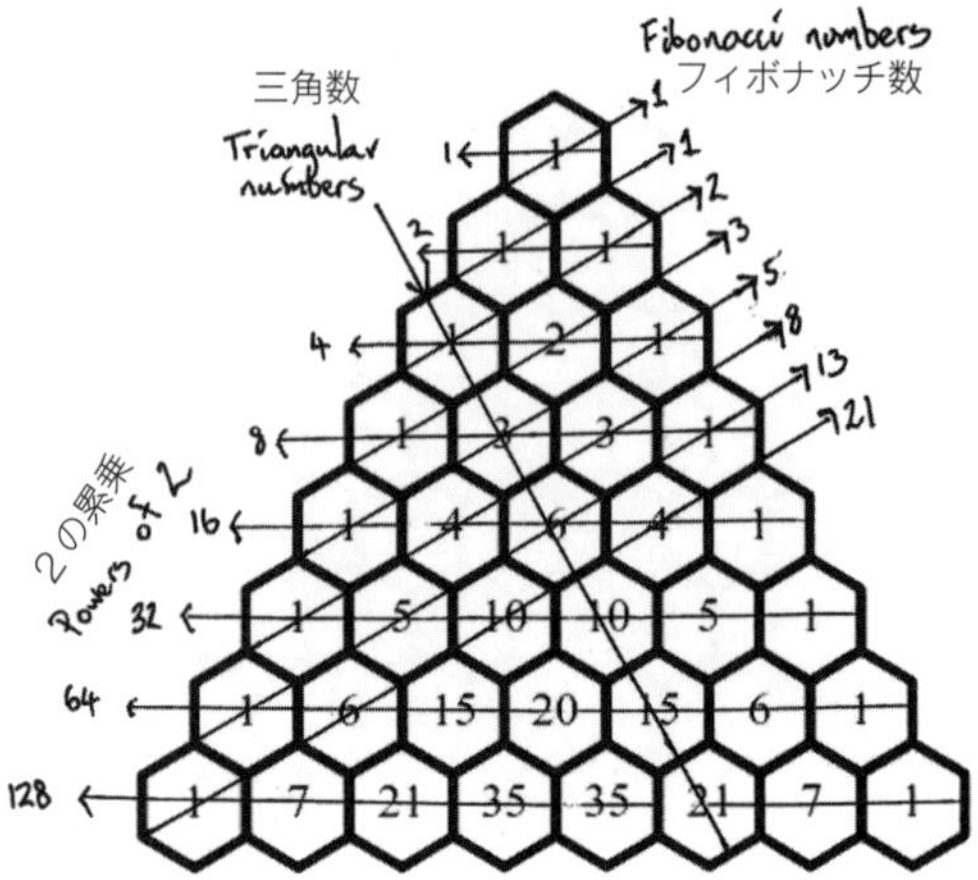

1.6　パスカルの三角形のなかの、フィボナッチ数と三角数と2の累乗

　わたしが数学を愛して止まないのは、ひとつには、このような繋がりがあるからだ。パスカルの三角形のなかにフィボナッチ数が隠れているなんて、まったく想定外だった。それなのに、あの問題を異なる二つの方法で眺めることで秘密のトンネル――近道――が見つかり、そのトンネルが、

数学世界のこれら二つの一見異なる隅をつないでいた！　しかもこの三角形の中には、三角数や、二の累乗まで潜んでいる。三角数は、この三角形の右から三列目の斜めの線にそって並んでいるし、それぞれの行の数をすべて足すと、今度は二の累乗が現れる。数学にはこのような奇妙なトンネルがたくさんあって、その近道を使うと、あるものを別の物に変えることができる。

データのなかのパターンを読み取ることは、階段の上がり方といったちょっとした問題だけでなく、じつは――ちょうどガウスがケレスの進路を予測する際に気づいたように――この宇宙がどう発展するのかを予測する際の鍵にもなる。気候変動を理解するうえでもきわめて重要で、不確かな未来を漕ぎわたろうとする企業にとってもたいへん大きな力となる。しかも、人類の歴史の進化についてある種のヒントを与えてくれる可能性がある。データがきわめて豊富な今日、インターネットでは日々1エクサバイト（10^{18}バイト）のデータが生み出されている。この膨大なデータをどう探査したらよいものか……しかしそこに何らかのパターンが見つかれば、デジタルの広大な地表を進む近道が手に入る。

パターンを使った近道の場合は、自分が理解しようとしているデータを作る際に鍵となった、隠れた規則やアルゴリズムを特定することが重要だ。この種の近道は、たとえ問題が手に負えない規模になったとしても、やはり機能し続ける。階段の段数がどこまで増えても、近道はちゃんと答えを教えてくれる。

そうはいっても、パターンは数とは限らない。人生のさまざまな局面にパターンがあって、それを使うと、ある領域への理解を別の領域に移すことができる。たとえば音楽のパターンを理解することは、楽器の演奏をマスターするうえで欠かせない。世界的なチェロ奏者のナタリー・クラインによると、音楽のパターンをつかんでしまえば、楽譜を見る前からその曲がどこに向かうのかを予測できるという。

第七章の終わりではスージー・オーバックとのセラピーにおける近道に関する対話を紹介するが、その対話のなかで、人間の行動のさまざまなパターンがセラピーに活用されていることが明らかになった。それまでの患者とのやり取りを通して学んだパターンを使うことで、新たな患者を助けることができるという。そうはいっても人間はやっかいなもので、数と比べて個人差が大きい。だからオーバックが明らかにしたこれらのパターンは、慎重に扱う必要がある。パターンは、この世界を数に変えたときにその力を最大限に発揮するわけで、わたしたちが暮らすこのデジタル世界は、数への変換の度合いをさらに強めている。わたしたちのデジタルな足跡は、わたしたち人間の行動をどんどん数に変えており、それらの数のパターンが見つかりさえすれば、その人間が次に何をするかを予測する近道が手に入る。

近道への近道

パターンが見つかれば、未来へ向かって進むためのすばらしい近道が手に入る。株価のパターンが見つかれば、投資する際に優位に立てる。数が手に入ったときは常に、そのデータにパターンが潜んでいないかどうかをよくよく調べよう。それに、数だけにパターンがあるわけではない。人間もパターンを持っている。テニスの対戦相手が打つボールのパターンに気がつけば、ボールを追いやすくなり、次に来たボールを、パッシングショットで迎え撃つことができる。レストランのオーナーは、人々の食習慣のパターンを理解することで、お客が望まぬ食べ物を押しつけずに料理を提供できる。人類にとってパターンを見つけることは、最初にサバンナの外に出てからというものずっと、基本的な近道だったのだ。

ちょっと一息

音楽

数年前、わたしはチェロを習うことにした。ところが習得に案外時間がかかることがわかり、ぜひとも役に立ちそうな巧みな近道を見つけたい、と考えるようになった。数学がパターンの科学だとすれば、音楽はパターンの芸術だ。ということは、そのパターンをじょうずに使うことができるのでは？

わたしが初めて習った楽器は、チェロではなかった。総合中等学校《コンプリヘンシブ・スクール》に通っていたある日――若きガウスの話をベイルソン先生に教えてもらったあの年のことだったのだが――音楽の先生がクラスの全員に向かって、誰か楽器を習いたい子はいませんか、と尋ねた。手を挙げたのは、わたしを含む三人。わたしたちは授業が終わると、音楽準備室に連れていかれた。がらんとした部屋にはトランペットが三本積み重ねられていて、三人は、トランペットを習うことになった。

あのときの選択を、わたしは後悔していない。トランペットはすばらしく柔軟な楽器だ。はじめは町のバンドで演奏して腕を磨き、やがて州のオーケストラで演奏するようになり、少しばかりジャズもかじった。それでもわたしは、椅子に座って次のトランペットの出番を待ちながら黙って小節の数を数えている間、前のほうで絶えず演奏を続けているように見えるチェロをじっと見つめていることが多かった。正直いって、ちょっと妬ましかった。

大人となった今、わたしは祖母が遺してくれたお金の一部を使って、チェロを買うことにした。残ったお金は、何回かのレッスン代に充てるつもりだった。でも、大人になってから新しい楽器を習えるものかどうか、いささか不安だった。子どもだったころは、楽器を習うのにどんなに時間がかかってもまるで気にならなかった。学校時代は、学ぶ時間がまだ何年もあったから。けれども大人になると残り時間はぐんと短く、こらえ性もなくなっている。こちらとしては、今チェロを弾けるようになりたいのであって、七年後ではだめなのだ。何か、楽器を習ううえでの近道はないものか。

マルコム・グラッドウェルの『天才！ 成功する人々の法則』という本が世に広めた理論によると、何にせよ、達人になるには最低でも一万時間の練習が必要だという。それだけ練習すれば、その分野で国境を越えて認められる存在になれる。この本の主張には異論も多く、元々の研究を行ったチームによると、自分たちの業績に誤った解釈がなされているというのだが。それにしても本当に、一万時間にわたる練習をうまく端折ってバッハのチェロ組曲をステージで演奏する方法は皆無なのか。一日一時間として、二十七年も練習しなければならないなんて、そんなばかな！

そこでわたしは、大好きなチェロ奏者の一人であるナタリー・クラインに助言を求めることにした。クラインは、一九九四年にBBCの有名な「今年いちばんの若き音楽家」コンテストでエルガーのチェロ・コンチェルトを演奏して最年少で優勝し、一躍世界の注目を浴びることとなった。国際的な名声へと向かう彼女の軌跡は、いったいどのようなものだったのだろう。

クラインは六歳の時にチェロを弾き始めたが、あまり真剣には取り組まず、そのまま数年がすぎた。「十四歳か十五歳になるころには、一日に四、五時間は弾くようにしていました。なかにはもっと長い時間練習する子もいて、十六歳で一日八時間練習したりするんですよ。ロシアや極東の人たちは、西洋のわたしたちよりもずっと早くから規律正しく厳しい練習をするようになります」

チェロという楽器をマスターするのに必要な動きを記憶して制御できるようになるには、それくらい訓練を重ねる必要があるという。「確かに、楽器を習う場合は最低限必要な時間があります。十代だったら一日に三、四時間は練習しないと。そうでないと、体の動きの技術が身につきませんから」古今東西のもっとも偉大なバイオリニストの一人とされるヤッシャ・ハイフェッツの例を見てみると、彼は生涯にわたって毎朝音階練習を続けていたという。計何千時間にもわたって、音階だけをさらったのだ。

この点で、チェロ奏者は運動選手と似ている。運動選手は、何時間もかけて物理的に体自体を鍛えなければ、マラソンで完走することも、一〇〇メートル走で勝つこともできない。心と体を、ある楽節をそれに適したスピードで演奏できるような状態にもっていくには、ひたすら反復することが必要だ。わたし自身の練習経験に照らしても、一つの楽節を何度も繰り返し、頭を使わなくても体がどうすればよいかをほぼ知っている状態にしてはじめて、楽曲を演奏することができる。

しかしクラインは、辛い作業をしさえすればよいわけではない、という点を強調した。「正しいことを、繰り返さないといけないんです。一万時間練習するのはたいへんけっこうなことだけれど、それは、正しい種類の一万時間でなければならない。単にそれだけの時間を費やしただけでは駄目なんです。学生たちには、その一万時間に頭と体と魂を関わらせなければならない、といっています」

こつこつ練習するというのは近道に見えないかもしれないが、じつは近道だ。何かをするときに、わたしたちのやり方が間違っていたり、精一杯努力をしなかったり、やることが的外れだったりして時間を無駄にすることがじつに多いのだから。

効率的な練習の何たるかを巡っては、「フロー」という言葉をよく耳にする。フローは、一九九〇年にハンガリーの心理学者ミハイ・チクセントミハイが作り出した言葉で、何らかの作業に完全に没頭している状態を表す。チクセントミハイ曰く、「われわれの人生の最良の時は、受け身で刺激を受け入れるだけのリラックスした時間ではない……通常最良の瞬間は、その人の体や心が何か難しくて価値あることをやり遂げようと精一杯の自発的努力をしているときに訪れる」。フローは、強烈な技量と偉大な難問が交叉する所に存在する。技量に欠ける人間が難しすぎることに挑戦すると、不安に陥る。自分の技量に見合わない簡単な事柄だと、退屈してしまう。だが、技量のある人間が適度な難問に向かえば、このフローに到達する。言い換えると、「ゾーンに入る」ことができる。わたしたちはみなこの状態に入るのが大好きで、さまざまな人が、フローに到達するための手引き書をまとめてきた。瞑想に、フロー・サウンドトラックに、食事療法のサプリメントに、フローの精神的なトリガーに、カフェインなどなど。

だがクラインは、お手軽な解決策はないと考えている。「フローへの近道はありません。規則を破るには、その規則を学ばなくてはならない。そして規則を破った瞬間に、何らかの形であなたをフローに運んでくれる解放感を感じることになる。規律があるからこそ、インスピレーションが沸くのです」

たしかに、演奏家になるための身体的な訓練に近道はない。だが思うに、演奏家たちがあんなに時間をかけて音階をさらったりアルペジオをさらったりするのは、そうすれば演奏するときの近道が手に入るからだ。楽譜のそのページに音階やアルペジオに対応する音符のパターンがあることに気づきさえすれば、一つ一つの音符を読むまでもなく、何時間も費やして身につけた近道を利用できる。

高いレベルの演奏を可能にする物理的な細かい動きの技術を身につけるための近道はないと

しても、新曲を習う場合の近道くらいはありそうなものだが……。クラインはわたしに、ハインリヒ・シェンカーという音楽分析家の仕事を教えてくれた。じつはわたしは、以前たまたま違う文脈でシェンカーに遭遇していた。計算機科学者たちが、シェンカーの業績を利用して説得力のある音楽を作曲するようAIをプログラムしようとしたことがあったのだ。シェンカーの分析の狙いは、楽曲の裏にある深い構造を見極めることにあった。それは、その曲の基本構造《ウルザッツ》（原旋律、根元線、とも）と呼ばれるもので、数列の裏に潜むパターンと少し似ている。AIが音楽を作る時は、この過程をひっくり返して基本構造から始め、そこに肉付けをして音楽を作ることになる。ところがクラインによると、この分析を使うと今自分が習得しようとしている楽曲をより効率的に理解できるようになるという。

「彼は、楽曲を理解するために曲をどんどん還元していって、できる限り単純な式にたどり着こうとしました。これは、楽曲の構造を理解するための近道といえるでしょう。そこではミクロではなく、マクロを見るのです」

つまりパターンは、演奏家が複雑な楽曲を理解する際のツールの一つになっているわけだ。だったらこのツールは、楽曲を記憶するときに使える近道なのか？　数列の裏に潜む構造を把握すれば、何かを記憶する場合も反復に頼らなくてすむわけだが……。クラインの場合は、演奏自体が動きの記憶になるまで繰り返し練習してはじめてコンチェルトを記憶できる。でもほかの人の場合は、パターンがもっと大きな役割を果たしているのかもしれない。クラインによると、「友人のヴァディム・ホロデンコは、一種の天才といえるでしょう。以前、昼下がりにある楽譜を読んでいるところを見かけたのですが、その晩のコンサートでは、前に一、二度聴いたことがあるだけのその曲を、三ヶ月練習した人よりもずっとみごとに演奏してみせたのですから。彼には大局的な姿が見えていて、自分はこれを演奏できるという決定的な自信を持つことができる。だからあとの隙間を埋めることができるんです。彼は明らかにマクロを見ているのであって、ミクロよりもマクロのほうを信じている。それは確かだと思います」。

わたしのチェロの先生は、新しい曲を習うときに使えるもう一つの面白い近道を教えてくれた。チェロの場合、ある楽節を演奏する方法は一つではないことが多い。なぜなら、別の弦でも同じ音符を演奏できるからだ。最初に思いつくもっとも自明な弾き方が非効率であることはよくあって、結局は楽器を抱えてオタオタしなければならなくなる。ところがもっと戦略的に考えた結果、その楽節を奏でるほかの弾き方が見つかって、手を激しく上下させなくてもよくなるかもしれない。ある曲の演奏方法を考えることが一種のパズル――自分の指をどの弦にどう置けばいちばん効率的で簡単に弾けるか、というパズル――になるのだ。

これにはクラインも賛成してくれた。「演奏法は、きわめて創造的になり得る。わたしの場合は、特に誰から習ったわけでもありませんが、親指をひんぱんに使うのがとてもよい考えだと思っていました。本当に助かったことがあったんです。親指を使うチェロ奏者は二人いて、その始まりは偉大なるダニイル・シャフランです。自分が考え出したやり方だと思っていたのですが、そうではなかった。すべては問題を解決するためなんです。問題が重大であればあるほど、解決策は創造的になる可能性がある」

しかし、音楽の道を進む際に役に立つこれらの方法があったとしても、クラインにすれば、自分のしていることに近道はない、というのが最終結論になる。「優れたプロのチェロ奏者、特にソロ活動をする演奏家になって、人目にさらされて、スポットライトを浴びながら自分の技量を発揮していると感じる人間になりたいのなら、他に道はありません。近道は存在しない。だからわたしはこの仕事が大好きなんです。パブロ・カザルスが生涯練習を欠かさなかったというのは有名な話で、九十五歳で誰かに『マエストロ、なぜあなたは練習し続けるのですか』

と尋ねられたカザルスは、こう答えたそうです。『なぜなら、自分がようやくうまくなろうとしている、と感じるからです。わたしは向上している』だから、続けられるんだと思います。たいへんな作業が一杯あって、それは変わらない。仕事に興味がなければ、一生続けていくことはできません。決して、頂点には立てないんです」

多くの専門家が、近道に真の意味での関心を示さないのは、このためなのだろう。クラインがわたしにいったように、「近道という概念は、短期的にはある種魅力的だけれど、長期的には魅力がないんです。もしもたくさんの近道があったなら、その課題にはあまり魅力を感じないと思います」

目標に到達したいという自分の欲と、それを実現するのがどれくらい簡単かということの間に緊張関係があることは認めよう。簡単すぎると、満足感を得られなくなる。でも、なにも考えずに辛い仕事を続けるのは御免だ。わたしにとっていちばん満足のいく近道は、しばらくの間行き詰まって、どうやって目的地に向かおうか、と考えた末に姿を現す。自分の数学的なパフォーマンスを完成するために旅を続けるなかで、わたしは、巧みな手が見えた瞬間に放出されるアドレナリンの中毒になった。ただしチェロに関しては、パターンを活用することが役立つにしても、辛い作業を避ける近道が存在しないことを認める。

第二章　計算を使った近道

みなさんは食料雑貨店の店主です。今、ひとそろいの天秤とおもりを使って、一キロから四〇キロまでの重さを量れるようにしたい。そのためには、最低で何個のおもりが必要ですか。また、それぞれのおもりの重さは何キロにすればよいですか。

ある概念を捉えるための簡略で適切な表現方法を見つけることは、思考を速めるうえでの強力な武器になる。百万という数の概念を1000000という七つの記号で捉えられるのは、わたしにすれば当然のことだが、これら七つの記号の背後には、数をうまく扱って効率的に計算するための魅惑的な近道の歴史がある。大昔から今に至るまで、実業界や建設業、そして銀行業に身を置く人々は、競争相手より効率的に早く答えを出す方法を知ることで、相手の優位に立ってきた。この章では、人類が見つけてきたいくつかの、数や計算を取り扱う巧みな方法を紹介したい。面白いことにこれらの近道は今でも、たとえそれが数とまったく関係がなくても、強力な戦略となりうる。

一般の人は往々にして、数学の研究者であるわたしが小数点以下何桁にもわたる割算をしているにちがいない、と思い込んでいる。計算機が登場したんだから、もう失職しているにちがいない、と。数学者イコール「スーパー計算機」という誤解はありふれているが、この仕事を語る際に計算がいっさい登場しない、というわけでもない。巧みな数学の多くは、ちょうどカール・フリードリッヒ・ガウスの子ども時代の近道のように、賢い計算のやり方を見つけることから始まった。より効率的に計算をしようとする中で見つかった近道の歴史はじつに長く、今日わたしたちが手にする計算機ですら、数学者たちが長い年月の間に編み出してきたいくつかの巧みな抜け道を使ってプログラムされている。

コンピュータはきわめて強力で何でもできる、と思いがちだが、コンピュータにも限界はある。100までの数を足し合わせるというあのガウスの問題でいうと、確かにコンピュータは何の苦もなくこの問題をこなすだろう。だがコンピュータにとっても大きすぎる数はあるはずで、その数までのすべての数を足し合わせろと命じたら、エンストを起こすに違いない。一般にコンピュータは近道——コンピュータのコードで実施したときに計算がはるかに迅速になる近道——の考案に関しては、未だに人間頼りだ。この章では、虚数と呼ばれる一見難解な数学のかけらの驚くべき利用法を紹介したい。その数学は、飛行機同士が空中で衝突しないようすばやく着陸させるといった幅広い仕事をコンピュータに遂行させる際の決定的な抜け道を提供した。

勘定するための近道

計算が簡単になるか、ややこしく間違いやすくなるかは、数字の書き方ひとつで大きく違ってくる。複雑な着想に優れた記号《シンボル》を付与することがよりよい思考への近道になる、ということに気づいたとき、人類の進歩は重要な瞬間を迎えた。歴史を振り返ってみると、どうやら各文明がそれぞれに、語られる言葉を書いて記録することが、新たな着想を保存し、伝え合い、操作するための強力な方法になるということに気づいたらしい。一般に、言葉を表す新しい文字が開発されるたびに、数の概念を記録するための新しく賢い手法が生まれてきた。そして、数を書き表すよりよい方法を見つけた文明は、より迅速で効率的な計算やデータ管理への近道を手に入れることになった数学がもっとも初期に発見した近道の一つに、位取り記数法がある。みなさんが羊や日付などを勘定するとして、おそらくはじめは羊一匹毎に、あるいは一日ごとに何か印を付けていくだろう。人類ははじめのうち、そうやって勘定をしていたらしい。実際、側面に切り込みが刻まれた四万年前の骨が見つかっており、人類最古の勘定の跡とされている。

これだけでも、十分印象的な瞬間といえよう。なにしろ、抽象的な数の概念が生まれようとしていたのだから。それらの切り込みが何を数えるためのものだったのかは、考古学者にもわからない。しかし、羊や日にちの数などの数えられたものの数と切り込みの数の間に何か通じるものがあることはわかっている。やっかいなことに、骨に刻まれている切り込みが十七個なのか十八個なのかの区別はつきにくく、改めて数え直さなければならなくなったりする。そしてほぼすべての文化においてどこかの時点で、これらの切り込みをもっと読みやすくする簡便な表記法を作ろう、という賢い考えがひらめいた。

数年前、当時グアテマラに住んでいたわたしは、お札に奇妙な点や棒の列が印刷されているのに気づいて、何だろうと思った。そして近所の人に、これってお札に隠された奇妙なモールス信号か何かなんですか、と尋ねてみた。するとその女性は、確かに信号というか、記号なんだけれど、その記号はお札の価値を示しているんです、といった。その棒や点は、マヤ文明の表記法で表された数だった。マヤの人々は、切り込みの数が四を超えると人間の脳にとって判別しにくくなることを知っていた。そこで、文書にどんどん点を刻んでいくのではなく、五になったところで、ちょうど囚人が牢から出られる日を数えるように、四つの点を一本の線で結ぶことにした。かくして棒は、五という数の簡便な表記となった。

でも、さらにどんどん数えていきたくなったらどうするか。古代エジプトの人々は、一〇のいろいろな累乗を表す象形文字のみごとな一覧をひねり出した。一〇は家畜の足かせで、一〇〇は巻いた綱で、一〇〇〇は睡蓮で、一万は曲がった指で、一〇万はカエルで、そして最後に一〇〇万は、まるで宝くじに当ったみたいにひざまずいて両腕を上にあげている男で表される。

　これは、賢い表記法だ。エジプトでは、一〇〇万を表すときに、骨に切り込みを百万個入れなくても、ひざまずいた男の姿をパピルスに描けばよくなった。ひとつには、このように大きな数を効率的に記録することができるようになったこともあって、エジプトは、市民に税を課し、効率的に都市を建設できる強力な文明になった。

　だが、このやり方にはまだかなり非効率なところがある。書記が9,999,999を記録しようとすると、六十三個の記号が必要になり、しかもあと一つ増えると、10,000,000を表す別の小さな絵をひねり出さねばならなくなる。しかるにわたしたちが使っている現代の数の体系では、9,999,999のような大きな数も、たった七つの記号で表すことができる。もっといえば、異なる十個の記号（0, 1, 2, 3, 4, 5, 6, 7, 8, 9）を使って、いくらでも大きな数を表せる。ここで鍵になるのが「位取り法」という非凡な表記法——三つの異なる文化が別々の時に独立に考案した表記法——だ。

　この近道を最初に思いついたのは、エジプトの競争相手のバビロニア文明だった。面白いことにこの文明では、エジプトや今日のわたしたちのような一〇の累乗ではなく、六〇の累乗が使われていた。五九までのすべての数を勘定したところで、ようやくまとめ直したほうがよいということになったのだ。一から五九までの数は、一を表す𒁹と、一〇を表す𒌋の二種類の記号で表される。ということはつまり、五九を表すには十四個の記号が必要になるわけだ。

　一見すると、これではとても効率的といえない気がする。ところがバビロニアの人々は六〇を選ぶことで、まったく異なるタイプの抜け道を手に入れた。というのも、この数はきわめて割り算がやりやすい。六〇はじつにさまざまな形に割れる——2×30, 3×20, 4×15, 5×12, 6×10——から、この記数法を使う商人は、自分たちの在庫をさまざまなやり方で分割することができる。さらに、六〇がきわめて割り切りやすい数であることから、時間を勘定する際にも使われるようになった。一時間が六〇分で、一分が六〇秒、という勘定の仕方の起源は古代バビロニアにある。

だがバビロニア人の真の大発見は、五九より大きい数の勘定の仕方にあった。選択肢としては、エジプトの人々のように新たな記号を作るという方法もあった。ところがバビロニアの人々は、別のことを考えた。他の記号との相対的な位置によって、記号の意味を変えていこう。わたしたちが使っている現代の記数法では、111という数のなかで同じ記号が三回繰り返されている。ところがこの表記法では実にすばらしいことに、右から左に読んでいったときに、最初の1は一を表すが、二つ目の1は一〇を表し、三つ目の1は一〇〇を表す。つまり、元の数の左に何か数字を書き足すたびに、足された数字の表す値が十倍になる。

ただしバビロニアでは一〇ではなく六〇が基本となっていたから、数字が一つ左に移るとその値は六十倍になる。このためバビロニアの111は、$1 \times 60^2 + 1 \times 60 + 1 = 3661$ を意味する。これは、まったくもって強力な近道だった。との二つの記号だけを使って、好きなだけ大きな数を表すことができる。だが、すべての数を表せたわけではなかった。どんな数でも表せるようにするには、新たな記号を導入する必要があった。今かりに、バビロニア式の数で3601を表すとどうなるか。これはつまり60の塊が一つもないということだから、「無」を表す記号が必要になる。バビロニアのくさび形文字では、60の累乗が一つもない位にという二つの小さな刻み目を置くことになった。

マヤの人々も、この大きな数を記録するための近道を見つけていた。五を表す記号はすでにあった。一本の線が五を表すということは、三本集まれば一五だ。三本線と点が四つあれば一九。だがマヤの人々にすれば、これだけでも十分ゴタゴタしていた。そこで、一つ上の位で二〇の累乗を表すことにした。したがってマヤの記数法で111と書かれている数は、$1 \times 20^2 + 20 + 1 = 421$ になる。さらに彼らも、その位に何もないことを表す必要があるのに気がついて、貝の印を置くことにした。

マヤの人々は偉大なる天文学者で、膨大な時間の記録を付けていた。記号の位置をうまく使ったこの効率的な記数法があればこそ、彼らは膨大な記号の一覧を作ることなく、文字通り天文学的に巨大な数について論じることができた。

それにしても、バビロニアやマヤの記数法にはまだ欠けているものがあった。それは、「無」そのものを表す記号だ。この革命的な一歩を踏み出したのは、位取り記数法を発明した三つ目の文化、インド文明だった。

現在わたしたちが使っている数字はアラビア数字と呼ばれることが多いが、じつはこれは間違いだ。少なくとも、それでは話が半端になってしまう。アラビアの人々は、じつはインドの人々が使っていた記数法を学んで、それをヨーロッパに持ち込んだ。だからこれらの数字は、ほんとうはインド－アラビア数字と呼ばれるべきなのだ。インド数字で使われるのは1から9までの記号で、位が一つ左にずれるたびに、その値は十倍になる。しかもこの記数法には「ゼロ」という、「無」を表す記号があった。

ヨーロッパの人々には、この着想がまるで理解できなかった。数えるものが何もないのに、なぜ記号が必要なんだ？　しかしインドの人々にすれば「無」、「空」はきわめて重要な哲学上の概念だった。だから彼らは喜んで「空」に名前を付け、数えた。

当時のヨーロッパでは、あいかわらずローマ数字と算盤を使って計算をしていた。しかし、算盤を使うには熟練した技術が必要だった。そのため普通の市民は計算に手を出せず、権力者たちは計算のおかげでその力を維持できた。算盤で計算すると、経緯が後に残らない。あるのは結果だけだから、権力者たちは、いくらでもこの計算方法を悪用することができた。

だからこそ体制側は、東洋からの数字の流入を阻止しようとした。アラビア数字が入ってくると、普通の市民も計算を行って、その記録を残せるようになってしまう。数を扱うためのこの近道の導入は、印刷技術の発明と同じくらい意義深いことだったはずで、おかげで数学は、一般大衆のものになったのだった。

数学の黒魔術

今やわたしたちの計算への近道といえば、コンピュータであり、計算機だが、五十歳以上の方は、これとは別の道具があったことを覚えておいでだろう。以前は学校で、対数表の冊子を使えば複雑な計算を端折れる、と教わったものだ。対数表は何百年もの間、あらゆる商人、航海士、銀行家やエンジニアに人気の近道で、これさえあれば、手計算を試みる競争相手の優位に立てた。

対数の威力を明らかにしたのは、スコットランドの数学者、ジョン・ネイピアだった。ネイピアには、ぜひ会ってみたかった。なぜなら彼は、この賢い計算の近道を考案しただけでなく、ひどく風変わりな人物でもあったようだから。一五五〇年に生まれたネイピアは、神学とオカルトに夢中になり、黒い蜘蛛を入れた小さな虫籠を手に、自分の領地を歩き回っていたという。近隣の人々は、ネイピアが悪魔と結託していると信じていた。ネイピアに、「おまえの飼っている鳩がわしの畑の穀物を食べた。だからその鳩を牢に入れてやる」と脅された隣人は、鳩なんか捕まえられっこないんだから、ただのはったりだ、と思った。ところが翌朝、畑に降りたまま動かずにいる鳩たちをネイピアが次々に袋に入れていくのを見て、びっくり仰天した。あの鳩たちに、魔法でもかけたんだろうか？　じつはネイピアは、ブランデーに浸した豆で鳩を酔っぱらわせていた。

ネイピアは、自分が妖術師だという近隣の人々の思い込みをうまく利用した。雇い人のなかに盗人がいることに気がつくと、その人物を捕らえるために、全員を集めて、自分が飼っている黒い雄鶏は犯罪者を見抜くことができる、と告げた。そして、「今から一人ずつ部屋に入り、雄鶏を撫でてくるよう」に全員に命じたうえで、「あの雄鶏は盗人に触られると叫びだすはずだ」と言い添えた。使用人たちが全員その部屋から戻ってくると、ネイピアは彼らに、「両手を見せろ」といった。するとその中に一人だけ、手に煤が付いていない者がいた。じつは鶏に煤が塗りたくってあったのだ。盗人は怖くて鶏を撫でられない、ということをネイピアは知っていた。

ネイピアは、さまざまな神学の研究だけでなく、数学にも夢中だった。だが数への関心は単なる趣味であって、本人は、神学の研究が忙しくて計算を実行する時間がないことを嘆いていた。ところがやがて、自分がこなさなければならない長い計算を回避する賢い方策を思いついた。

ネイピアが発表した著作には、その抜け道のことが次のように記されている。

〔正しくも親愛なる数学の研究家の目で見ると〕数学の実践で骨の折れることといえば――そして計算家をもっとも苦しめ邪魔することといえば――大きな数のかけ算、割り算、平方根、三乗根の計算を措いて他にない。ひどく冗長で時間がかかるだけでなく、往々にして多くのうっかりミスの原因になる。そこでわたしは頭のなかで、これらの妨害物を取り除く確実で迅速な工夫を考え始めた。

そしてネイピアは、二つの大きな数を掛け合わせるというややこしい作業を、より単純な二つの数を足し合わせる作業に変換する方法を見つけ出した。みなさんが手計算をするとして、速く計算できるのは次の二つのうちのどちらですか？

379472×565331

$5.579179 + 5.752303$

この魔法の変換の秘訣、それが対数関数だ。関数とは、ある数を入力として受け入れ、内部の規則に従ってその数を操作したうえで新たな数を出力する、いわば小さな数学機械のようなものだ。対数関数の場合は、ある数を取り込んで、10を何乗すればその数になるか、その累乗の値を吐き出す。たとえば対数関数に100を入れると、2が出てくる。なぜなら、10を二乗すれば100になるからで、100万を入れると、今度は6が出てくる。なぜなら10を6回かけると100万になるからだ。

一見10の累乗とは思えない数を入れると、対数関数の働きはいささか手が込んだものになる。たとえば379472という数にするには、10を5.579179乗しなければならず、565331という数にするには、10を5.752303乗しなければならない。このため――これは多くの抜け道でいえることだが――この抜け道を使うには、あらかじめ膨大な作業をしておく必要がある。ネイピアは長い時間をかけて、さまざまな数の対数を参照するための表を準備した。だがいったん表を作ってしまえば、後はその抜け道が真価を発揮する。

今、10^aと、10^bという二つの10の累乗があったとして、それらを掛け合わせたい場合、答えはじつに単純で10^{a+b}になる。早い話が、累乗を足せばよい。ということは、379472×565331という面倒な計算をしなくても、その対数の$5.579179 + 5.752303 = 11.331482$を計算しておいて、ネイピアが準備した表を使って$10^{11.331482}$を求めればよい。

計算表を使って計算をすばやく行うというこの発想は、その時点でも決して新しいものではなかった。事実、古代バビロニアの人々は、参照用にある種のくさび形文字の表を作っていたらしい。

彼らは大きな数のかけ算をするときに、これとは別の式を活用していた。今、AとBという二つの大きな数があるとして、

$$A \times B = 1/4 \times \{(A + B)^2 - (A - B)^2\}$$

という代数的な関係を使うと、かけ算の問題が平方数同士の引き算になる。このような代数的な表記が登場したのは九世紀に入ってからのことだが、古代バビロニアの人々はこのような積と平方の関係を知っていて、それをAとBの積を計算する際の近道にしていた。いちいち平方を計算しなくても、書記がすでに計算しておいた平方の表を見ればすむ、というわけだ。

ネイピアは『すばらしい対数表の使い方（*Mirifici Logarithmorum Canonis Descriptio*）』と題する著書で、自分が考案したこの抜け道を発表した。そしてそこに書かれた着想は、読者たちに驚異とともに迎えられた。オクスフォードの数学者、ヘンリー・ブリッグスは——わたし自身も所属するニュー・カレッジの幾何学の初代サヴィル教授（一六一九年にサヴィルが英国の数学を盛り立てるために作ったポジション）という栄誉ある地位に就いた人物なのだが——ネイピアの対数の威力にすっかり感じ入って、四日がかりでスコットランドのネイピアの元を訪ねたうえで、「これほどまでにわたしを喜ばせ、驚異を感じさせた本はかつてなかった」と記している。

これらの表は何百年もの間、科学者や数学者に複雑な計算の抜け道を提供することとなった。実際、その二百年後には偉大なるフランスの数学者にして天文学者のピエール＝シモン・ラプラスが、対数は「作業を短縮することで天文学者の寿命を二倍に延ばし、さらに長い計算につきものの間違いや嫌悪の情を取り除いてくれた」と断言している。

ラプラスのこの言葉には、優れた近道に不可欠の性質がみごとに捉えられている。優れた近道は

精神を解き放ち、そのエネルギーをより興味深いことの追究だけに向けることを可能にする。とはいえ科学者たちが退屈な計算から真の意味で解放されるには、機械の出現を待つ必要があった。

機械仕掛けの計算機

計算の近道としての機械の威力にもっとも早く気づいた人物の一人に、一七世紀の偉大な数学者、ゴットフリート・ライプニッツがいる。「優れた人物が、まるで奴隷のように計算作業に時間を取られるのはじつに不当である。機械を使えば、計算を安んじて他の人間にやらせることができるはずだ」

ライプニッツはたまたま歩数計の存在を知ったことから、そのような機械の着想を得て、ついに実物を作ることとなった。「まったく頭を使わずに歩数を数えることを可能にする装置を目にして、すぐに、同じようなタイプの装置を使えばあらゆる計算ができるはずだとひらめいた」

件の歩数計のアイデアは簡単で、歯が十本ある歯車が一回転すると、その歯車に繋がっている別の歯車の歯が一つ進んで十歩を記録する、という仕掛けになっていた。いわば、歯車の位取り記数法である。段階式計算機（Stepped Reckoner）と呼ばれるライプニッツの計算機を使えば、足し算とかけ算、さらに割り算ができるはずだった。だがじつは、そのアイデアを実現するのは困難であることがわかった。「わたしがモデルとして考えた装置を、実際に職人が作り上げられさえすれば実現できたのだが」とライプニッツは記している。

彼は木でできたプロトタイプをロンドンに持っていって、王立協会《ロイヤル・ソサエティー》のフェローたちにお披露目した。当時すでにつむじ曲がりとして有名だったロバート・フックは、顔色一つ変えずに装置をバラバラにしたうえで、わたしならもっと単純で効率的な仕掛けを作ることができる、といった。

しかしライプニッツはめげることなく、ついに熟練の時計職人を雇って、自分が思った通りの計算の近道になる装置を作らせることに成功した。

実は、ライプニッツの展望はさらに雄大だった。算術を機械化するだけでなく、すべての思考を機械化したかった。哲学的な議論を数学言語に帰着させれば、機械に行わせることができるはずだ。二人の哲学者の意見が対立したときは、その装置に自分たちの意見の違いを突き止めさせれば、どちらが正しいのかがわかる。そのような日がきっと来る、とライプニッツは思っていた。

ライプニッツが暮らしたハノーファーの町を訪れたわたしは、運よくその計算機の一つを見ることができた。じつに美しい機械であって、今こうして残っていること自体が幸運の為せるわざといえる。なぜならオリジナルのこの機械は、ガウスも所属していたゲッチンゲン大学のある建物の屋根裏にしばらく埋もれていたからで、この機械が再発見されたのは、たまたま一八七九年に建物の屋根の雨漏りを直すために屋根裏に上がった職人が、この機械が埋もれていた片隅を覗いたからだった。

ライプニッツの機械は、最終的に今日の計算機やコンピュータへと繋がる流れの始まりだった。しかし、だからといってコンピュータに無限の力があるわけではない。わたしたちはややもすると、コンピュータは迅速に計算を行うことにきわめて長けており、じつはその能力には限りがないと思いこむ。一九八四年の「タイム」誌にあったように、「コンピュータに適切な種類のソフトウェアを入れれば、望むことは何でもさせられる」のだと。だがコンピュータにも限界はある。実際、強力なコンピュータですら、宇宙の一生分の時間を要する計算を避けるために、人間のプログラマに巧みな近道をひねり出してもらわねばならなかったりする。

コンピュータが活用しているもっとも興味深い近道の一つに、新しいタイプの数——計算という実際的な世界とはまったく無縁に見える「虚数」という数——を使ったものがある。

数学の鏡を抜けると

みなさんは、$x^2 = 4$ という方程式を解くことができますか？　おそらく何の問題もなく、$x = 2$ という答えにたどり着かれることだろう。なぜなら、2を二回かけると4になるから。機転の利く人は、もう一つの答えに行き着くかもしれない。というのも、$x = -2$ もこの式を満たすからだ。負の数に負の数をかけるとその答えはプラスになるから、-2の二乗も4になる。この方程式はきわめて単純だ。しかし、次のような方程式を解きなさいといわれたらどうだろう。

$$x^2 - 5x + 6 = 0$$

この式を目にした多くの方が、ぞっとすることだろう。なぜならこれは二次方程式—— x の二次の項がある方程式——と呼ばれるもので、中学校の生徒はその解き方を習わなければならないから。じつは、古代バビロニアの人々はすでにこの答えを得るためのアルゴリズム的な一般の手順を考案していた。彼らはその着想を表すための代数的な言語を持っていなかったが、その解き方は、現代の表記でいうと次のようになる。一般に、

$$ax^2 + bx + c = 0$$

という二次方程式の解を求めたいのなら、次の式で答えを得ることができる。

$$x = \frac{-b \pm \sqrt{b^2 - 4ac}}{2a}$$

したがって$x^2 - 5x + 6 = 0$という方程式の場合は、$a = 1, b = -5, c = 6$をこの式に入れて、$x = 2, x = 3$という答えになる。

辛い作業を端折るうえでの数学の威力が浮き彫りになったのは、バビロニア時代のことだった。書記たちはこの公式が見つかるまで、一つ一つの二次方程式を手計算で解くしかなかった。数は違えどじつは毎回同じことをやっている、ということに気づかず、その都度答えの出し方をゼロから考えていたのだ。ところがある時ある書記が、どんな数でもうまくいくアルゴリズム的な一般の手順があることに気がついた。

そのとき、数学が始まった。数学とは、これら無数の方程式の裏に潜むパターンを見抜く技なのだ。パターンの存在から、無限に見える作業の代りに事実上たった一つの作業をすればよいことがわかる。方程式を解くためのアルゴリズムや式を学ぶことで、無限個の方程式を解くための近道が手に入る。バビロニア時代の数学の誕生を見れば、なぜ数学が真の意味で近道の術なのかがわかる。

それにしても、この近道を使うと、考え得るすべての二次方程式を解けるのか。たとえば、$x^2 = -4$という方程式を解きなさい、という問題はどうだろう。この方程式は、何百年もの間、解けないとされてきた。結局のところ、勘定に使う数は二回かけると必ず正になるわけで……。この場合は、バビロニアのアルゴリズムや公式もまったく役に立たない。なぜなら、-4の平方根なんて無意味だから。

ところが一六世紀の半ばに、かなり奇妙なことが起きた。一五五一年当時、イタリアの数学者ラファエル・ボンベリは教皇領のヴァルディキアナで沼地の水を抜くプロジェクトに参加していた。

すべてが順調に進んでいたが、ある日突然作業が中断された。何もすることがなくなったボンベリは、代数に関する著作をまとめることにした。以前から、同国の数学者ジェロラモ・カルダーノの著作に載っている方程式を解くための新しい公式に大いに興味を惹かれていた。

二次方程式の解の公式は、すでにバビロニアの人々によって考案されていた。では、$x^3-15x-4=0$といった三次方程式の場合はどうなるのか。すでにその数十年前から幾人かの数学者が、このような三次方程式の解の公式を見つけた、と公言していた。その当時の数学者たちは学術雑誌に結果を発表するよりも、公式の数学対決で相手と試合をすることを好んだ。土曜の午後、最先端のオタク科学者たちの戦いに参加する地元の数学者を応援しようと近所の広場に向かう自分の姿を想像するだけで、心が躍る。それらの数学者のなかに、明らかに他のどの式よりも優れた公式を知っている者がいた。その数学チャンピオンの名前は、ニッコロ・フォンターナ。タルターリャというあだ名のほうが通りがよい。フォンターナにすれば当然、誰にも自分の成功の秘密を明かす気はなかった。それでも結局は説き伏せられて、その式の秘密をカルダーノに漏らした。ただし、カルダーノはその秘密を決して公表しない、という条件の下で。

その後数年間、カルダーノは発表したいという気持ちに抗い続けたが、結局、約束を守り切れず、問題の公式は、一五四五年に刊行された『偉大なる術』(*Artis Magnae*)という有名な著書に華々しく登場することとなった。ボンベリがカルダーノの著作を読んでその公式を$x^3-15x-4=0$に適用してみると、かなり奇妙なことが起きた。計算の途中でその式が、-121の平方根を求めよ、と指示してくるのだ。121の平方根の求め方なら、ボンベリも知っていた。ごく簡単で、答えは11になる。それにしても、-121の平方根とはいったい何なのか。

数学者たちが、負の数の平方根を求めるという奇妙な要請にぶち当たったのは、これが初めてではなかった。しかし当時はその時点で諦めるのが普通だった。カルダーノも同じ問題にぶち当たって、計算を放棄していた。そんな数は存在しない。ところがボンベリはそこで諦めず、この奇妙な架空の数を式の中に残したまま、カルダーノの著作にある式を使って計算を続けた。すると摩訶不思議なことに、数は互いに打ち消し合い、答えだけが後に残った。$x=4$。その値を式に入れてみると、案の定、ちゃんと答えになっていた。

ボンベリは、最終目標である$x=4$に達するために、この架空の数の世界を横切らねばならなかった。まるで、魔法の鏡を抜けたらその向こうに奇妙な新しい土地が見つかったようなもので、しかもその世界には一本の道があり、それが自分が望んでいた普通の数の大地の目的地に通じる別の戸口に続いていた。しかし、この架空の世界に踏み込まない限り、解への道はない。ボンベリは、これはただの幻ではなく、結局のところ鏡の向こうのこれらの数は、おそらく本当に存在する、と考え始めた。あとは数学者たちが勇気を持って、それらの数を自分たちの数の世界で認めるだけのこと。

ボンベリの著作はやがて虚数の発見へと繋がり、もっとも基本的な数である-1の平方根は、iと名付けられることになった。iというのは、その数年後にフランスの哲学者で数学者のルネ・デカルトが軽蔑を込めてひねり出した、想像上の、を意味するフランス語の*imaginaire*を約《つづ》めた略称だ。ちなみにデカルトは、奇妙で捉えどころのないこれらの数にまったく魅力を感じなかった。

それでもボンベリが、これらの数の威力を明らかにしたことに変わりはない。彼はその著作で、虚数の取り扱い方を完璧に分析してみせた。これらの三次方程式を解きたければ、答えへの近道を取ることができる。ただし、虚数の世界に続く鏡を抜ける心構えがあれば、の話だが。数学者たちも結局は、自分たちが拠って立つ本物の数——実数——とは対照的なこれらの数を複素数（複素数は一般に、実数＋虚数の形をしている）と呼ぶようになった。

ライプニッツはボンベリの粘りに感心しきりで、彼こそは解析の技の傑出した熟達者である、と断言した。「かくしてわたしたちには、ボンベリという工学者がいる。彼が実際に複素数を使ったのは、それが有益な結果をもたらしたからなのだろう。一方カルダーノは、負の数の平方根は役に立たないと考えた。ボンベリは、複素数をきちんと扱った最初の人物であって……複素数の計算法則を紹介するにあたり、みごとなまでに徹底している」

数学者たちはその後何百年も、これらの数はじつに怪しいと思い続けていた。2の平方根を求めるとして、小数で表示すると数が無限に続くことになるが、それでも定規のうえでならこの数が見える気がする。2の平方根は、1.4と1.5の間のどこかにある数なのだ。でも、-1の平方根はいったいどこにあるというのだろう。定規のうえのどこにもない。最終的に、虚数を目で見る方法を考案したのは、わがヒーロー、カール・フリードリッヒ・ガウスだった。

それまで数学者たちが扱う数は、水平方向に走る直線のうえの、負の数は左側、正の数は右側に表示されていた。ところがガウスは、新たな方向に向かうというみごとな決断を下した。これらの新しい数は、水平線の上や下にある。ガウスの図では、数はもはや一次元ではなく二次元なのだ。この新たな地図は、きわめて強力であることがわかった。なぜなら、これらの数の代数的振る舞いがその幾何学に反映されているからで、第五章でも説明するように、優れた図は、複雑な着想を説明するうえでのすばらしい近道になる。

ガウスはそのような表し方を、これらの数を巡る驚くべき事実を証明しているときに発見した。どんな方程式を取ってきても、その式がどんなに複雑でも、xの三次だけでなく何次の項が含まれていても、これらの虚数を使えば必ず解が見つかる、という事実だ。もうこれ以上、新しい数を作る必要はない。虚数にはすでに、係数が複素数の場合を含むあらゆる方程式を解く力が備わっている。ガウスが成し遂げたこの大発見は、今日、代数学の基本定理と呼ばれている。

ガウスの地図は、虚数の新しく奇妙な世界を進むうえでのすばらしい近道となった。ところがガウスは奇妙なことに、その二次元の図を内緒にしていた。そしてこの図は、後に二人のアマチュア数学者によってまったく別の形で再発見されることになった。一人目はカスパー・ヴェッセルというデンマーク人で、もう一人はジャン・アルガンというスイス人。今日この図は、アルガン図と呼ばれている。本来帰せられるべき人物に名誉が与えられることは、稀なのだ。

フランスの数学者ポール・パンルヴェは後に、『科学的業績の解析（*Analyse des travaux scientifiques*）』という著作に次のように記している。

この業績の自然な展開として、幾何学者たちはじきにその研究において、実の値と同様、虚の値も受容することとなった。そしてやがて、実領域の二つの真実を結ぶもっとも容易で最も短い経路が、じつは虚の領域を通っている場合がきわめて多いことが判明した。

数学者であるパンルヴェは、フランスの首相を務めたことがある。一九一七年の最初の任期はたったの九週間しか続かなかったが、フランス軍の反乱を鎮圧したり、ロシア革命の衝撃に対処したり、アメリカの第一次大戦への参戦に対処しなければならなかった。

わたし自身は、研究のなかであからさまに複素数を使うことはないが、それでもその哲学を活用することはよくある。このような近道は、ＳＦの作家が宇宙の片方の端からもう一方の端に行くために作り出す虫食い穴《ワームホール》に少し似ている。どのような状況においても、自分を目的地へと連れていってくれる鏡がどこかに隠れていないかどうかを調べることが重要だ。

わたしは数学を研究するなかで、構成しうるすべてのシンメトリーを理解したいと考えている。だが奇妙なことに、この難題に取り組むためにわたしが見いだした方法から、ゼータ関数と呼ばれる新たな対象物が生まれた。ゼータ関数は、元来数学のまったく別の分野で生まれたものなのだが、わたしはこの関数のおかげで、シンメトリーの世界に固執していたら決して得られなかった視点を手に入れた。この章の「ちょっと一息」での起業家ブレント・ホバーマンとの対話でも説明するつもりだが、インターネットの到来は、そこに踏み込めばさまざまな商取引での中間業者を切ることが可能になる、すばらしい鏡をもたらした。

時には、自分が動き回っている領域を変えること自体が、解に向かって歩むための虫食い穴になったりする。わたし自身は数学の問題に行き詰まると、よく音楽を聴いたりチェロを練習したりする。そうやって自分の精神を彷徨わせておいて改めて机の前に戻ってみると、その問題の見え方が妙な具合に変わっていることが多い。音楽を利用して自分をまったく別の環境に持ち込むことで、ちょうど虚数の世界に入ったような感じになり、そこにある道が——パンルヴェのいうような——自分の到達したい点へと向かうもっと短い道かどうかがわかる。新たな思考法へと繋がる捉えにくい秘密の入り口、目的地にたどり着くのに役立つ道がほかにもあるかどうかを試してみることが重要だ。

虚数の世界は、今やきわめて多種多様な概念を理解するうえでの鍵になっている。鏡の向こう側へのこの抜け道なくして、それらの概念はほぼ理解不可能だ。きわめて小さいものの物理学である量子力学は、じつはこれらの虚数を使って符号化したときに初めて意味をなす。電磁気の交流は、-1の平方根を使って記述したときに、もっとも容易に操作できる。そしてさらにもう一つ、これらの数が生み出す衝撃的な近道の例を知りたければ、世界中の空港で飛行機を着陸させるために使われているコンピュータの内を覗いてみるとよい。

英国航空107便、着陸を許可します

数年前、幸運な事にわたしは大空港の航空管制塔を訪れることができた。スクリーンの上では、ちっぽけな飛行機のアイコンが空港のまわりを飛び回っており、なんだかがちゃがちゃしたコンピュータゲームを見ているようだった。けれどもすぐに、管制官がその手に何千人もの命を握っていることを意識させられた。見学中は、とにかく静かにしているように、と言われたのだ！　そしてわたしは、シフトを終えた管制官の話を聞いてびっくり仰天することになった。飛行機を着陸させる際のシステムでは、虚数を使うことによって、入ってくる飛行機をレーダーで追うための計算を高速化しているという。

金属の物体が電磁波を反射するという事実に最初に気づいたのは、ドイツの物理学者ハインリヒ・ヘルツだった。一八八六年から八九年にかけて、電磁波の存在を証明するための実験を行っていたときのことで、その業績を称えるために、ヘルツの名前は波の周波数を示す単位となった。だが、科学におけるこの発見が可能にするはずのことを実現してみせたのは、もう一人のドイツ人だった。クリスティアン・ヒュルスマイヤーが、霧で視界が悪いときにほかの船の位置を探知するのに役立つ電磁装置を考案して、ドイツとイギリスで特許を取ったのだ。なぜそのような装置を作ろうと思い立ったかというと、船同士の衝突による海難事故で息子を失った母親の悲しみを目の当たりにしたからだという。

一九〇四年五月十八日、ヒュルスマイヤーはライン川に架かる橋である実験を行い、自分の発明品をお披露目した。それは、橋から半径三キロ以内に入ってきた船の存在を探知する装置だった。しかし、この装置は時代の先を行きすぎていた。一つには、その船がどの方向のどれくらいの距離にあるのかを探知する数学が使われていなかったからで、いずれにしても、この着想はその後数年間、ジュール・ヴェルヌを始めとする空想科学小説の世界のものでしかなかった。この装置が現実の世界で使われるようになったのは、数十年後に、世界大戦が迫ったときのことだった。

電波探知測距（radio detection and ranging）——略してレーダー——を正確には誰が発明したのか、という問いはかなり微妙だ。戦争の機運が高まるなか、さまざまな国で開発されていたものの、機密扱いだった。なぜかというと、このアイデアをうまく実現し果《おお》せた国は、それがどこの国であろうと、侵入してくる飛行機を探知するうえで有利になるからだ。だがそれでも、スコットランドの物理学者、ロバート・ワトソン＝ワットがこの技術の先駆者の一人であることは間違いない。ドイツが電磁波を使った殺人光線を作ったという噂についてどう考えるか、と意見を求められたワトソン＝ワットは、そのような着想はあり得ないと即答したものの、それがきっかけとなって、電波を使って何ができるかを考え始めた。そして、無線信号と数学を組み合わせれば侵入する飛行機を追跡できる、ということを示したことから、北海側からロンドンに近づく飛行機を探知するレーダー基地網が建設されることになった。一般に、英国空軍がバトル・オブ・ブリテンで決定的優位に立てたのは、このレーダー網のおかげだとされている。

戦時下であれ平時であれ、近づいてくる飛行機を追尾する場合は速度が決め手になる。飛行機に当たって跳ね返った電磁波に基づいてその位置を計算する、その計算の近道を見つけられるかどうかがすべてを決める。その際の基本的な計算には三角法（この近道については、第四章で説明する）の一種が含まれていて、レーダーが探知した波の形は正弦と余弦の数学を使って記述される。ところがそこに、信じられないくらい微妙で時間のかかる計算が含まれていることがわかった。この状況に救いの手を差し伸べたのが、虚数だったのだ。

一八世紀の偉大なスイス人数学者、レオンハルト・オイラーは、指数関数——2^xのように、数をx乗するという単純な関数——に虚数を入れると、かなり奇妙な結果が得られることに気がついた。出力が、レーダーに使われる波と非常によく似た波動関数を組み合わせたものになるのだ。この繋がりは、多くの数学者が史上もっとも美しい方程式とするものの核になっている。というのもこの波と指数関数の繋がりの一例として、数学史上もっとも重要な五つの数——0, 1, i （$\sqrt{-1}$の平方根）、π = 3.14159... そして e = 2.71828...（たぶん、数学においては π に次いで有名な数。これについては第七章でさらに詳しく紹介する）——すべてを結びつける式が生まれるからだ。

$$e^{i\pi} + 1 = 0$$

e という数を π の i 倍乗して、その結果に1を加えると、魔法のように（というか、数学によって）、すべてが相殺して答えは0になる。このように、虚数は奇妙な形で指数関数と波動関数を繋いでいる。

数学者たちは、だったら複雑な波動関数の数学を使わなくても、すべてをくっつけておいて虚数を使えば計算が単純になって速度が上がるということに気がついた。この奇妙な数を使うと相手は単純な指数関数に変わって、迅速かつ効率的に計算ができる。航空管制官たちは、指先一つで現代のコンピュータのずば抜けた力を利用できるはずなのに、今でもこの虚数を使った近道を使っており、そのおかげで、世界中の空港に近づく飛行機を探知し、その着陸を助けることができる。虚数がなければ、飛行機の位置を確定する計算が終わる前に、飛行機は不時着していることだろう。

これは、ポール・パンルヴェの「実領域の二つの真実の間の最短でもっとも容易い経路は、きわめてひんぱんに虚の領域を経るものである」というテーゼのじつに生き生きとした例といえる。

二進法とその先の

コンピュータが計算を効率的に行うための近道としては、もう一つ、きわめて経済的な記数法がある。これまで見てきたように、十個の記号を使った一〇進法だけが、数の表し方ではない。一〇進法のような一〇でなくても、好き勝手な数の累乗を使って数を表すことができる。古代バビロニアでは〇から五九までの記号があって、六〇進法になっていたし、マヤでは〇から一九までの記号があって、20の累乗を使った記数法が使われていた。わたしたちが使っている記数法で10という値が選ばれたのは、早い話が手の指が十本あるからで、人体のじつに奇妙な解剖学的構造のせいなのだ。

バビロニアの数の体系もまた、人体の解剖学的な構造と関係している。手の指にはそれぞれ三つの関節があるから、右手の親指を使ってその手の計十二個の関節を指さすことができる。さらに、十二個の関節を一通り数え終えたら、左手を使ってその結果を記録することができて、そこから新たに右手の親指で一二まで数え上げることができる。今、左手の指は五本あるから、十二個を一束とすると五束分の関節の数を記録できて、ほうら、全部で六〇になる！

たとえば二九という数を表すには、左手の指を二本開いて、右手の指で、第五関節（中指の第二関節）を指させばよい。

ところがコンピュータには、指が一本しかない。コンピュータは本質的にスイッチのオンオフの原理で動いているわけで、このため記号を二つしか使わない記数法が必要になる。0がオフで、1がオン。コンピュータは、この二つの記号を使ってすべての数を表す。この位取り記数法では、各位が10の累乗ではなく2の累乗を表す。いわゆる二進記数法だ。したがって　11011という数は、

$$1 \times 2^4 + 1 \times 2^3 + 0 \times 2^2 + 1 \times 2 + 1 = 27$$

を表す。

今や会話や画像や音楽や本をデジタルに変換する方法が見つかっていて、この二進法を使った近道は、わたしたちの周囲の世界を0と1の列に変換している。

二進法というこの着想は、この章の冒頭のなぞなぞを解く鍵でもある。食料雑貨商は、一キログラムから四〇キログラムまでの重さを量るために、最低でいくつのおもりを用意すればよいのか。ただしこの問題を解くコツは、二進ではなく三進法——つまり3の累乗——で考えるという点にある。秤の状態としては、右におもりが載っている（+1）場合と、左におもりが載っている（−1）場合と、まったくおもりが載っていない（0）場合の三通りがありうる。今、三進法で考えると、食料雑貨商は一キログラム、三キログラム、九キログラム、二七キログラムのたった四個のおもりだけで一キログラムから四〇キログラムまでのすべての重さを量り取れることがわかる。

たとえば袋の重さが一六キログラムあったとして、この袋の重さを確認するには、片方の皿に、その袋と三キログラムのおもりと九キログラムのおもりを載せる。そのうえで逆の皿に一キログラムのおもりと二七キログラムのおもりを載せると、秤はきれいに釣り合うはずだ。このときみなさんは、0, 1, 2ではなく、-1, 0, 1を使って数を表していることになり、16は、

1 (-1) (-1) 1

で表される。つまり、1の塊が一個と、3の塊がマイナス一個と、9の塊がマイナス一個、そして27の塊がプラス一個で、27 − 9 − 3 + 1 = 16なのだ。

数であろうと、何か他の複雑な考えであろうと、その概念を表す最適の記号——表記法——が見つかれば、解への近道が見つかるかもしれない。食料雑貨商が三進法で考えられれば、商売に必要

なおもりはたった四つですんで、この近道を理解できなかった競争相手は、不要なおもりに無駄な金を使ったことに気づく。

近道への近道

複雑な概念を表す優れた略記法を見つけることは、数の記録だけでなく、歴史のうえでも常に、きわめて重要な近道となってきた。講義や会合でメモを取っているみなさんは、おそらく繰り返し登場する重要な着想を簡単に表す方法をすでに考案していることだろう。それにしても、それらの着想をもっと扱いやすくする、もっとよい表し方はないものか。時には、ある形で表されたデータからは何も見えてこないのに、記録方法を変えただけで新たな洞察が浮かび上がることがある。元々の数字より対数グラフのほうが、データに関して多くを語る場合が多い。だからこそたとえば地震は、対数を用いたリヒター・スケールで測定されている。それからもうひとつ、どこかに鏡がないかどうか、絶えず注意を払っておくこと。その鏡はちょうど虚数のように、今自分が閉じ込められている世界から連れ出してくれて、その別の世界には、目的地へと向かう近道があるかもしれないのだから。

ちょっと一息

起業

「よくマーケティング部長に、いったものだ。逮捕されれば、本当にうまくいっているといえるんだ、とね。誰も、そこまではいけなかったが」

スタートアップ企業を対象とする投資会社ファウンダーズファクトリーの創設者ブレント・ホバーマンは、わたしにそういった。つい最近、ホバーマンの元を訪ねたときのことだ。ホバーマンは（断わっておくが、まだ捕まっていない）自分が法律の限界に挑戦したからこそ、マーサ・レイン・フォックスとともに一九九八年に立ち上げたもっとも有名なベンチャー、lastminute.comを成功に導けた、と考えている。ホバーマンによると、ゲームの規則を破ることもまた「起業家の発想」のひとつであって、ベンチャービジネスの成功への近道なのだ。

ファウンダーズファクトリーのオフィスには、すてきな遊び心が感じられる。壁を飾っているホワイトボードは猛烈な殴り書きで埋め尽くされていて、世界中のあちこちの数学教室にあるそれを思わせる。開放感のある空間を見れば、異なるスタートアップ企業が交流して考えを共有していることがわかる。アイデアを刺戟するために、食べ物や飲み物やゲームが提供されているが、ホバーマン自身は、ゲームの規則を破ることこそが、ファクトリーで起業しつつあるベンチャーの成功への最良の近道だと考えている。

「昔から多くの事業家が、まず規則を破っておいて、それから許しを請うてきた。Uberもそうだし、Airbnbもそうだ。どちらも法を犯している。どうして自分の家を貸しちゃいけないんだ？　それで、社会がその点に目を向けはじめて、じつはいいんだ、駄目なんてことはないよ、という。それが、彼らの近道だった」

規則を破るというのは、相当数の数学者が取る戦略でもある。数学の規則によると、ある数を二乗した答えは正になるはずだった。ところがラファエル・ボンベリは厚かましくも、二乗すると−1になる数を扱い始めた。ゲームの規則からはみ出せば、さまざまな新しく興味深い数学にアクセスできる。古代ギリシャの数学者エウクレイデスは、三角形の内角の和は180度であると断言した。ところが——後の章でも見るように——数学者たちは、三角形がエウクレイデスの規則に背く新たな幾何学をひねり出した。規則を破る場合は、破綻に見合うだけの恩恵があるかどうかが重要だ。

ブレント・ホバーマンによると、「それはつまり、『これ』がいったい何なのかを再定義することだといっていい。規制は時代遅れかもしれない。ひどくゆっくりしているのかもしれない。時には人々が、おそらく自分たちの倫理指針をきわどく再定義しておいて、そのようなトレードオフには社会的な価値がある、という場合もある」

lastminute.com の成功の鍵は、定期航空路やレンタカー会社やホテルなどの活用されていない資産をうまく使った点にある。そうやって、好みに合わせて一つずつ買うより安いプランを作るのだ。最初にこのアイデアが浮かんだのは学生時代のことで、ホバーマンはそのとき、ガールフレンドを楽しい週末旅行に連れ出そうとしていた。直前になってホテルに電話をかけ、翌日の晩にいくつ空き部屋があるかを確認した。五室とか六室という返事が返ってくると、おそらく全部は売り切れないと踏んで、七〇パーセント値引きしてくれたら、この電話でそのうちの一室を予約する、といってみる。「三回に一回は、それで予約ができたんだ」

それからホバーマンは、なんでみんなこういうふうにしないんだろう、と考えた。「いかにもイギリス人らしい話だ。イギリス人は、そういうことはしない」と、ホバーマンは冗談を飛ばす。学生時代にこのような経験を積み重ね、これを会社にすればいいんだということに気づいたときのことは、今もはっきり覚えているという。こうして lastminute.com が始まった。そうはいっても、使われていない資産を個人ではなく会社規模で見つけるには、法律のギリギリの際まで行く必要があった。ホバーマン自身が認めていることだが、lastminute.com は、厳密には「コンピュータ不正使用禁止法（Computer Misuse of Information Act）」を破っていて、おそらくこれは犯罪だった。

だが、法律の限界を押し広げるというのは、多くのスタートアップ企業が競争相手の優位に立つために使ってきた近道だ。Facebook の「迅速に動いて物事を打ち破れ」というお題目は有名で、CEOのマーク・ザッカーバーグ自身がかつて述べたように「物事を壊していないということは、そこまで迅速に動いていないということ」なのだ。リチャード・ブランソンによれば、会社を創設して間もない一九七〇年代に法律に抵触したことが、彼のビジネスの成功に繋がった。もっともブランソンの場合は、初期の売り上げ記録の税金をごまかして六万ポンドを支払う羽目に陥ったのだが。この罰金の一件以来、ブランソンははるかに体系的に金儲けをするようになった。本人曰く、「行動の誘因《インセンティブ》は、ありとあらゆる大きさや形をしているものだ。しかし、牢屋に入りたくないという気持ちは、これまでに経験したどの誘因よりも説得力があった」

しかし、スタートアップ企業がたとえば健康のようなきわめて規制の厳しい業界を攪乱しようとすると、物事を壊しながら迅速に動くことを正当化するのははるかに難しくなる。健康産業が厳しい規制を課せられているのには明確な理由があるわけで、自分の着想を信頼に足るものにしたいのなら、これらの規制の内側で仕事をする必要がある。「害を及ぼさない」という倫理的態度——エートス——は、破壊の欲望に勝る。自分が成功を収めるために、患者を破壊したいという人はいないだろう。

ホバーマンが成功した理由としてはもう一つ、初期ドットコム・ブームのあの頃に、インターネットが提供するすばらしい近道をうまく利用したことがあげられる。インターネットのおかげで、中間業者を切ることができたのだ。lastminute.com の場合の中間業者は、旅行会社だった。ホバーマンのもう一つのベンチャーであるmade.comも、これと同じような近道をうまく使ってきた。このサイトの狙いは、消費者がブランド価格を払わずにデザイナー家具を手に入れられるところにあった。ホバーマンと共同でこのサイトを立ち上げたニン・リーは、三〇〇〇ポンドのソファーに目をつけていたのだが、学生時代の友達がそのソファーを作っている工場の管理を任されていることを偶然知った。しかも彼らは、そのソファーを二五〇ポンドで卸していた。ここから、消費者と製造者を直接つないで金のかかる中間業者を切る、という発想が生まれた。ニンによると、「家具業界の心理として、三〇〇〇ポンド払える消費者でなければトレンディーで格好のよいソファーを手に入れる資格はない、というエリート主義がある。でも、それでよいという理由はどこにもない」。インターネットのおかげで、企業はサプライチェーンを飛び越すことができるようになった。

ホバーマンによると、lastminute.comやmade.comのような企業を立ち上げるときに重要なもう一つの抜け道があるという。「もの知らずであること。どんなに難しいことなのかを知っていたら、絶対にlastminute.comを立ち上げたりはしなかった。あまり多くを知ろうとしないことだ。ものを知らないからこそ、別の考え方ができるんだから」

ホバーマンのこの哲学を聞いて、わたしはお気に入りのオペラのある登場人物を思い出した。ワーグナーのオペラ、「ニーベルングの指輪」に登場する、若くて恐れを知らぬジークフリートは、ファフナーという大蛇をみごとに殺し、大蛇が守っていた指輪を手に入れる。そして、一人の女性に初めて出会ったとき、ついに恐れを知ることとなった!

思うに、若者が数学における未解決の大問題を解くことに成功するのは、ひとつには、恐れを知らないからだ。多くの数学者が、リーマン予想を始めとする数学の怪獣たちに畏敬の念を抱いている。素数を巡る偉大な未解決問題であるこの予想を恐れるあまり、こんなに難しい問題に取り組むなんて正気の沙汰ではない、と考える。何世代にもわたって先人たちが失敗を重ねてきたこの問題に、わたしが貢献できるはずがない。かくして大蛇は生きながらえる。大蛇退治には、少しばかりの無知と少しばかりの傲慢さが必要だ。その問題の歴史を恐れず、自分を信じて、この偉大な未解決の謎を解くのが自分であって悪いわけがない、と思う心が。

ホバーマンもまた、完璧主義は成功を殺しかねないと思っている。じつはこれは、Amazonの哲学だった。きらびやかな宮殿を作っておいて、「じゃじゃーん！」と消費者にお披露目するのではなく、必要最低限の城を作っておいてそこに消費者を住まわせ、何があればその城がもっとよくなるのかを教えてもらう。発足に向けて製品の七〇パーセントができているのなら、とりあえず始めてみて、宙を飛びながら物事を正していく。九九パーセント完成するのを待っていたら、手遅れになってしまう。むろん、この哲学にも限界はある。たとえば、他の企業がフェイスブックのプラットフォームに頼り始めたときに、それでもただ物事を壊すに任せているだけでは損失が大きくなる。提供されるプラットフォームがあまりにいい加減だと、企業は使うのをやめてしまう。ザッカーバーグは二〇一四年に、新たな哲学を導入した。「安定したインフラで、迅速に動け」ザッカーバーグはにやにやしながら続けた。「『迅速に動いて物事を打ち破れ』ほどキャッチーではないかもしれないが、今わたしたちはフェイスブックをこうやって運営している」

数学に関していえば、完璧主義が不可欠だと考えられている。ほとんどの数学者が、九九パーセント仕上がった証明を発表するのは無意味だと思っている。なぜなら残りの一パーセントが命取りになるかもしれないから。けれどもわたしたち数学者もまた、完璧主義に囚われすぎているのかもしれない。ひょっとすると、完璧とまではいえない着想を伏せたまま自分だけのものにしておくのではなく、分かち合ったほうがよいのかもしれない。アイザック・ニュートンは——そしてある程度まではカール・フリードリッヒ・ガウスも——自分の研究の進展を秘密にしていた。なぜなら不完全な着想、ひょっとすると異端かもしれない着想を人々と分かち合うのが怖かったから。

フェイスブックの創設者はその妻であるプリシラ・チャン博士とともに、科学研究の共同体のこのような気質《エートス》を変えるために、チャン・ザッカーバーグ・イニシアティブを立ち上げた。この組織の核心は、異なる研究グループのあいだのよりよいネットワークの育成にある。ネットワークを作ることによって、進行中の研究の詳細を分かち合うことへの恐れに足を引っぱられている医学上の難問を解決できるかもしれない、というのだ。

ブレント・ホバーマンはさらに歩みを進めて、新たなスタートアップ企業の大口投資家となっているが、それでも、どの企業を後押しするかを決める際に完璧主義は危険だ、と考えている。

「本能というか、直観も近道になる。企業に投資するときは、いろいろな近道を使う。おそらく最良の決定は、五分から一〇分ミーティングをした後で下される。ヨハネス・レックが始めたGet Your Guide（体験商品の予約を専門とするオンライン旅行業者）なんかは、今や巨大ビジネスになっているが、彼と会った一〇分後には同僚に、『ちょっときみも今夜こっちに来て、あの人物に会わないと』と声をかけた。だって彼は、ちょっと特別だったからね。フランスの大成功を収めている健康関連サービス、alan.eu（デジタルの健康保険プラットフォーム）も同じでね。あのサイトの裏にいるのは、まさに天才だ。それで十分だ。親友を大勢この企業に参入させようとしたんだが、彼らは分析に時間をかけすぎた」

ホバーマンの話からも、自分をもう一つの成功へと導きさえすれば、どんな近道でも使う気満々なのは明らかだった。

「近道っていうのはすごいと思う。うちの子どもが近道のことを考えないときは、きつく叱り付ける。よく、人が行列しているのを見かけるだろう？　列が三つあって、みんなが最初の列に並んでいる。三メートル向こうの三列目に移れば一〇分は時間が節約できるのに、誰もそうしようとしない。どうやったら列の先頭に行けるかとか、別の列が見つかるかとか、別の列を作れるか、といったことを考えないんだな。人生っていうのはこの手の決断の連続で、いつだって近道を探そうとするべきなんだ」

第三章　言語を使った近道

クリスマスシーズンにわたしが好んで口ずさむ歌の一つに、「クリスマスの十二日（*The Twelve Days of Christmas*）」がある。「クリスマスの一日目には、愛する人が……洋なしの木にとまっている山ウズラを贈ってくれた」それから毎日、前の日のプレゼントに加えて、一つだけ余分にプレゼントをもらうことになる。

一日目は一羽のヤマウズラ
二日目は一羽のヤマウズラ＋二羽のコキジバト
三日目は一羽のヤマウズラ＋二羽のコキジバト＋三羽のフランス雌鶏……

では、この最愛の人はクリスマスの十二日目までに全部で何個プレゼントを贈ってくれたのでしょう。

わたしが数学者としての活動を通じて発見したもっとも強力な近道の一つに、その問題について語るのに適した言葉を見つける、ということがある。使われている言葉のせいで、何が起きているのかがはっきりせず、問題点が隠れている場合がきわめて多い。そこで、その問題を表す別の方法を探してその謎を新たな言い回しで表すと、突然答えがくっきりと浮かびあがる。使われている言葉を変えることで、企業の売り上げデータに潜む数字に隠れていた奇妙な相関が際立ったりする。人生の多くはゲームだが、そのゲームを自分が必勝法を知っているゲームに翻訳できれば、たいへん有利になる。ちなみに、見習い数学者だったわたしがいちばん心を躍らせた啓示のなかに、図形を数に変える辞書を使えば超空間への近道が見つかる、という発見があった。超空間というのは、わたしがプロの数学者になってからずっと調べてきた多次元宇宙のことだ。

科学における概念はどんどん増えており、さらにその先には、正しく記述できる言葉を見つけなければその存在すら想像できない概念が潜んでいる。そのような例の一つとして、創発現象という概念——構成要素が集まった時にはじめて出現する性質、現象のこと——がある。たとえば一つ一つのH_2O分子について語っている間は、「濡れる」という水の性質を捉えることは難しい。科学は、あらゆる事物をこれらの基本粒子の振る舞いとその振る舞いを決める方程式に帰着できる、とほのめかしているように見えるが、そのタイプの言語では、まったく現象を記述できない場合が多い。鳥の群れの渡りの様子を捉えるにあたって、鳥を構成している原子の動きに関する方程式はまるで役に立たない。ミクロ経済学の言葉に固執していると、マクロ経済学はほとんど理解できない。金利の引き上げがインフレに及ぼす影響を一つ一つの品物自体に関する言葉で理解することは、たとえミクロ経済における変化が原因でマクロな現象が生じていたとしても、不可能だ。わたしたち人間の自由意志や意識の概念ですら、じつはニューロンやシナプスについて論じているだけでは捉えることができない。

自分の感情の状態を記述する別の言語を見つけることで、感じ方自体が根底から変わるかもしれない。「わたしは悲しい」というと、厳格な式によって自分が悲しみと等しいと定められているように感じられるが、これを「悲しみが自分とともにある」とすると、急に、悲しみが自分から立ち去るかもしれない気がしてくる。一九世紀アメリカの心理学者ウィリアム・ジェームズが述べているように、「人間が自分の心構えを変えることで生活を変えられるということは、わたしたち世代の最大の発見」なのだ。しかし、言語の威力に影響されるのは個人だけではない。言葉は、社会が現実を構成する際にも、重要な役割を果たす。社会は、何かに名前を付けることによって、それを出現させることができる。国民国家という概念は、地理や人々の集まりだけでなく、言語によってひねり出されたものなのだ。

時には言葉を変えることで、元の言語でははっきりしなかったものが、なぜか明確に表現できるようになったりする。ドイツ語の名詞には男性女性の性別があるので、英語では考えられない言葉遊びができる。ハインリヒ・ハイネは、雪をかぶった松の木が日焼けした東洋の椰子の木に捧げた愛を歌っている。ドイツ語では松の木は男性名詞、椰子の木は女性名詞なのだが、英語訳ではこのニュアンスが失われる。時には逆のケースもあって、英語では「彼の車と彼女の車《ヒズ・カー　ハー・カー》」について語ることができるが、この言い回しをグーグル翻訳でフランス語にすると、どちらも同じ「彼／彼女の車《サ・ヴォワチュール》と彼／彼女の車《サ・ヴォワチュール》」となって、どっちがどっちかわからなくなる。なぜなら所有者の性別ではなく車の性別（車は女性名詞）によって所有代名詞の形が決まるからだ。ロシア語では、考え得るすべての雪や嵐を表現するのにいちいち別の言葉が当てられており、色を表す言葉が五つしかない言語があるかと思えば英語にはたくさんある、といった具合だ。すでに強調したように、わたしにとって「パターン（pattern）」は重要な概念だが、この言葉をフランス語に直そうとしても、英語のこの一語に込められたさまざまな相をまるごと一つの単語で捉えることはできない（英語の pattern に対するフランス語は、motif, dessin, marques, disposition, système, modèle などに細分化されている）。

わがヒーロー、カール・フリードリッヒ・ガウスもまた、言語の違いが持つ重要性に魅了されていた。学校ではラテン語を自由に操り、あっという間に古典を読みこなして、先生たちをあっといわせた。実際ガウスは、ブラウンシュヴァイク公爵の後押しで大学に入った時点では、数学でなく文献学——言語の歴史の研究——を専門にしようとしていたくらいだった。

わたし自身の数学者への道も、それと似ていた。幼い頃はスパイになりたくて、言葉こそが世界中にいる同僚のスパイたちとやりとりするための重要な技術だと思っていた。だから学校では、ありとあらゆる言語の授業に登録した。フランス語に、ドイツ語に、ラテン語に……。そしてとうとう、BBCのロシア語講座を聴き始めた。ところがわたしは、これらの新しい言語をガウスほどじょうずに習得できなかった。動詞の変化は不規則だし、綴りは奇妙だし……。諜報活動を一生の仕事にするという夢は潰え、わたしはすっかり落胆した。

数学もまた言語である、ということをわたしが理解するようになったのは、数学担当のベイルソン先生がくれた『数学の言葉（*The Language of Mathematics*）』という本がきっかけだった。おそらく先生はわたしが、不規則動詞が存在しないすべてに完璧な意味のある言葉を切望していることに気づいていたのだろう。そして同時にこの数学という言葉が持つ、自分のまわりの世界を記述するうえでの強い力にわたしが抗えないことを見抜いていた。その本のおかげでわたしは、数学の方程式を使えば夜空を移動する惑星の物語を語れるということ、シンメトリーを使えば泡や蜂の巣や花の形を説明できるということ、数が音楽の調和の鍵であるということを知った。宇宙を記述したいのなら、必要なのはドイツ語でもロシア語でも英語でもなく数学なのだ。『数学の言葉』という本はまた、数学が一つの言語ではなくたくさんの言語であり、ある言語を別の言語に変える辞書を作って新たな言語のなかに近道を浮かび上がらせるのがとても得意だということを教えてくれた。数学の歴史のあちこちに、そういうすばらしい瞬間が埋め込まれている。

数学の文法

これまでみなさんに示してきた数々のパターンの説明には、じつは驚くべき数学の近道が潜んでいる。その名は代数。代数のポイントは、特殊から一般に移るところにある。つまり、異なる事例を考える際に、いちいち新たな道を切り拓かなくてよい。具体的な数を順繰りに取り上げる代わりに、すべての数の代役としてxという文字を立てることができるのだ。

ここでみなさんに、ちょっとした手品を披露してみよう。まず、数を一つ思い浮かべてください。その数を二倍にします。それから14を足します。その答えを2で割ります。そこから最初の数を引きます。するとわたしは、今みなさんが思い浮かべているのは7だ、と断言できる。わたしたちはこのちょっとした手品を、インドの数学者シュリニヴァーサ・ラマヌジャンとケンブリッジの数学者G・H・ハーディーの共同研究を巡る「消える数」という題名の劇の冒頭に持ってきた。この劇のアドバイザーだったわたしは毎晩、この手品を見ていた聴衆が自分の頭のなかを魔法で読まれたかのようにハッと息をのむ姿に驚かされたものだ。むろんそこにあったのは魔法ではなく、数学なのだが。自分が数学的にはどのように操作されていたのかを理解する際に鍵となるのが、代数の着想だ。

代数は、数の機能を定める文法である。コンピュータのプログラムを走らせるコードにちょっと似ていて、代数は、プログラムにどんな数を入れても機能する。

代数を展開したのは、バグダッドにあった「知恵の館」の所長、ムハンマド・イブン・ムーサー・アル＝フワーリズミーだった。「知恵の館」は西暦八三〇年頃に創設された当代一の知的センターで、天文学、医学、化学、動物学、地理、錬金術、占星術、数学を研究すべく、世界中の学者が集まっていた。ムスリムの学者たちは古代の文書をたくさん集めて翻訳し、それらを後世のためにきちんと保存した。彼らの仕事がなければ、古代ギリシャやエジプトやバビロニアやインドの文化のことはまったくわからなくなっていたはずだ。けれども知恵の館の学者たちは、他の人々が作った数学を翻訳するだけで満足せず、自分たちの数学を作りたいと思った。新たな知へのこの欲求から、代数の言語が生まれた。

おそらくみなさんも、自分が代数をしているとは知らずに、自力で代数的なパターンを見つけることがおありだろう。子ども時代に九九を学び始めたわたしは、計算の裏に潜む奇妙なパターンに気がついた。たとえば、5×5は？　と自問しておいて、それから4×6の結果を見る。この二つの答えの間にどのような関係があるのか。それから今度は6×6と5×7。さらに7×7と6×8。たぶんみなさんは、二番目の答えが常に最初の答えより一少ないことに気づかれただろう。

わたしにすれば、このようなパターンを見つけることで、九九の表を覚えるという退屈な作業がほんの少し面白くなった気がした。このようなパターンのおかげで、要求された丸暗記を端折れることも多かった。それにしても、このパターンは常に存在するのか。ある数を持ってきてそれを二乗したら、それは常に両隣の数を掛け合わせたものより1だけ大きくなるのか。

ここまでわたしはこのパターンを言葉で記述しようとしてきたが、九世紀のイラクで発明された代数という新たな数学の言葉を使うと、もっとはっきりと語ることができる。xを好き勝手な数として、そのxを二乗したものは、$(x-1) \times (x+1)$より1大きくなる。この事実を代数式にすると、

$$x^2 = (x-1)(x+1)+1$$

となる。この代数の言葉のおかげで、数学者たちはなぜこのパターンがどんな数でも成り立つのかを示せるようになった。$(x-1)(x+1)$を展開すると、$x^2-x+x-1=x^2-1$となり、これに1を加えるとx^2になる。

xに好き勝手な数の代りをさせるというこの方法を使うと、みなさんの頭のなかに7が残るあの簡単な手品の種明かしもできる。わたしがみなさんに指示したことを代数の言葉に置き換えると、ほうら、この通り。

ある一つの数を考える：x
それを二倍する：$2x$
14を加える：$2x+14$
2で割る：$x+7$
最初に考えた数を引く：$x+7-x=7$
というわけで、今みなさんは、7という数を思い浮かべていますね。

この場合は、最初に考えた数が何であろうと7になる、というのがポイントで、たとえば、たいへん賢い人が虚数を思い浮かべたとしても、7になる！　ここでもう一つ、友人である数学者にしてマジシャンでもあるアーサー・ベンジャミンに教わった手品を紹介しよう。この手品の仕組みを理解する際も、やはり代数が鍵になる。今、サイコロを二つ投げて、出た二つの目を掛け合わせる。さらに、裏の目の数も掛け合わせる。そのうえで、サイコロその1の表の目とサイコロその2の底の目を掛け合わせ、続いてサイコロその2の表の目とサイコロその1の底の目を掛け合わせる。そして最後に、得られた四つの数を足し合わせると……答えは必ず49になる。ベンジャミンがここで使っているのは、サイコロの表の目と底の目を足すと常に7になる、というすばらしい事実で、これにちょっとした代数を組み合わせると、答えは常に49——つまり7の平方になる。

$$x\times y+(7-x)\times(7-y)+x\times(7-y)+(7-x)\times y=7\times 7=49$$

だが代数の恩恵を被ったのは、手品だけではなかった。代数のおかげで、膨大な新しい発見が可能になった。今では数学者たちも、代数で使われる言葉だけでなく、それらを組み合わせるための文法を理解している。代数はわたしたちに、この宇宙がどのように機能しているのかを記述する言葉を与えてくれた。

ライプニッツは代数の威力について、「この手法のおかげで、精神や想像力の働きを節約することができる。このような営みでは、何を措いても効率を良くしなければならない。そうすることで、ごくわずかな努力で推論を進めることが可能になる。物の代わりに文字を使って、想像力の負荷を軽減することができるのだ」と述べている。

暗い迷宮を灯りで照らす

一六世紀イタリアのガリレオ・ガリレイも、この言葉を使えば自然の暗号が解読できる、ということに気づいた科学者の一人だった。ガリレオの、「宇宙を理解するには、まず宇宙を書くのに使われている言葉を理解し、その文字になじむ必要がある。宇宙は数学の言葉で書かれており、その文字とは三角形や円などの幾何学図形であって、それなしでは一言も理解できない。そしてそれらの言葉なくしては、人は暗い迷宮を彷徨うことになる」という言葉はつとに有名だ。

ガリレオがぜひ読み解きたいと考えていた宇宙の物語のひとつに、物体はどのようにして地上に落ちるのか、という問題があった。地面に落ちたり宙を飛んだりする物体は、はたして何らかの規則に従っているのか。高い建物から物体を落として、そのデータを集めることは難しい。なぜなら通常物体は、すぐに落ちてしまうから。そこでガリレオは賢いことを考えた。落ちる速度を減らせば、必要なデータを集められるはずだ。そして、物体を落とす代わりに、丘を転げ落ちるボールの様子を調べることにした。これならゆっくりしているから、一秒ごとにボールがどれくらい転がっ

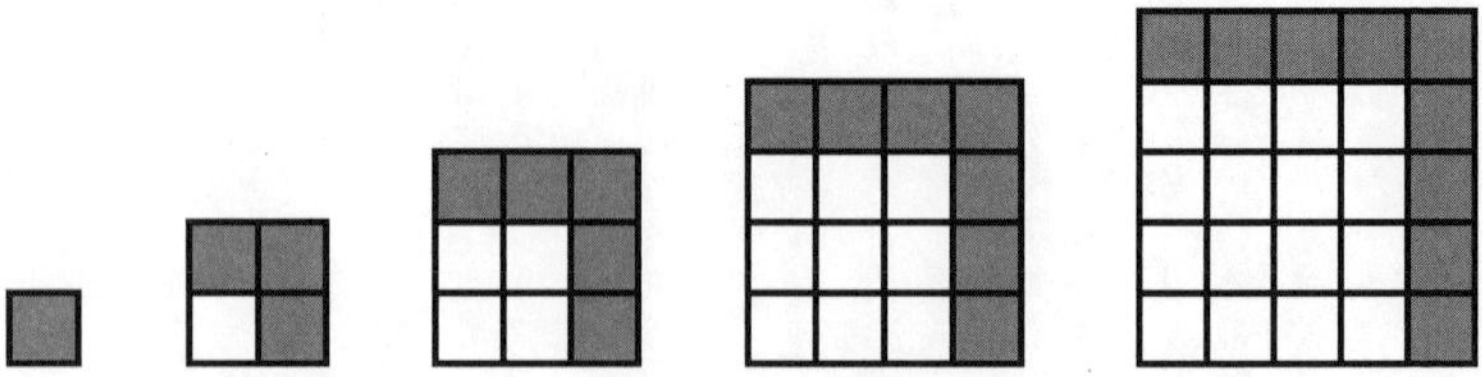

1　1+3=4　1+3+5=9　1+3+5+7=16　1+3+5+7+9=25

3.1　平方数と奇数の繋がり

たかを記録できるはずだ。

斜面は十分になめらかでないと、摩擦でボールが遅くなる。ガリレオにすれば、なるべく宙を落ちていくボールに近づけたい。そして、どうにか滑らかな表面を作ると、一秒ごとにボールが進む距離を記録し始めた。すると、ひじょうに単純なパターンがあることがわかった。一秒後に進んだ距離を一単位とすると、次の一秒では三単位だけ進む。さらに次の一秒で進む距離は五単位になる。ボールは一秒毎に速度を増してより多く進むのだが、その距離は単純な奇数になっていた。

さらに、ある時間内にボールが移動した総距離に注目すると、物体が地球に落ちる様子の謎は自ずと明らかになった。

1秒後の総移動距離＝1単位
2秒後の総移動距離＝1＋3単位＝4単位
3秒後の総移動距離＝1＋3＋5単位＝9単位
4秒後の総移動距離＝1＋3＋5＋7単位＝16単位

みなさんは、どんなパターンかわかりましたか。実は総移動距離は、常に平方数になっている。それにしても、なぜ奇数が平方数と関係しているのだろう。その理由を知るには、数を図形に変えればよい。

正方形を大きくするには、今ある正方形のまわりに次の奇数をかぶせる必要がある。こうして突然、正方形と奇数の関係が明らかになる。このように、物事を算術的にではなく幾何学的に見ることは強力な近道になる。

こうしてガリレオは、ボールが地上に落ちるときの総移動距離を表す式を作ることができた。t秒後の総移動距離は、tの二乗に比例する。重力の基本的な二乗則は自ずと明らかになり、この式の発見によって、結局は大砲から発射された砲弾がどこに着弾するかを計算し、太陽のまわりを回る惑星の軌跡を予測することが可能になった。

クリスマスのn日目には

奇数と平方数の繋がりを示すための巧みな幾何学的手法は、この章の謎を解く際の近道にもなる。クリスマスの間に愛する人からもらえるプレゼントの数を知るために、たくさんの鳩や飛び跳ねている貴族を順繰りに足していく、という長い道のりを進むこともできるが、それとは別に、足し算の問題を幾何学に変えるという近道がある。まず最初に、その日にもらえるプレゼントの数を知る際に、幾何学的な展望がどう役立つのかを説明しよう。その日に数えなければならないのは、すでにパターンの章で登場した単純な三角数であって、ガウスがこれらの数を二つ一組にして計算したことはすでに説明済みだ。

ところがここに、きつい仕事を避けて通る別の方法がある。それが、物事を幾何学的に見るというやり方で、今、もらえるはずのプレゼントを、ヤマウズラをてっぺんにして三角形に並べてみる。そうやって三角に並べたプレゼントを数えるのは、じつはいささかやっかいだ。それでは、二つの三角を貼り付けてみたらどうか。すると平行四辺形ができるが、平行四辺形に並んでいる物なら簡単に数えられる。底辺に高さをかければよく、三角形はその半分になる。

解へと向かうこの幾何学的な近道は、じつは数を二つ一組にするというガウスの工夫の外見を少し変えただけなのだが、幾何学的な視点に立つと、この数列のどの項でも求められる簡単な式を作ることができる。今、n番目の三角数を求めたいのなら、まず、プレゼントの三角形を二つ合わせて$n \times (n+1)$の大きさの平行四辺形を作る。そして、得られた数を二で割ると、$1/2 \times n \times (n+1)$となって、三角形に含まれるプレゼントの数がわかる。

では、その日が終わるまでにわたしがもらったプレゼントの総数はどうなるのか。一日目からのプレゼントの累積和は、次の通り。

1, 4, 10, 20, 35, 56……

三角数列の項を足していくと、次の数が得られるわけだから、たとえば七番目の項は、前の数に七番目の三角数を足せばよい。七番目の三角数は28だから、この列の七番目の数は、56＋28で、84になる。それにしても、クリスマスの十二日間全体でもらえるプレゼントの総数を、三角数を順繰りに足すのではなく、もっと賢く求める近道はないものか。

この場合も、数を図形に変えるとうまくいく。今、どのプレゼントもすべて同じ大きさの箱に入っているとすると、受け取った箱を三角形にではなく、底が三角のピラミッド型に積み上げることができる。てっぺんに来るのは梨の木に止まっている一羽のヤマウズラが入った箱で、その次の段には三つの箱が来て、そのうちの一つはヤマウズラが、残り二つにはコキジバトが入っている。毎日、その日の新しいプレゼントが届くたびに、それらをこのピラミッドの底に付け足していく。こうやって数を形に変えたとき、はたしてこのピラミッドを構成する箱の総数をうまく知る方法はあるのか。

驚いたことに、じつはある。三角形を二つくっつけて長方形を作ったように、同じ大きさのピラミッドを六つ組み合わせると直方体ができる。（それには、各ピラミッドの箱の積み方を少し変える必要がある）もしもピラミッドがn段になっているとしたら、その直方体の大きさは$n \times (n+1) \times (n+2)$になる。だが、この直方体は六つのピラミッドから成っているわけで、したがって各ピラミッドに含まれる箱の数は、

$$1/6 \times n \times (n+1) \times (n+2)$$

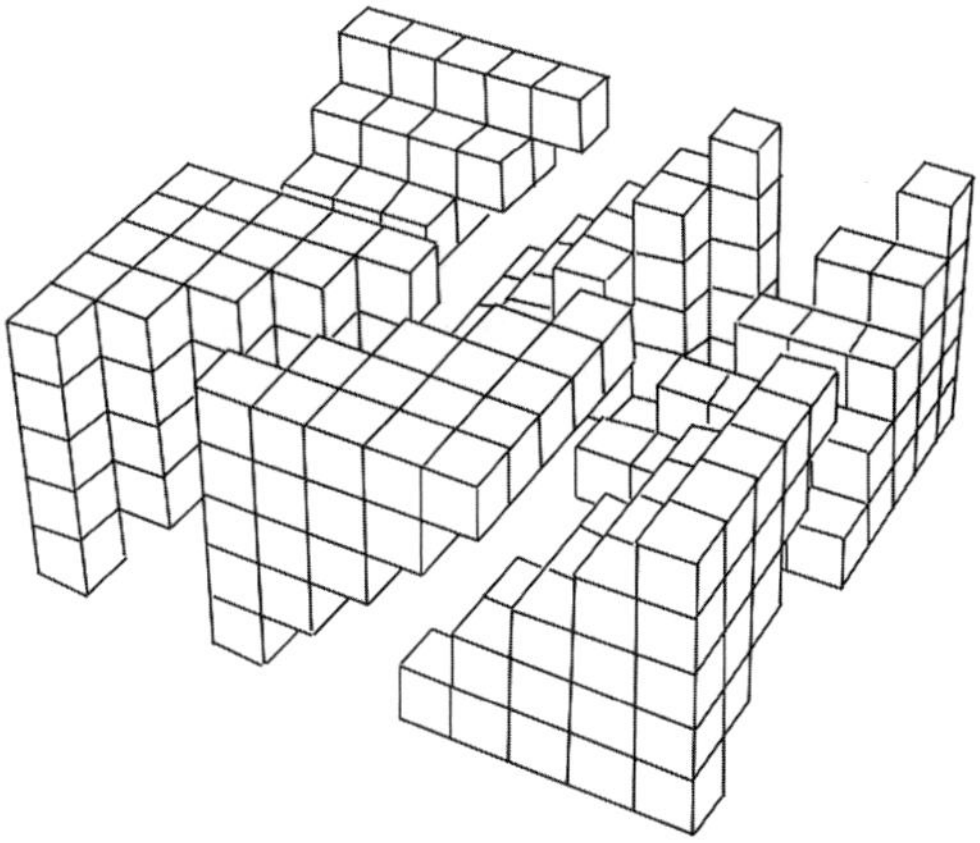

3.2　六つのピラミッドで直方体を作る

という式で表される。

では、わたしの愛する人はクリスマスの十二日間に、いくつプレゼントをくれるのか。この式に$n = 12$を入れると、$1/6 \times 12 \times 13 \times 14 = 364$になる。つまり、一日を除いて一年中、毎日プレゼントをもらうことになるわけだ！

デカルトの辞書

わたしは昔から、数では曖昧だったものをはっきり目に見えるようにする図の力が大好きだった。そうはいっても注意は必要で、時には目で見たものに惑わされることがある。図3・3を見てみよう。まるで、かけらを並べ直したら、正方形が長方形に

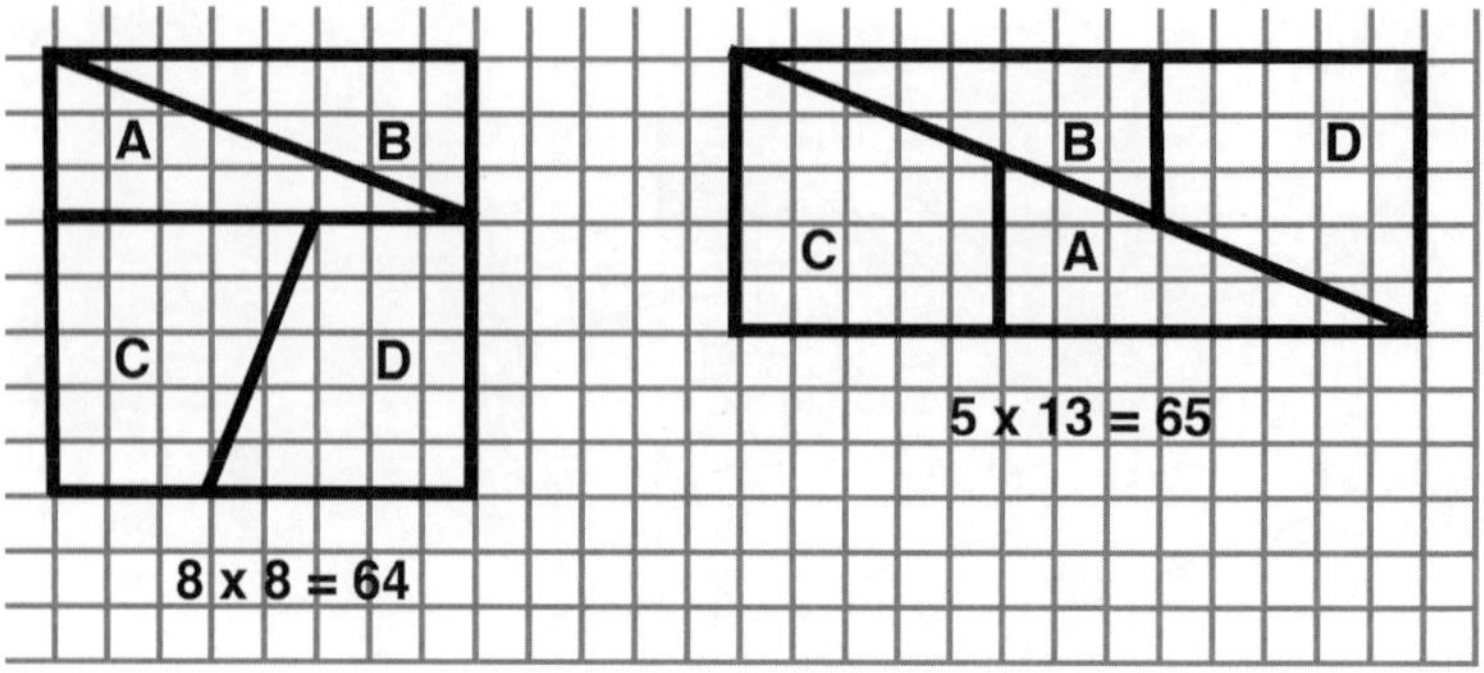

3.3　かけらを組み直して、もう一つマスを増やす

変わったように見える。でも、ちょっと待って！　正方形の面積は64なのに、長方形の面積は65だ。余分な1はいったいどこから来たのか。この図でははっきりしないが、じつは上の図の対角線はまっすぐでない。厳密にはかけらの辺がまっすぐ並んでおらず、一マス分の隙間が空いている。デカルトが「感覚は時として（人を）欺く」と述べたことは、よく知られている。この手品を知ってからというもの、わたしは自分の目をとことん信用することができなくなった。代数の言葉でパターンや繋がりをきちんと説明できてはじめて、心から満足する。あの正方形にかぶせた奇数の場合も、これと同じような卑劣な策略が行われていたとしたらどうする？

このような視覚のトリックを明らかにするには、近道を逆に辿って、図を数に変えてみるのもよいだろう。デカルトは、数と図形の間の翻訳辞書を考案した数学者の一人だった。この辞書そのものが、代数とは別の偉大な言語の発見で、そのおかげで、この宇宙をこぎ渡るための近道が見つかった。

じつは地図を見たりGPSを使ったりする人はみな、この辞書にすっかり馴染んでいる。都市や国を縦横に切る格子を使えば、その界隈のどんな地点も特定できる。二つの数を使って、問題の場所が格子のどこにあるのかを正確に定められるのだ。GPSが使っている格子は、赤道を水平軸、グリニッジを通る経度を垂直軸としている。

たとえばわたしがデカルトという名前の町（デカルトの死後にこう名付けられたのであって、奇妙な偶然ではない）にあるデカルトの生家を訪ねようと思ったら、ＧＰＳの緯度46.9726497、経度0.7000201という座標を目指せばよい。地球上のすべての地点を、このような二つの数に変換できる。つまり、地球のうえの幾何学は二つの数に翻訳される。

デカルトは『幾何学（*La Géométrie*）』という著書で、座標を用いて図形を記述する、というこの強力な着想を紹介した。このような翻訳の可能性を示した人物に敬意を表してデカルト座標と呼ばれるようになったこの座標を使うと、地球上だけでなく、あらゆる画像に含まれる幾何学的な場所を探すことができる。デカルトの辞書のおかげで、幾何学を代数に、代数を幾何学に翻訳する道が開けたのだ。

この翻訳が力を発揮するのは、何かが空間を移動する様子を記述するときだ。今、ボールを投げたとして、投げた人からボールまでの距離が与えられると、その時点でのボールの地上からの高さを二つの数を使って記述することができる。つまり、この二つの数をつなぐ数式があるのだ。xをボールが水平に進んだ距離とし、vをボールを投げた時点でのボールの垂直方向の速度、uを水平方向の速度として、ボールの地表からの高さをyとすると、これらの要素から、高さを表す

$$y = (v/u)\,x - (g/2u^2)\,x^2$$

という式が得られる。

この式のgという文字は重力定数と呼ばれるある値を表していて、その値が、それぞれの惑星でボールが重力の影響を受けてどれくらい強く地面に引っ張られるかを決めている。

ボールをどんなに速く、どんなに高く投げ上げたとしても、この式は常に成り立つ。uとvの値を変えればよくて、uやvは軌道の形を変えるためのダイヤルのようなものと考えられる。宙を飛ぶボールの様子を決めているこのパターンの存在に気がつけば、ボールの着地点を予想できる。これはxの二次方程式であって、もしもみなさんがサッカー選手で、飛んでくるボールを頭で受けて敵のゴールネットを揺らすにはどこに立てばよいのかを知りたいのなら、この方程式の解き方を知っている必要がある。この前の章で説明したように、古代バビロニアの人々は二千年前に、そのためのアルゴリズムを発見していた。

だが、これらの二次方程式が記述するのは、ボールの軌跡だけではない。たとえば需要と供給が変動する際の物価も、同じタイプの方程式で記述できる場合が多い。そして、数を方程式で記述してしまえば、経済における平衡点――つまり需要と供給とが釣り合って価格が決まる点――の見つけ方がわかる。企業が自社のデータを調べるのに方程式の言葉を使えないとなると、競争相手がせっせと利益を懐にしているときに、ガリレオのいう「暗い迷宮」をうろつくことになる。

今、複数のデータ点が手元にあるのなら、それらを結ぶ方程式を探せばよい。方程式が見つかれば、次に何が起きるかを予測するためのすばらしい近道が手に入るかもしれない。

これらのパターンにはとほうもない普遍性があって、ボール投げでいえば、誰がどこでどのように投げようと関係ない。ボールを変えたとしても、方程式の形は変わらない。

そうはいっても、データに方程式を当てはめるときには注意が必要だ。過去百年間のアメリカ合衆国の人口は、ボールの軌跡を追う際に用いたような二次方程式でみごとに近似できる。ところがx^{10}の項を含むさらに複雑な方程式を使うと、まさにデータとぴったり合う。だったら、より複雑な方程式のほうが優れた予測に繋がる、と考えたくなる。ところが一つ問題があって、この方程式によると、アメリカ合衆国の人口は二〇二八年十月半ばに零に落ち込むという。ひょっとしてこの方程式は、わたしたちの知らない何かを知っているのだろうか？

このエピソードは、ビッグデータの威力を活用しさえすれば科学ができる！　と思っている人々にとっての警告といえる。データがあるパターンを示唆していたとしても、わたしたちはその事実を、そのパターンがその方程式で記述されなければならない理由を理解するための分析的な思考と組み合わせなければならない。ガリレオが発見した重力の裏に潜む二乗法則は、後にアイザック・ニュートンの理論的な分析によってきちんと説明された。分析によって、なぜ二次方程式でよいのかがわかったのだ。

超空間への近道

幾何学を数に変えるという着想によって、三次元宇宙がより効率的に扱えるようになっただけではなく、わたしたちが決して目にすることのない世界への扉が開かれた。近道の技を巡る数学の旅でわたしがいちばんわくわくした瞬間の一つに、超次元空間の研究が可能だということを発見した瞬間がある。この言語を使うと四次元の立方体を作れる、と書かれた文献を初めて読んだときのことは、今もはっきり覚えている。

だからこそ、宇宙船は四次元の近道を通って、宇宙の片方の端からもう片方の端まで到達することができる。あるいはまた、なぜ宇宙には限りがあるのに壁がないと考えられるのかを説明できる。さらには、三次元ではほどけない結び目も、ほぐせるようになる。

そうはいってもこの辞書は、単に空間の旅を可能にしただけではない。データをより次元の高い世界に写すことによって、そこに潜んでいた構造が浮かび上がってくる。データのグラフを描くとき、じつはわたしたちは本来超次元空間にプロットすべきものの二次元の影を見ている。だからこ

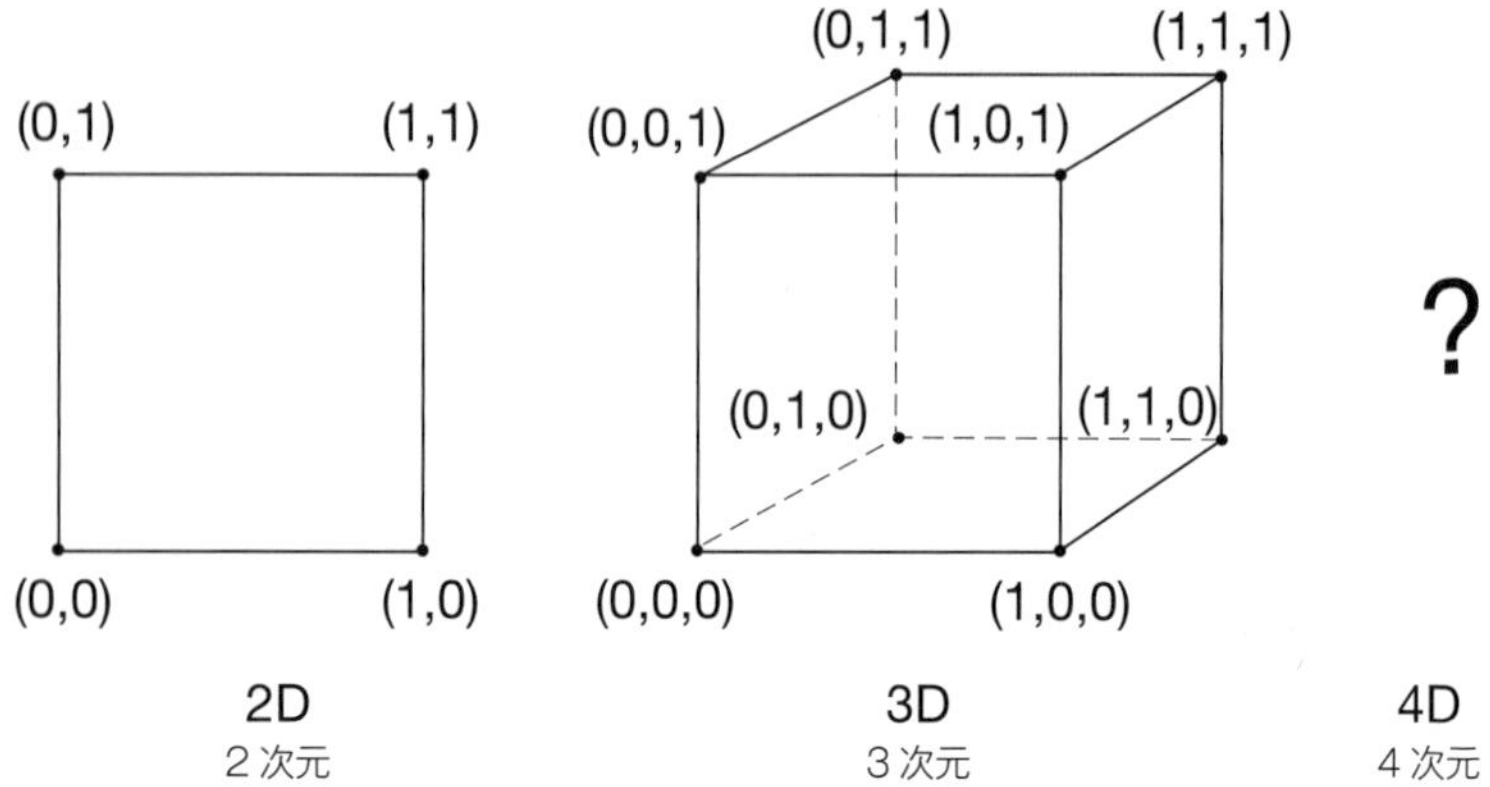

3.4　座標を使って超立方体を作る

のような近道を使うことで、二次元の影では曖昧にしか見えない細かい点がはっきりするかもしれない。というわけで、みなさんを超空間の旅にお連れしましょう。さあ、シートベルトをしっかり締めて！

四次元に向かうには、二次元から始める必要がある。今わたしは、デカルトの座標の辞書を使って、正方形を記述したい。その場合、その図形は四つの頂点が(0, 0), (0, 1), (1, 0), (1, 1) にあるものだ、といえる。二次元の平らな世界では、それぞれの点の位置を決める座標は二つでよいが、海面からの高さを含めるには、三つ目の座標を付け足せばよい。さらに、座標を使って三次元立方体を記述する場合も、やはり三番目の座標が必要だ。

三次元立方体の八つの頂点は、(0, 0, 0), (1, 0, 0), (0, 1, 0), (0, 0, 1), (1, 1, 0), (1, 0, 1), (0, 1, 1)、そして最後にいちばん離れた (1, 1, 1) という点で記述される。

今、デカルトの辞書では、一方に図形や幾何学があり、もう片方に数や座標がある。やっかいなことに、三次元図形の先に行こうとすると、目に見える側の選択肢はなくなる。なぜなら、四番目の次元は物理的に存在しないから。ところが一九世紀の偉大なドイツの数学者、ゲッチンゲン大学でガウスの学生だったベルンハルト・リーマンは、デカルトの辞書を巡るある美しい事実に気がついた。辞書のもう片方の側は、じつはどこまでも続いている。

四次元の対象を記述したいのなら、四つ目の座標を加えればよい。そして、この新たな方向にどれだけ動くかを記録する。物質としての四次元立方体を作ることはできなくても、数を使えば四次元立方体を正確に記述することができる。その立方体には頂点が十六個あって、(0,0,0,0) から始まり、(1,0,0,0)、(0,1,0,0) に広がって、いちばん離れた (1,1,1,1) の点まで伸びている。これらの数は、この図形を記述するための記号であり、この記号を使えば、実際に目で見なくても、その図形のことを調べられる。

しかも、それで終わりではない。五、六、さらにはもっと高い次元までいくことができて、それらの世界の超立方体を作れる。たとえば N 次元の超立方体には 2^N 個の頂点があって、それぞれの頂点からは N 本の辺が伸びている。ただしこれだと各辺を二度数えることになるから、最終的に N 次元立方体には、$N \times 2^{N-1}$ 本の辺があるわけだ。

わたしは四次元の立体を巡る経験に味を占めて、この奇妙な多次元宇宙にあるもっと他の図形を見つけたいと思うようになった。その空間の新たな対称な物体を、ぜひ切り出したい。グラナダの美しいアルハンブラ宮殿を訪れたことがある方は、きっとあそこの壁にアーティストたちが仕掛けたすばらしい対称ゲームを楽しまれたことだろう。それにしても、これらの対称《シンメトリー》を理解することが可能なのだろうか。一見きわめて視覚的なものを理解するためのわたしにとっての近道、それは、シンメトリーを言語化することだ。

シンメトリーを理解するための新たな言語である群論が誕生したのは、一九世紀初頭のことだった。それは、並外れたフランスの若者、エヴァリスト・ガロアの頭脳が生み出したものだった。しかし過激なガロアはその発見の威力を認識する直前に、悲劇的な形で一生を終えることとなった。弱冠二十歳で愛と政治を巡る決闘を行って、銃弾に倒れたのだ。

このシンメトリーの数学を使うと、たとえアルハンブラの二つの壁がまったく異なる図柄で飾られていたとしても、それらの壁のシンメトリーがまったく同じであることをはっきり示せる。これが、ガロアの新しい言語の力なのだ。

シンメトリーは、その行為の前後で対象物がまったく変わらないように見える行為として記述できる。ガロアの理解によれば、シンメトリーの本質的な特徴は、じつは個々のシンメトリーの間の相互作用にあった。シンメトリーに名前を付けたとして、それらすべての背後には、ある種の文法があるはずだ。そしてこの文法が、シンメトリーの世界の鍵を開く近道になる。壁の図柄は姿を消して、代わりにシンメトリーの相互作用の様子を表すある種の代数が姿を現す。

群論のおかげで一九世紀末の数学者たちは、アルハンブラであろうとどこであろうと、壁を飾る図案のシンメトリーがたったの十七種類しかないことを証明できるようになった。わたし自身は、この旅をさらに超空間へと推し進める研究を行っている。つまり、多次元空間のアルハンブラ宮殿が何種類のタイルで敷き詰められるのかが知りたい。ただしその宮殿は、レンガではなく言葉で作られているのだが……。

わたしたちが暮らす平凡な三次元世界でも、これらの超現実的な図形を垣間見ることは可能だ。デンマークの建築家、ヨハン・オットー・フォン・スプレッケルセンの設計になる、パリのラ・デファンスにあるグランダルシュ（人権宣言から二百年を記念し、パリ近郊に建てられた建造物。「友愛の大アーチ」、「新凱旋門」とも称される）は、じつは四次元立方体の影であって、立方体のなかの立方体になっている。また、サルヴァドール・ダリは「超立方体的人体（磔刑）」という作品で、四次元立方体の三次元展開図に磔《はりつけ》となったキリストを描いている。コンピュータゲームのなかにも、プレイヤーに四次元宇宙にいるような経験を約束しているものがある。「ミエガクレ（Miegakure）」はマルク・テンボスという ゲームデザイナーが考えたゲームで、テンボスはこのハイパーゲームをかれこれ十年以上も作り続けている。プレイヤーは、スクリーン上の三次元環境で行く手を阻んでいるように見える壁に直面したときに、第四の次元に向くことができる。そしてこの新たな次元で移動して並行世界を見つけることができれば、その世界に壁を避ける抜け道があるという。なにやら途方もないゲームのようなので、わたしとしてはリリースされるのが待ち遠しいのだが、このゲームの制作過程がここまで遅れているのは、ひとつには、三次元に馴染んだ頭の持ち主（デザイナー）にとって、四次元世界を進むことがきわめて複雑な作業だからなのだろう。

ゲームに勝つ

四次元の途方もないゲームに限らず、わたしはゲームが大好きだ。世界中を旅するなかで、いろいろなゲームを集めて楽しんできた。それにしても、地球のまったく別の片隅で手に入れたまったく別物にしか見えないゲームがじつは外見が違うだけの同じゲームであることが多いのには、まったく驚かされる。これはつまり、一見異なる別のゲームに変えるとはるかに簡単になるゲームがたくさんある、ということだ。

人生の難問の多くは、基本的に、姿を変えたゲームである。二つのライバル企業が協力する可能性を問う問題は、じつは囚人のジレンマと呼ばれるゲームの例かもしれない。さらに三者のライバル関係には、じゃんけんゲームが潜んでいる可能性がある。「ビューティフル・マインド」という映画をご覧になった方は、ゲーム理論の創案者の一人であるジョン・ナッシュ（演じたのはラッセル・クロウだった）が、バーで美しい女性の気を引くという課題をゲームに変えた場面を覚えておられるかもしれない。しかるに数学は、ゲームにつきものの規則をじつにじょうずに扱う。数学がゲームに勝つために発見した偉大な近道の一つに、問題のゲームをまったく別の物に変えるという手がある。それによって、必勝戦略がくっきり浮かびあがる。

わたしの大好きな例の一つに、15と呼ばれるゲームがある。プレイヤーは、1から9までの数を順繰りに一つずつ選んでいって、三つの数の合計が15になるようにする。ただし、相手に取られた数には手を付けられず、しかも、三つで15にならなければならない。たとえば、6＋9ではだめで、1＋9＋5でなければならない。これはかなり微妙なゲームで、自分の手持ちの数で和を15にするさまざまな方法を追求しながら、同時に相手が自分より早く15を作るのを阻止する必要がある。さまざまな可能性を並行して考えるのがどれほど難しいか、ぜひ試しにお友達とやってみていただきたい。

このゲームの近道としては、ゲーム自体をもっと簡単に攻略できるまったく別のゲーム――三目並べ――に変えるという手がある。ただしその三目並べは、魔方陣の上で行われる。

2	7	6
9	5	1
4	3	8

魔方陣の性質として、その各列、各行、各対角線の数の和は必ず15になる。だからその上で三目並べをすると、じつは15のゲームをすることになる。しかるに幾何学的な三目並べのほうが、計算によって和が15になる数の組を追い続けるよりもはるかに簡単だ。

「オーヴァーリーフ（Overleaf）」というゲームの場合も、正しい見方に気づきさえすれば、容易に勝てる。左の図3・5のような互いに道で繋がった町の地図を考える。ただし道はすべて直線からできている（したがって、一本の道のうえに町が二つ、三つ、あるいは四つ載っていることがある）。

　このときプレイヤーは、これらの道を交互に一本ずつ取っていく。そうやって、地図上のどこか

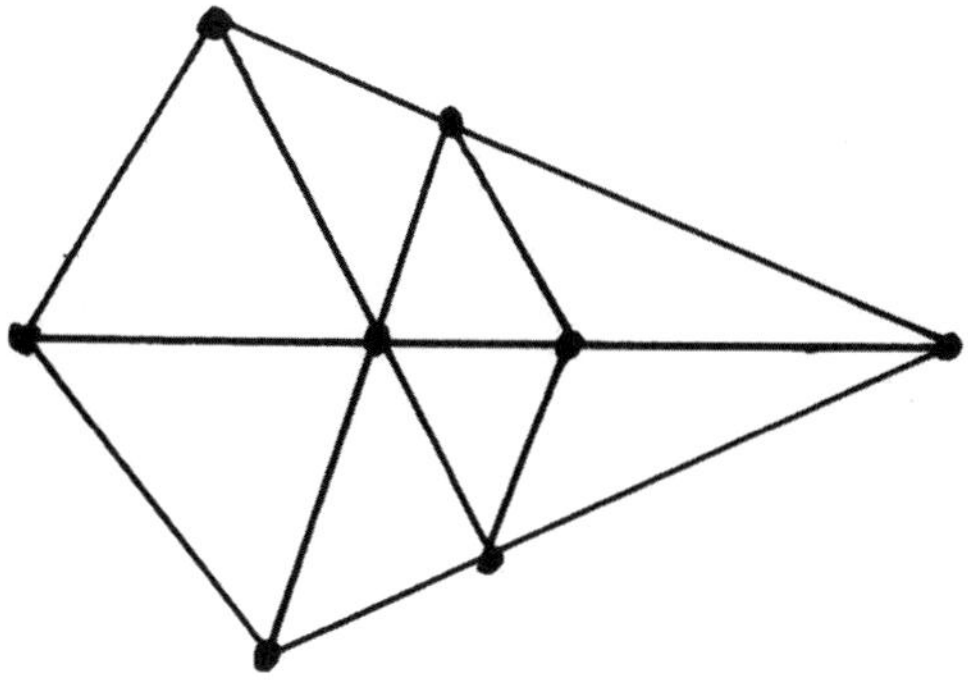

3.5　道路のネットワーク

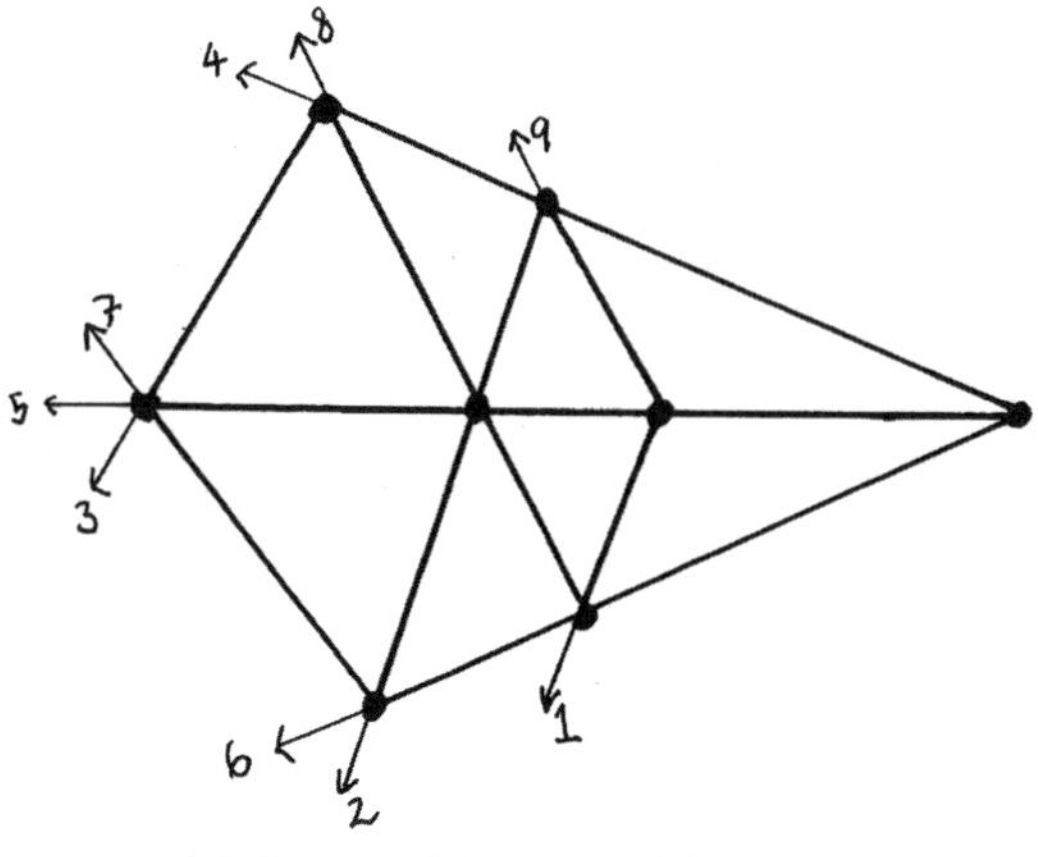

3.6　魔方陣に従って名前を付けた道路のネットワーク

一つの町を通る三本の道を先に取ったほうが勝つ。どんな戦略があり得るか、感触を得るために、少しやってみるのもいいだろう。ところがこのゲームも、じつは姿を変えた三目並べで、一本一本の道に図3・6のように番号を付けると、やはり魔方陣のうえで三目並べをすることになる。

さらにもう一つ、ほかの言葉に翻訳したとたんに戦略が浮かびあがる古典的なゲームとして、「ニム（Nim）」がある。今、豆の山が三つあるとする。プレイヤーは交互に、どれか一つの山から好きな数の豆を取り除いていく。そして、最後の一粒を取った人が勝者になる。ちなみに、最初の豆の数はいくつでもかまわない。

たとえば、四個、五個、六個の豆からなる計三つの山から始めたとする。どうすれば、ゲームの勝率を上げられるのか。この場合の秘訣は、それぞれの山の豆の数を二進数で表すこと。前の章でも紹介したように、二進数では一〇進数の10の累乗の代わりに2の累乗を使って数を表す。したがって二進数の100は、2^2の塊が一つで4を意味する。同様に、$5=2^2+1$は二進数では101になり、$6=2^2+2$は110になる。今、これらの数をある奇妙な規則に従って足すと、自分が勝てそうかどうかがわかる。なにをするかというと、これらの数を縦に並べて、$1+1=0$という規則に従って足してみる。

$$\begin{array}{r} 100 \\ 101 \\ 110 \\ \hline 111 \end{array}$$

そのうえで、この和が000になるように気を付けながら、どれか一つの山からいくつかの豆を取り去る。しかも、このような動きは常に可能であることがわかる。たとえば、五個の山から三個の豆を取り去ると、豆が二個残るが、2は二進数では010になる。そこで改めて足し算をすると、答えはちゃんと000になる。

100
010
110
―
000

しかもすばらしいことに、相手が次になにをしようと、その和の中には必ず1が現れる。しかるに和に一つでも1があったなら、相手はまだゲームに勝っていないことになる。一方みなさんは常にこの和を000にすることができる。だから結局はみなさんがテーブル上の豆をすべて取り去ることになって、ゲームに勝つ。

二進数の言語のおかげで、このゲームは常にこちらが勝てる試合になる。たとえ豆の数や山の数が変わったとしても、二進数を知っていればよい。もうひとつ、ゲームが始まる時点ですでに和に1がひとつも含まれていない場合は、忘れずに、自分は後攻めでいい、と申し出ること。それ以外の時は先攻で、和が0になるように豆を取っていけばよい。

ゲームの状況を二進数の言葉で追っていくというこの戦術は、じつはこれに似たおびただしい数のゲームの必勝法でもある。たとえば「ターニング・タートルズ(Turning Turtles)」と呼ばれる次のようなゲームをやってみていただきたい。ランダムにひっくり返った亀が混じっている列があって、それらの亀を一匹ずつ順繰りにひっくり返していく。(亀がいない場合は、コインで代用できる。その場合は、ひっくり返っていない亀を表、ひっくり返っている亀を裏として、表裏を返す)さらに気が向けば、自分がひっくり返した亀より上にいる亀を一匹だけ(つまりコインを一枚だけ)いじってもよい。ただしその亀は、ひっくり返っているかもしれないし、ひっくり返っていないかもしれない(コインなら、表かもしれないし裏かもしれない)。たとえば、次のような $n=13$

個のコインの列を考える。

裏表裏裏表裏裏裏表表表裏表表裏

この場合、たとえば九番目の表のコインを裏にしてから、四番目の裏のコインを表にする、という動きが考えられる。

そうやって交互に亀をひっくり返していって、最後の一匹をひっくり返した者（あるいは最後の一個のコインを裏に返した者）が勝者になる。このゲームは、一見ニムとは関係なさそうだが、じつは姿を変えたニムである。

実は、その時点でひっくり返っていない亀の数が山の数に対応し、左から数えたときのその亀の位置がそれぞれの山の豆の数に対応しているのだ。この一三枚のコインの例でいうと、山の数は全部で五つ、それぞれの山に豆が二個、五個、九個、十個、十二個ある。このとき、九番の亀をひっくり返して（コインを裏返して）、さらに四番のひっくり返っている亀を元に戻すということは、豆が九つある山から豆を五つ取ることに対応する。ニムでみなさんを勝利に導いた二進数を使えば、一見まったく無関係な亀返しの戦略を得ることができる。

たとえみなさんが亀返しのゲームなど見たことがなくても、この必勝法の核となっている根本原理は、覚えておいたほうがよい。どんな難題に直面したときも、そのゲームをすでに勝ち方を知っているゲームに変える方法があるかどうかを考える。その難問の解決策が透けて見える言葉に翻訳するための辞書が存在するかどうかを探る。ひょっとするとみなさんはある言葉に閉じ込められ、目の前には壁があるかもしれない。だがその言葉から抜け出して別の世界に移れば抜け道が見つかって、その壁の向こう側にこっそり回り込めるかもしれないのだから。

近道への近道

ある問題が一見手に負えなかったら、使われている言語を別の言語に翻訳する辞書を探してみる。そうすれば、もっと簡単に解が見つかるかもしれない。「自分でやってやる！」というみなさんの新たな熱意に見合う結果が得られない場合は、今描いている図を数に変換してみて、それらの値から、なぜ物事が思うようにいかないのか、その原因がわかるかどうかやってみる必要がある。数表だらけのプレゼンでは事業計画のインパクトがうまく伝わらないのなら、図やグラフを描いて、自分のビジョンを伝えられるかどうかやってみるのもいいだろう。ひょっとすると、賢い代数をほんの少し使うだけで、会社の財政状況を表すスプレッドシートをさらにもう一枚作る時間を省けるかもしれない。目の前の競争相手との苦闘は、じつはすでに必勝法を知っているゲームの変装した姿にすぎないのかもしれない。正しい言葉を見つければよりよく考えることができる。これがこの章の教訓だ。

ちょっと一息

記　憶

数学の言語はうまく習得できたが、スパイになるために身に付けようとしたフランス語やロシア語はマスターできなかったという事実に、わたしはずっと不満を抱いていた。言葉への愛を傍に置いて数学のキャリアを追求したという点ではガウスも同じだったが、それでもガウスは晩年になってから、再びサンスクリットやロシア語といった新たな言語への挑戦を開始した。そして二年間勉強した末に、六十四歳にしてプーシキンの作品を原語で読めるくらいにロシア語ができるようになった。

わたしはガウスの例に触発されて、改めてロシア語を習うことにした。問題は、見慣れぬ新しい単語を覚えることだった。わたしにすれば、パターンを見つけることが記憶の近道なのだが、そのパターンがまったくないとしたら？　ほかの人たちは、何かこれとは別の抜け道を使っているんだろうか。そういうことは、エド・クックに聞くに限る、とわたしは考えた。エドは記憶のグランドマスターであり、メムライズ（Memrise）という言語学習の新事業を始めた人物なのだから。

「記憶のグランドマスター」という称号を得るには、一時間で一千桁の数を記憶する必要がある。さらに次の一時間で、十組のトランプカードの順番を記憶する。そして最後に、一組のトランプカードの順序を二分間で記憶する。実のところ、そんなことができたとしてもまるで無駄のように思える。しかしわたしは、こういうことができる人間にとっては、ロシア語の単語一覧を記憶するなんて朝飯前だということに気がついた。

一千桁の数がランダムに選ばれるとなると、パターンを見つけるというわたしの戦術はほぼ役に立たない。ではクックは、ランダムに選ばれた一千桁の数字列を記憶するどんな近道を使っているのか。それは、メモリー・パレス（記憶の宮殿）と呼ばれるものだった。

「記憶の近道では、記憶しにくいものをより記憶しやすい何かに変えるんだ」とクックはいう。「わたしたちにとって、知覚するもの、つまり目で見えるものや触れられるもの、感情を呼び覚ますものは記憶しやすい。だったらそうすればよいわけで、自分の脳のもっとも強い力を生かせるような何かに変えてやる」

「一千桁の数を覚えるために、ぼくはある空間にたくさんのイメージを配置する。そのイメージのひとつひとつが、数の代わりをするんだ。たとえば、7831809720という数を思い出したい場合。普通なら、これは覚えるのがきわめて難しい数だ。なぜならただの数でしかなく、どれも同じように聞こえて、何の意味も持っていないから。でもぼくの頭のなかでは、78は学校でぼくをいじめていた男の子になる。パンツ一丁のぼくの片足を握って階段から吊した奴で、あの瞬間はバッチリ記憶に残っている。だから78という数よりもはるかに覚えやすい」

すべての数が二桁ずつ、どこかの誰かに姿を変える。クックの個人的な言葉では、31は「シトロエンの広告に出ていた、記憶に残る黄色の下着を着た」クラウディア・シーファーになる。こうやって、イメージにほんの少し色を添えるのがコツで、「イメージが鮮やかで奇妙なほど、よく覚えられる」。80という数はとっても滑稽な顔をした友達。97はクリケット選手のアンドリュー・フリントフ。そして20は、クックの父。

「この数の辞書は、十八くらいの時に安全な場所にしまい込んである。つまりこの辞書は、十代の想像力、ぼくのユーモア、雑誌で見た美しい人々、家族や親友の化石になっているんだ」とクックはいう。

クックがいうように、たいていの人の目には数はどれも似たりよったりに見えるが、数の世界を長い時間彷徨っている数学者には、ひとつひとつの数に固有の特徴が見えてくる。数が個性を持ち始めるのだ。インドの偉大な数学者ラマヌジャンは、すべての数をまるで個人的な友達のように熟知していたという。共同研究者のハーディーは、病気のラマヌジャンを病院に見舞ったものの、慰めの言葉が見つからずに、「自分が乗ってきたタクシーの番号は1729だったんだが、まあ、何の変哲もない数だねえ」といった。するとラマヌジャンは即座に、「そんなことはないよ、ハーディー。ひじょうに興味深い数じゃないか。それは、二つの立方の和として二通りに書ける最小の数なんだよ」といったという。実際、$1729 = 12^3 + 1^3 = 9^3 + 10^3$ なのだが、数との間にこんなに親密で感情的な関係がある人間はほぼ皆無といってよく、立方の和よりも黄色い下着を着たクラウディア・シーファーのほうが覚えやすい。

それにしてもクックは、これらの登場人物を使ってどのように一千桁の数を記憶しているのか。その際に鍵となるのが、これらの登場人物の空間への配置だという。「物事に関する情報のひじょうに長い鎖を作るには、自分のイメージを投影する背骨《バックボーン》が必要になる。ところがわたしたちはたまたま潜在的に、空間に関する図抜けた記憶力を持っている。哺乳類は、空間を進む能力を途方もなく発達させていて、信じられないような量と質の空間を記憶できる。たとえ本人はそう思っていなくても、誰もがそういうことに長けているんだ。手の込んだ建物のなかをものの数分彷徨っただけで、そのレイアウトを覚えられる。だからこの強力なスキルを近道にして、そこに数を表す画像を便乗させる。これが、メモリー・パレスを作るということなんだ」

メモリー・パレスはただの物語ではなく、空間を動く物語であって、空間を動くということが重要だ。「メモリー・パレスがなぜただの物語より優れているかというと、物語のほうが鎖の遮断に対して弱いからなんだ。それに、物語の論理を作るとなると、純粋に空間的な位置を活用するよりも、自分にかかる負担が大きくなる。つまり、創造的な知能に少しだけ余計な負担がかかる」

数年前、クックがそのようなメモリー・パレスを作るところを目撃したことがある。わたしたちはサーペンタイン・ギャラリー（ロンドンのケンジントン公園にある近・現代美術の美術館）で開かれた記憶の概念を巡る週末のイベント、「メモリー・マラソン（Memory Marathon）」に参加していた。わたしは今も、クックがみんなを引き連れて行った驚くべきギャラリー散歩をはっきり覚えている。クックはギャラリーを彷徨いながら目についた物を使ってメモリー・パレスを作り、参加者たちはそれを使って合衆国の大統領全員の名前を覚えていった。一人一人の名前を、力強く鮮やかなイメージに変えていく。たとえばジョン・アダムズ大統領は、トイレの上でバランスを取っているアダムとイブの姿に。「ジョン」というのは、トイレを指す俗語なのだ。そのうえでこれらのイメージを公園のそこここに配置していく。大統領の名前を思い出すには、この散歩の記憶を蘇らせればよい。わたしたちの脳はそういうことが得意中の得意だから、散歩の際にあちこちに配置した馬鹿げたイメージから、大統領の名前を思い出すことができる。

空間記憶を使うというのは、どうやらひじょうに長い列を記憶する際にきわめて有効な近道であるらしい。覚える列は、数であろうが、大統領であろうが、何でもいい。これはみごとなコツといっていい。なぜならやみくもな丸暗記は、覚える物の数が増えるにつれて倍々で難しくなっていくようだから。最初の十は簡単だが、次の十はそれより難しくなり、百を超すとほぼ不可能になる。ところがクックによると、「空間記憶のじつにすばらしい点は、難しさが記憶する量に比例することだ。一揃いのトランプカードなら一分くらいで覚えられる。まあ、チェックしたければ、二分くらいかかるかな。でも、トランプの組が増えたときに、覚えるのに必要な時間はその数に比例するから、一時間あれば三十組のトランプの並びを覚えられる」

この本の読者は、一組のトランプの並びを記憶するスキルをぜひ手に入れたいとは思わないだろう、とわたしがいうと、クックは、覚えるのがトランプカードでなくてもかまわない、という点を強調した。覚えたいものが何であっても、この戦術が使える。クック自身は、メモを使わずに話をするときも、まさにこの戦術を使っているという。話の流れを自分の家などのなじみの場所を巡る旅に置き換えて、各部屋に自分が述べたい要点を置いていく。これだけの準備をしてから話を始めると、自分の脳裏に作ったメモリー・パレスを巡ることによって、はるかに簡単にスピーチを思い出すことができる。

「メモリー・パレスでは旅に出るわけだから、活動の場面が絶えず前に進んでいって、記憶同士が干渉する恐れがなくなる。なぜなら、新たな状況が新たな記憶を刺戟するから」

二桁の数を画像に翻訳するこの方法は、友人の手品師、アーサー・ベンジャミン（アメリカの数学者で、数学手品Mathemagicで有名）が得意とするすばらしい計算パフォーマンスの鍵にもなっている。ベンジャミンは六桁の数同士のかけ算を暗算でできるようになろうと、訓練を重ねた。その際に一つ、六桁の数を代数を使って少しばかり分解し、部分同士を別々にかけられるようにする、という工夫をした。ところがさらに計算を続けようとすると、それらの数を覚えておいて後で思い出さなくてはならない。

ベンジャミンは、数をただ記憶しようとすると、計算の邪魔になることに気がついた。まるで、数の記憶と計算が同じ場所で起きているような具合だった。そこで数をそのまま覚えるのではなく、言葉に代える特別なコードを考えて、それを使うことにした。言葉を記憶する作業は、どうやら脳の数の計算を邪魔しない部分で行われているらしく、それらの単語を必要に応じて呼び出し、数に戻すことができるのだ。

エド・クックとのこの対話は、新型コロナでイギリスがロックダウンされている最中に行われた。そしてクックは、自分が記憶のグランドマスターへの道を歩むことになったきっかけが、別の医療的な監禁《ロックダウン》だったことを教えてくれた。十代の頃に三ヶ月間入院することになって、すっかり手持ち無沙汰になったという。「なぜこんなことを始めたかというと、一つには、ある技をその論理的な帰結に拡張するのが楽しかったからなんだ。学生時代は、パーティーで長い数字を覚えてみせたり、バーで一瓶のシャンパンを勝ち取るためにトランプカードを一組記憶したりしていた。それからシェアハウスの友達に、ぼくは世界一たくさんのことを最速で記憶できる人間だと思う、と自慢した。すると連中は、『うるさいな！　だったら、証明してみろよ！』と言い返した。その結果、ぼくはこういう記憶のチャンピオンになったんだ」

　たしかにメモリー・パレスは、何桁もの数字を覚えたり、メモなしでスピーチをしたりする役には立つのだろう。だとしても、ロシア語を習うというわたしの夢はどうなるんだ？　これって、クックが言語学習の新しい試みであるメムライズ社で使っているスキルなんだろうか。ついにわたしも、新たな言語を学ぶための秘密の近道を見つけることができるのか？

「反復と、テストだね」とクックはいう。「繰り返し行うことで、覚えるに値するということを自分の脳に知らしめる。重要なことは、繰り返される傾向がある。テストが非常に重要なのは、記憶が精神の動きであって、練習すればするほどその動きが強固になるからなんだ」

　はっきりいって、そんなのは近道とは思えない。ところがクックはさらに続けた。

「そして三番目に、記憶術が来る。たとえば、“ostanovka”《アスタノフカ》（ロシア語の綴ではостановка）というやっかいなロシア語の単語が出てきたとする。これはバス停という意味なんだが、いったいどうやって理解すればいいんだろう。だったら、自分の母語の何か知っている言葉と関連付けることにしよう。そうやって、つなげばいい。つまり、何かを頭のなかに記録するには、それを既存の連想のネットワークに織り込まなくちゃいけないんだ。というわけで、osta という音はイギリスの自動車会社オースティンに似ている。彼らは車をたくさん作ってきて、“novka”を与えたわけだから、バスとくっつけて『バス停』になる」

　ふうむ、これなら使えそうだ。反復とテストの部分があるのだから、ロシア語を一時間で身につけられないことは明らかだ。でも記憶術は、これまで定着してくれなかったロシア語の単語を覚えるための本物の近道になりそうだ。クックはさらにもう一つ、言語を学ぶための近道になる最後の切り札を持っているという。彼の祖母が教えてくれた近道だ。

「言語を習得するには、ベッドに入るのがいちばんだ。誰かに夢中になれば、強い動機ができて、うんと注意を払うし、どっぷり浸かることになって、ものすごいスピードで言葉を身につけられる」

第四章　幾何学的な近道

ロンドンに五人、エジンバラに十人の人がいる。このふたつの都市は四〇〇マイル（約六四〇キロメートル）離れている。全員の移動距離の総和を最小にするには、どこで合流すればよいか。

この本で紹介している近道のほとんどは、頭のなかでの目的地までの旅を短くするための抽象的なものだ。しかしこの章では、実際に形のある近道について考えたい。現実の地形のなかでA地点からB地点まで行きたい場合、その地形の土台となっている幾何学を理解できると、目的地により速く到達する経路を拾いやすくなる。たとえその道が、はじめは別の方向に向かっているように見えたとしても……。

それに、みなさんが実際に旅をしようと思っていなくても、目の前の問題を幾何学的な形に翻訳して、さらにその世界でのトンネルやバイパスを翻訳し直すことによって、元々の問題の近道を得ることができるかもしれない。たとえば、後で説明するが、フェイスブックやグーグルのようなデジタル企業は、人々が大きな集団だからこそうまく近道を見つける、そのやり方をうまく使って、その原理をわたしたちが日々歩き回るデジタル世界での近道を探る方法に転用している。

ガウスは晩年、物理的な近道を地図に写し取ることに情熱を燃やした。学校の生徒として数学をいじり回すなかで数学に恋したとはいえ、ガウスは幾何学の難問も大好きだった。ただしその対象は、ユークリッド幾何学（アレクサンドリアのエウクレイデス（英語でユークリッド）の原論に基づく幾何学）の抽象的な円や三角に留まらなかった。数学の抽象的な概念を愛する人物であるはずのガウスは、奇妙なことに四十代に入ってから、地方政府によるハノーファー王国の土地測量の準備というきわめて実際的な仕事に名乗りを上げた。ガウス自身はかつて、「この世界のすべての測定は、永遠の真理の科学を本当の意味で前進させる一つの定理ほどの値打ちもない」と述べていたのだが。ガウスが従事したのは、学校時代に魅せられた正確で美しい数の理論の構築でなく、人間の過ちや装置の欠陥ゆえに間違いだらけで不正確でとりとめのない大量の測量作業であって、ガウスが最終的に作ったハノーファーの地図も、どこからどう見ても特に正確とはいえなかった。

しかし、ガウスがハノーファーの国土を測量するために費やした時間は、やがて革命的な新しい幾何学の発見へと繋がっていった。

A地点からB地点に行く

クリストファー・コロンブスが一四九二年に船を出したのは、ヨーロッパからインドや東インド（現在の東南アジア島嶼域）の島々への近道を見つけるためだった。従来の交易ルートには大陸を横断する長く危険な旅がつきもので、一回に運べる品にも限りがあった。だから商人たちにすれば、なんとしても海路の交易ルートを見つけたかった。アフリカをぐるっと回るルートがあるはずだ、と主張する者もいれば、インド洋はじつは陸地に囲まれていて、海路でインドに行くことはできない、と主張する者もいて、多くの人が、たとえ船でぐるっと回れたとしても時間がかかりすぎる、と考えていた。コロンブスは、西に向かえば反対側から中国やインドに到達することができて、東方から香辛料や絹を持ち帰るもっと楽なルートが見つかるはずだ、と考えた。

そして腰を据えて数学に取り組んだ結果、経度にして六八度だけ西に進めばカナリャ諸島から東インドに到達するはずだ、という結論に達した。なんと、たったの三〇〇〇海里（約五六〇〇キロメートル）ではないか、とコロンブスは考えた。ロンドンからアフリカの先端を回ってアラビア海に至る海路が一万一三〇〇海里（約二万一〇〇〇キロメートル）であることを考えると、確かにこれは近道だ！　残念ながらコロンブスは、数学でいくつかの致命的なミスを犯しており、西に向かう場合の実際の距離をひどく短く見積もっていた。

地球の周がどれくらいかという評価は大昔から行われており、紀元前二四〇年にはギリシャの数学者エラトステネスが約二五万スタディアという値をはじき出していた。一スタディオン（複数形がスタディア）とは、どれくらいの長さなのか。規準としてどのような測量単位を使うかは、距離を計算する場合に問題になることの一つで、エラトステネスの時代には、陸上競技場の長さを表すスタディオンという単位が使われていた。ただしやっかいなことに、ギリシャの競技場が一八五メートルあるのに対して、エラトステネスが暮らし働いていたエジプトの競技場はぐんと短い一五七・五メートルしかなかった。ここでエラトステネスの肩を持ち、エジプトでの長さを採用したとすると、この計算結果と地球の実際の周の長さである四万七五キロメートルとのずれはたったの二パーセントになる。

だがコロンブスは、これよりも新しい値を使った。中世ペルシャの地理学者アブ・アル－アッバス・アーマド・イブン・ムハンマド・イブン・カシル・アル－ファルガーニー、西洋でアルフラガヌスと呼ばれていた人物が算出した見積もりだ。コロンブスは、アルフラガヌスが計算に使ったマイルがローマのマイルで四八五六フィートに相当すると仮定したが、じつはアルフラガヌスはアラビアのマイルを使っており、その値はローマの値よりもはるかに大きな七〇九一フィートだった！

幸運な事にコロンブスは、行程の半ばで食料も水も底をついて、大海原の真ん中でにっちもさっちもいかなくなるのではなく、たまたまバハマ諸島の小さな島にたどり着くことができた。そしてその島をサン・サルヴァドールと名付けたのだが、それからしばらくは自分の間違いに気づかず、東インドの島にたどり着いたと思い込んで、その島の人々をインディアンと呼んでいた。

東方への真の近道は、やがて人間の手で物理的に切り開かれることとなった。ナポレオンは、早くもエジプト遠征の際に、地中海と紅海を運河でつないではどうかと考えた。ところが計算間違いによって、紅海の水位が地中海の水位より一〇メートルも高いという結論に達した。これはつまり、地中海沿岸の国々が水浸しにならないようにするには、たくさんの閘門を使った複雑なシステムを作る必要がある、ということだ。そのため結局は、フランスが国家として提案するには費用がかかりすぎるということになった。

二つの海の水位がじつは同じであることがわかってしまえば、運河建設というアイデアにも弾みがつこうというもので、一八六九年十一月十七日に、ついにこの近道が開かれることとなった。スエズ運河はフランスの支配下にあったのだが、この運河を最初に通過したのはイギリスの船だった。運河開通の前日に英国軍艦ニューポートの艦長が、船の灯りが外に漏れないようにしておいて、闇に紛れて運河に入ろうと待ち構えている小型艦の間をすり抜け、みごと自艦を列の先頭に停泊させたのだ。翌朝、目を覚まして運河の開通を祝おうとした人々は、ニューポートが紅海への航路に立ちはだかっていることに気がついた。このイギリスの軍艦を通さないことには、ほかの船が通れない。ニューポートの艦長は、公式には英国海軍から譴責処分を受けたが、海軍本部はひそかに、その耳目を集める高等戦術を賞賛した。

スエズ運河は、ロンドンからアラビア海までの距離を八九〇〇キロメートルも短縮した。旅の長さを四三パーセントも減らしたのだ。この運河の争奪戦が繰り返し行われてきたことからも、この近道の重要性は明らかだ。もっとも有名なのが、一九五六年のエジプトの大統領ガマール・アブドウル＝ナーセルによるイギリスからの運河の奪還で、これがきっかけとなってスエズ戦争が勃発する。今日、世界の船舶の七・五パーセントはこの運河を通過しており、エジプト政府が所有するスエズ運河当局は、年間五〇億ドルの利益を得ている。

これと同じくらい重要な近道――そのおかげで船舶は、南米大陸のホーン岬を回らなくてすむようになった――が開かれたのは、一九一四年のことだった。大西洋と太平洋を結ぶパナマ運河の場合は、じつはいくつかの閘門があって、船はそこを通過しなければならない。このような閘門が作られたのは、両側の水面の高さが違っているからではなく、運河を深く掘り下げると費用がかかりすぎるからだった。パナマを横切る船舶は、深い運河ではなく、人造湖を渡っている。

世界を巡る

世界初の地球一周の航海が行われたのはようやく一六世紀初頭のことだったにもかかわらず、紀元前二四〇年にエラトステネスが地球の周をここまで正確に測定できたのは、いったいなぜなのか。明らかに、地球のまわりに巻き尺を回すことはできない。ではどうしたかというと、地球上でごく短い距離を測り、さらにいくつかの賢い数学を駆使することで、地球全体を測る作業を省いた。

アレクサンドリアの大きな図書館の司書だったエラトステネスは、数学から天文学、地理から音楽に至るさまざまな分野において、科学にすばらしい貢献を行った。だがこれらの革新的な業績にもかかわらず、同時代の人々はエラトステネスの力を軽んじて「ベータ」というあだ名を付けた。トップクラスの思索家、つまりアルファではない、というのである。

エラトステネスの賢いアイデアの一つに、素数の表を体系立てて作る方法がある。1から100までの数の一覧に含まれる素数を見つけ出す次のようなアルゴリズムを提案したのだ。まず、2という数を取ってきて、その倍数になっている数をすべて表から消していく。具体的には、表の数を一つおきに消していけばよい。それから今度は、2の後ろのまだ消されていない数に移る。その数が3であることは明らかなので、今度は表の数を二つおきに消して、3の倍数をすべて取り去る。ここまでくると、この方法が真価を発揮し始める。3より大きくて表からまだ取り去られていない数は、5。そこで、これまでと同じことを繰り返す。つまり、四つ飛ばしで表を進み、出くわした数をすべて消していく。

これがこのアルゴリズムのポイントで、まだ消されていない次の数に移っては、新たなその数の倍数をどんどん消していく。この作業を体系的に行うと、7の倍数を消す頃には100までの素数の表ができている。

じつに賢いアルゴリズムだ。こうすれば、ほとんど考えなくてすむし、コンピュータに実行させるのにもうってつけだ。一つ問題なのは、かなり早い段階で素数を生み出すスピードが落ちるという点だ。ただし、思考の近道ではある。なぜなら、機械のように振る舞っていれば表を作ることができるのだから。ただしこれは、この本でわたしが称えたい近道ではない。わたしがほしいのは、素数を探り出す賢い戦略だ。

いずれにしても地球の周の計算に関しては、エラトステネスを高く評価したい。なぜなら、このやり方はあるひらめきから始まったものだから。エラトステネスは、スウェネトという町にある一本の井戸で一年に一度だけ太陽が井戸の底を真上から照らす日がある、という話を耳にした。夏至の正午には、太陽が井戸の真上に来て内側にはいっさい影ができない、というのだ。今ではアスワンと呼ばれているスウェネトの町は、北回帰線（太陽が真上に来ることがある場所のうちのもっとも北の緯度。具体的には二三・四度の緯線）にほど近いところにある。

エラトステネスは、太陽の位置に関するこの情報を使って、太陽が真上に来る特別な日にある実験を行えば地球の周を計算できる、ということに気がついた。たしかにそうすれば、地球全体に巻き尺を当てなくてすむわけだが、それでも少しばかり歩く必要はあった。エラトステネスは夏至の日に、スウェネトの北にあるはずのアレクサンドリアで一本の棒を立てた。実はこの二つの都市は経度にして二度ずれていたのだが、ここでわたしが賞賛したいのは、この実験のみごとなまでの正確さではなく、その精神だ。

夏至の当日、太陽がスウェネトの井戸を真上から照らして内側の影が完全に消えたとき、アレクサンドリアの棒には影ができていた。エラトステネスは、その影と棒の長さを測って辺が同じ比の三角形を作ると、その内角を測った。こうすることによって、地球の周の上でアレクサンドリアとスウェネトがどれだけ隔っているかがわかるはずだった。内角は七・二度で、全円の五〇分の一に相当した。あとは、アレクサンドリアからスウェネトまでの実際の距離がわかればよい。

エラトステネスは実際の距離を自分で測るのではなく、ベマティスタイ(歩みを数える人、を意味するギリシャ語)と呼ばれるプロの測量士を雇って、この二つの町の間をまっすぐに歩かせた。少しでもずれると、計算がめちゃくちゃになってしまう。そしてその結果を、スタディオンという大きな測量単位で記録した。こうしてアレクサンドリアは、スウェネトの五〇〇〇スタディア北にあることが判明した。今かりにこの値が、地球を完全に一周した値の五〇分の一だとすると、地球の周は二五万スタディアになる。エラトステネスに雇われた測量士が正確には何歩を一スタディアとしたのかは、今となっては知るよしもないが、先ほど申し上げたように、この値はじつにみごとな見積もりになっている。エラトステネスは数学的な幾何学図形をほんの少し使うことで、誰かを雇って地球をぐるっと歩かせるという手順を省略したのだ。

ジオメトリー(geometry、幾何学の意)という言葉は、じつはこの実験から生まれた。というのも、ジオメトリーという単語を分解すると「ジオ(geo)=地球」と「メトリー(metry)=測る」となって、ギリシャ語で地球を測るという意味になるからだ。

三角法：天空への近道

古代ギリシャの人々が数学を使って測ったのは、地球だけではなかった。彼らは、天空も測れるということに気づいていた。しかもそれを可能にしたのは、望遠鏡でも精巧な巻き尺でもなく、三角法という数学だった。

この道具の働きの片鱗は、すでにエラトステネスの計算にも見えていた。三角法とは三角形の数学のことで、三角形の辺の長さと角の関係を記述している。古代の数学者たちはこの数学のおかげで、心地よい地上に留まったままで宇宙を測ることができる、すばらしい近道を手に入れたのだった。

たとえば早くも紀元前三世紀には、サモスのアリスタルコスが、三角法を使って地球から太陽までの距離が地球から月までの距離の何倍かを突き止めていた。そのためには、半月の日に月と地球を結ぶ線と地球と太陽を結ぶ線のなす角度を測ればよい。つまり、地球と月と太陽がなす三角形を考えるのだ。今、半月なのだから、地球と月を結ぶ線と月と太陽を結ぶ線は直角をなしている。(次ページの図を参照)そこで、実際に測った角度に基づいて三角形を作れば、地球から太陽までの距離が地球から月までの距離の何倍なのかがわかる。なぜならその比は、自分が書いた小さな三角形の辺の比と同じであるはずだから。この場合、三角形の辺の比はその大きさとは無関係に一定である、ということに気づくかどうかがポイントで、じつはこの比は、アリスタルコスが測った角度の余弦《コサイン》と呼ばれている。

距離の比ではなく実際の距離を計算するとなると、角度が一つと長さが一つ必要になるが、地球

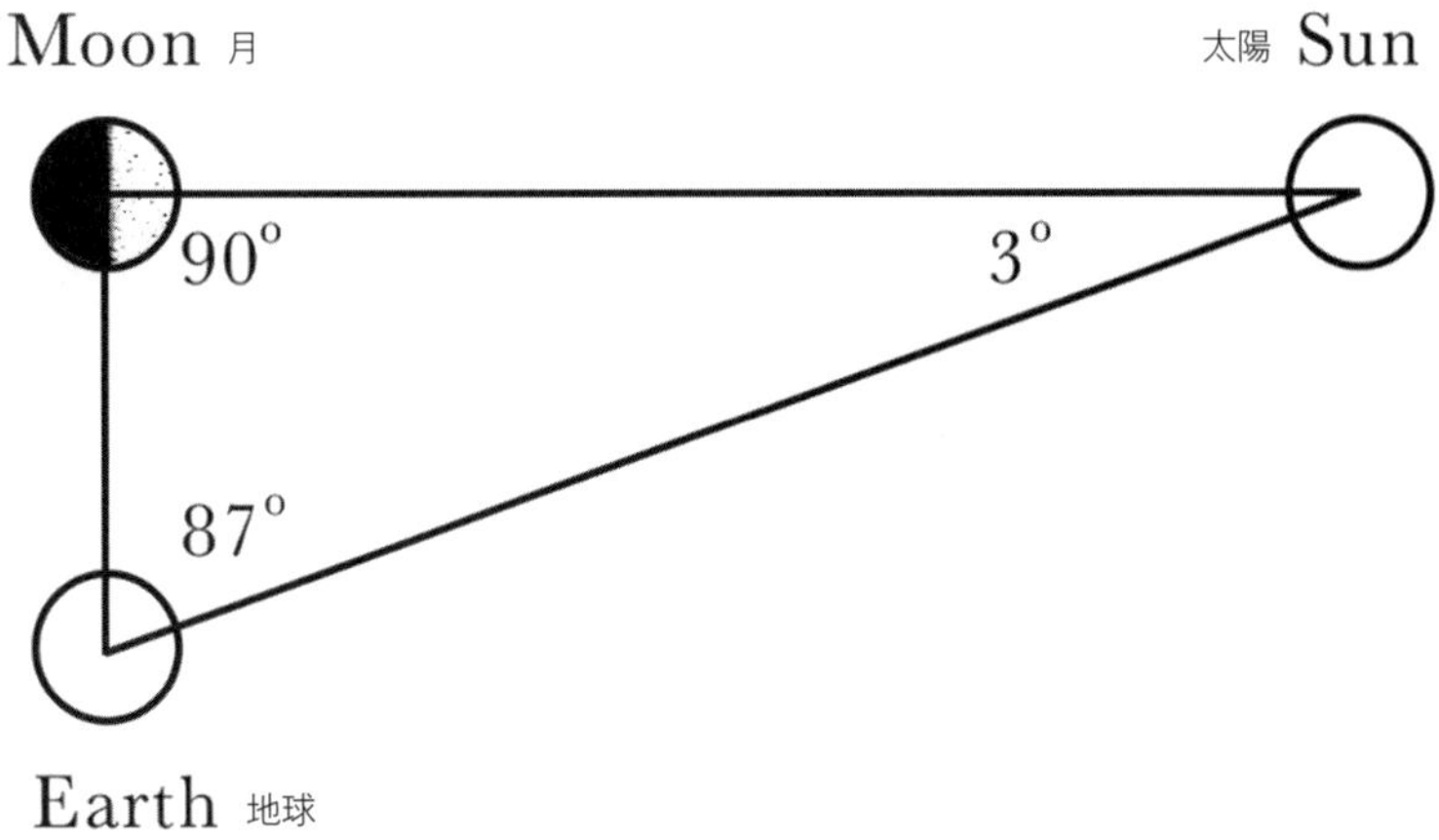

4.1　三角形を使って、太陽系を測る

と月と太陽の間の実際の距離を求める巧みな方法を見つけたのは、ヒッパルコスだった。三角法の創始者とされるヒッパルコスが利用したのは、いくつかの日食や月食――なかでも紀元前一九〇年三月十四日に観察された日食――だった。

エラトステネス同様、ヒッパルコスも別々な場所での観察をうまく使った。その日、ヘレスポントス（現在のダーダネルス海峡）では完全な日食が観察されたが、アレクサンドリアでは部分日食に留まり、月は太陽の五分の四を覆っただけだった。ヒッパルコスもエラトステネスのように地上で距離を測ることはできたから、これら二つの都市の距離と自ら測った日食の角度を組み合わせて三角法を使い、月が地球からどれくらい離れているのかを計算することができた。

この三角法という近道の威力は絶大だった。そこでヒッパルコスは、世界初の三角法の表を作ることにした。みなさんが適当な角度を決めて、その角度を持つ直角三角形を作ったとして、その三角形の辺の比がどうなっているかを知りたければ、この表を見ればよい。しかも数学者たちはこの表を作る際にも、三角形をたくさん書いたり長さや角度を測ったりしなくてすむ抜け道を見つけ出した。

今、すべての辺の長さが等しく、すべての角が六〇度である三角形、つまり正三角形を考える。この三角形の一つの頂点からその角を三〇度ずつに分ける線を引くと、その線は底辺と九〇度の角度をなす。コサイン60度というのは、このとき新たにできた直角三角形のこの角を挟む二つの辺の比のことで、その値が二分の一であることは容易にわかる。なぜなら、この新たな三角形の辺の長さは、元の正三角形の辺の長さの半分になっているからだ。

しかるに数学者たちは、三角形の余弦とその半分の角度の三角形の余弦をつなぐ巧みな式を発見し、そのおかげで、さらに計算を進めるための道具を手にしたのだった。

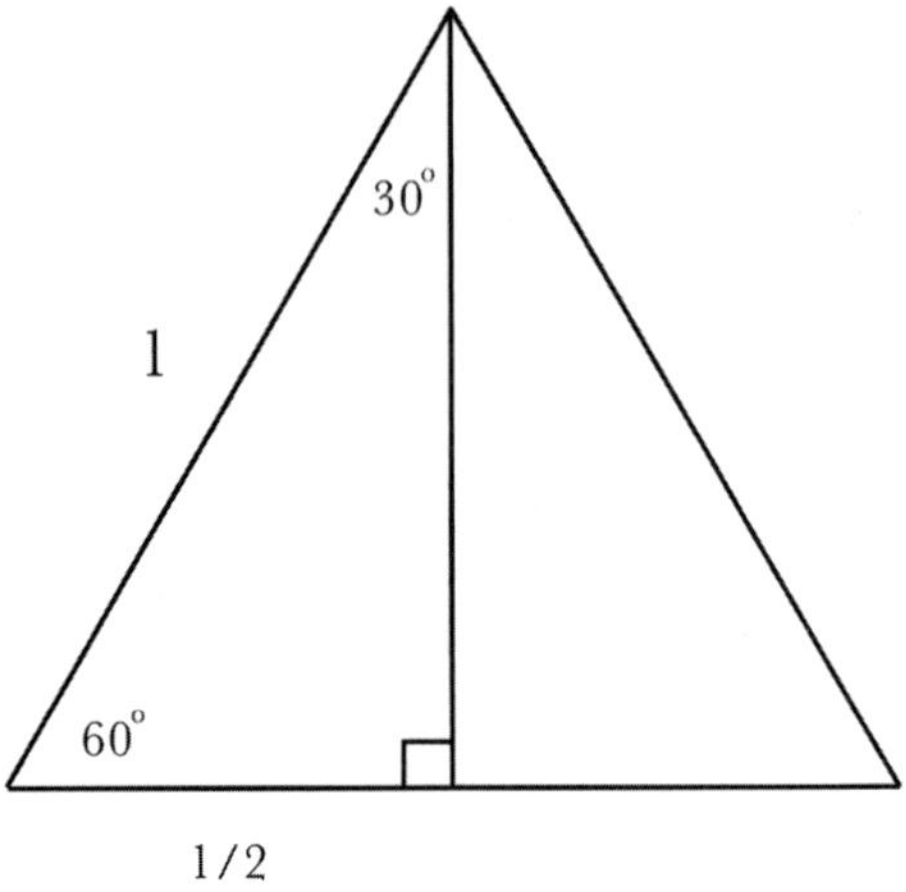

4.2　60度の余弦

$$\cos^2 x = 1/2 + 1/2\cos 2x$$

これらの近道を使うと、さまざまな角度の余弦の表を作ることができる。そしてそれらの表は、夜空を調べる際のもっとも効率的な観測ツールとなったのだが、実は地球を測るうえでの近道の決め手にもなった。事実、後にガウスはこれらのツールを使ってハノーファーの調査を指揮し、今なお測量士たちはこの数学的近道を使って測量を行っている。

たとえば、みなさんがある木の高さを知りたい場合、地面から木のてっぺんまで定規を当てていくのはかなり難しい。このとき測量士は、木から少し離れて、地面から木のてっぺんまでの角度を測る。そのうえで、ずっと簡単に測れる自分の足下から木の根元までの距離とこの角度を組み合わせて、さらに正接《タンジェント》（三角形の二つの短辺——この場合は木の高さと根っこから測量士までの距離——の比を表す値）の表を参照すると、はしごに登らずに木の高さを知ることができる。

三角法という近道の威力をみごとに示す例として、メートルの測定がある。メートルというのは測定単位なのだから、そのメートルを測るなんて奇妙な仕事だと思われるかもしれないが、その物語は、一メートルが実は何を意味しているのか、というそもそもの定義から始まる。

メートルを測る

大昔に最初の古代文明が世界初の都市を造り始めたときから常に、建築作業をすんなり進めるための測量単位が必要とされてきた。世界最古の単位は古代エジプトにまで遡り、当時は体の一部が単位として使われた。一キュービットは、ひじから中指の先までの長さを指している。メートルが登場する前にこのような体の一部を使った単位が使われていたことは明らかで、たとえばフット（足を意味するfootから、足裏の長さを1とする長さの単位）は一目瞭然、ヨーロッパの多くの言語にも、インチやサム（いずれも親指の幅を1とする長さの単位）に相当する言葉がある。さらに、ヤードと人間の歩幅には密接な関係があるし、かなり面白い事実として、サクソン時代に土地を測るのに使われていた「ロッド」という測量単位は、「日曜日の朝に教会を出る最初の十六人の男の左足の長さの総和」と定義されていた。だが、体の形や大きさは人によってまちまちだから、これらの寸法は人によって違ってくる。

英国王ヘンリー一世はこの問題を解決するために、国王の体を使って単位を標準化しようとした。

そして、国王の鼻から伸ばした手の親指の先までの距離を一ヤードとする、というお触れを出した。しかし、このやり方には明らかに問題があって、国王が替わるたびに一ヤードが変わることになる。

フランス革命の指導者たちは、平等主義に則って、誰もが使える測量体系に置き換えるべきだと考えた。振り子の周期が、その重さや振幅ではなく長さによって決まることは、ガリレオによって証明されていた。そこでまず、往復するのに二秒かかる振り子の腕の長さを一メートルとする、という案が出された。ところが、振り子の揺れは重力の強さに左右されることがわかった。しかも、場所が変わると重力の強さも変わってしまう。

だったら、極から赤道までの距離の一〇〇〇万分の一を一メートルとしよう、ということになった。建前の上では、誰でも実際にこの距離を測ることができるわけだが、この定義通りにするのが難しいことは明らかだった。こうして、科学者のピエール・メシャンとジャン＝バティスト・ドランブルが、極から赤道までの距離を測って一メートルの実際の値を突き止めたうえでパリに戻る、という使命を課せられることとなった。だが、エラトステネスが地球の周全体を測らなくてもよいということに気づいたように、この二人の科学者も、ほぼ同じ経度の上にある二つの都市、ダンケルクからバルセロナまでの距離を測ればよい、ということに気がついた。そのうえで、これまたエラトステネスのように得た値を何倍かすれば、赤道から極までの距離が得られる。

ドランブルは北のダンケルクから出発し、南半分を担当するメシャンはバルセロナから出発して、中間地点である南フランスのロデーズで落ち合うことにした。それにしても、いったいどのような計算を行ったのか。まず第一に、二人が測量に使う標準の長さが必要だった。それに、たとえ標準の長さがあったとしても、ダンケルクからバルセロナまでの全行程でその長さを順に測り取っていくことなどできるはずがない。

ここで、三角法と三角形の威力が効いてくる。ドランブルはダンケルクの教会の塔のてっぺんに立つと、田園地帯を見渡して、三角形の残りの二つの頂点になる高い物を探した。さらに、それらの点の片方と自分がいる塔との距離を測る必要があった。この作業だけは避けられなかったが、それさえ済めば、測定した三角形の二つの角の値に基づいて、残る二つの辺の長さを計算することができる。角度は「ボルダの反復式測円儀」と呼ばれる装置を使って測ることになった。これは、一本の軸に載った二つの望遠鏡から成る装置で、二つの望遠鏡が成す角度を測る目盛りがついている。ドランブルにすれば、塔のてっぺんで二本の望遠鏡をこれと定めた二つの高い物に向けて、二本の望遠鏡が成す角度を読み取ればよい。

　次に三角形の残り二つの頂点のどちらかに移動すると、もう一つの角度が得られる。そこから先は三角法の仕事となり、残る二つの辺の長さが得られる。しかるにこのやり方はじつに巧妙で、それらの辺のうちの片方――ドランブルはその長さをすでに知っているわけだが――が、ダンケルクの教会の塔から確認してある二つの地点から見えるもう一つの高い点を結んでできる新たな三角形の辺になる。ところがこの新たな三角形の一つの辺の長さはすでにわかっているから、あとはボルダの反復式測円儀を使って二つの角度を測りさえすれば、新しい三角形のすべての辺の長さを計算できる。

　これはみごとな近道だった。ダンケルクからバルセロナまで延々と三角形を作っていけば、一つの三角形の一辺の長さを測るだけで、

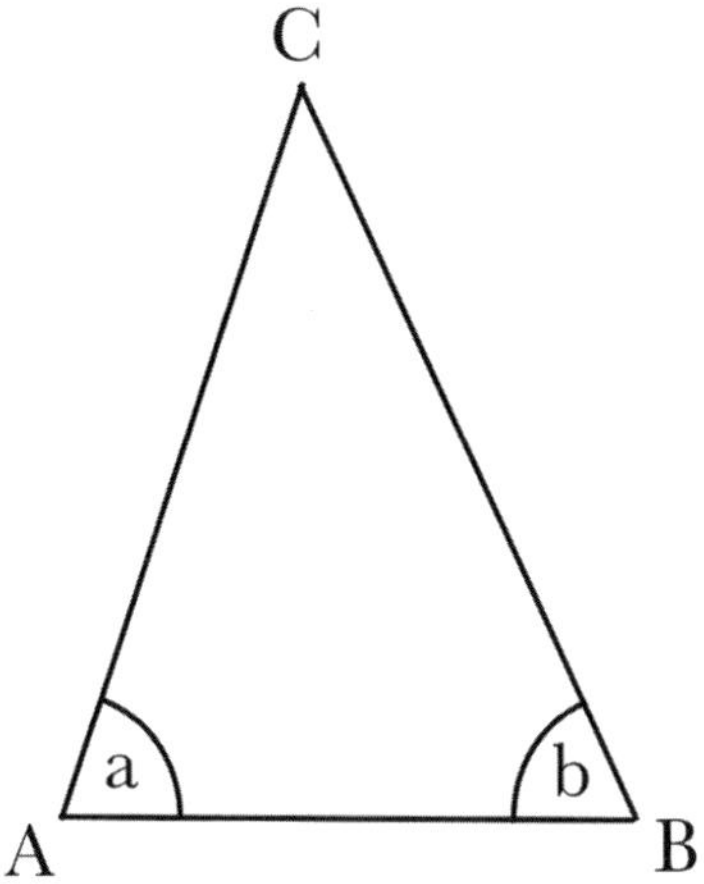

4.3　AとBの間の距離がわかっていて、角aとbの大きさがわかっていれば、三角法を使ってCからA、CからBの距離を計算することができる

後は角度がすべてを行ってくれる。土地測量にとって、三角測量の科学は途方もない近道なのだ。角度を測るには、高い場所に腰を据えて三角形の残りの頂点を定めればよく、遠くまで出向いたり、定規を当てたりする必要はない。

そうはいっても、高いところに登って望遠鏡をのぞき込むことにも、まったく危険がなかったわけではない。当時は革命の嵐が荒れ狂っており、奇妙な装置や望遠鏡を使って土地測量をするのにうってつけの時代ではなかった。二人の科学者は、地元の人々からの無数の妨害に耐えねばならなかった。彼らにすれば、フランスを縦断して測量を続けるこの二人は、塔や木のてっぺんからスパイしている敵にしか見えなかった。実際、ドランブルはパリの北のベル・アシーズでスパイ容疑で逮捕された。なぜそんな奇妙な装置を持って塔に登らなくちゃならないんだ？　と問われたドランブルが、科学アカデミーのために地球の大きさを測っているんだ、と説明しはじめると、酔っ払った兵士はそれを遮り、「もう、アカデミーなんぞ存在しない。俺たちは、みんな平等なんだ。ほれ、いっしょに来い！」といったという。七年後、ドランブルとメシャンはついにメートルの値を突き止めると、意気揚々とパリに戻った。

二人の計算結果と一致する長さのプラチナの棒が鋳造されて、一七九九年にこのメートル原器がフランスの保管所に据えられた。だがこの原器にも、ある意味でヘンリー一世のヤードと同じような問題があった。メートル自体は普遍的に定義されているにもかかわらず、科学者たちにすれば、自ら極から赤道までの距離を測量してメートルの値を求めるより、フランスに赴いてメートル原器のコピーを手に入れるほうが簡単だったのだ。

ロンドンからエジンバラへ

ドランブルとメシャンが落ち合う場所を決める際には、ダンケルクとバルセロナの中間点にするのが理にかなっていることは明らかだった。だが、この章の冒頭の問題の十五人の場合はどうか。十五人のうちの五人がロンドンに、十人がエジンバラにいるとして、全体としての移動距離を最小にするには、どこで落ち合えばよいのか。おかしなことに、じつは、全員がエジンバラにいくべきなのだ。グループが二対一に分かれているので、一見、ロンドンからエジンバラまでの距離の三分の二のところで落ち合うのがよさそうに思える。ところが、合流地点がエジンバラから一マイル離れるごとに、スコットランド組は計一〇マイル余計に歩くことになり、一方イングランド組は計五マイルしか節約できない。

さらに広く考えて、この十五人がロンドンとエジンバラを結ぶ直線のうえにランダムに散らばっている場合は、全員が真ん中にいる人物——つまりロンドンから（そしてエジンバラから）進んだときに八番目に出会う人物——がいる場所を目指すのが、全体としての近道になる。先ほどとまったく同じ原理で、八番目の人物がいる場所から一マイル離れるたびに、片方のグループの移動距離は七マイル短くなるが、もう一つのグループの移動距離は七マイル増えて、この部分は相殺される。ところが八番目の人物が、総移動距離に一マイルを加えることになるからだ。

ではさらに一般的な状況として、この十五人が、縦の通り《アベニュー》と横の通り《ストリート》が直角に交わっているニューヨークの街のあちこちに散らばっていたらどうだろう。その場合は、縦の通りに関しては、東から西まで見渡して、八人目の人物がいる通りに集まるべきだし、横の通りに関しても、南北を見渡して、八人目の人物がいる通りを選ぶべきだ。ただしここでは、横の通りの八番目の人物が、一般に縦の通りの八番目の人物と同じとは限らない、という点に気をつけよう。

インターネットケーブルのためのインターネット・エクスチェンジ（インターネット上のさまざまな事業者の通信を交換する接続ポイント。インターネット相互接続点とも）に最適な場所を見つけたい場合や使うケーブルの量を最小にしたい場合は、このようなタイプの分析が欠かせない。ところがもう一つ、物理的な空間やデジタルな空間を抜ける近道を見つけるための、大昔に始まって今日の技術環境でも活用されている面白い戦略がある。

獣道

一五世紀の冒険家たちは、世界の片方の側からもう片方の側に効率的に達するための、幾何学的な近道を追い求めていた。今を生きるわたしたちも、日々の暮らしでしばしば目的地に早く到達できる賢い近道を探す。ロンドンのわが家に一番近い公園では、土地計画をした人々が、地元の人々が公園を突っ切れるように、舗装された小道を縦横に走らせておいた。図面の上ではたぶん最適なレイアウトだったのだろうが、実際にその公園を見てみると、どうも最適ではなかったらしい。舗装された小道以外にも——人々が公園を横切るにはこちらの方が早い、と考えたのだろう——土がむき出しになった一本の小道が草地を横切っている。

都市計画をする人々は、往々にして舗装された小道が互いに直角に交わるようにしたがるが、実際に歩いてみると、角に沿ってぐるりと進むよりも対角線を突っ切った方が合理的だ。人間はA地点からB地点までの経路としては、斜辺を好む。みなさんもきっと、人々が目的地への近道として使ってきたこれらの踏み跡を目にしたことがおありだろう。

マンハッタンには、角をはしょったこのような対角近道の面白い例がある。この町の縦横の通りは互いに平行に走っており、しかも縦と横の通りが直角に交わっていることからも、この町が人工的なものであることは明らかだ。ところが面白いことに、この格子を対角に横切って一本の道が延びている。ブロードウェイと呼ばれるその道は、直角だらけのマンハッタンを、左上から右下まで斜めに走っている。じつはこの道は、ヨーロッパの移民者たちやマンハッタンという名前が登場する前に、先住民の旅人たちが使っていた古い近道なのだ。ブロードウェイはウィクカスゲック・トレイルという道をなぞっており、このトレイルは、沼や丘を避けながら当時存在していたネイティブ・アメリカンの村落の間をつなぐ最短の道だったとされている。ヨーロッパから到着した植民者たちもまた、マンハッタンを横切るのにこの道を使った。かくしてこの道はマンハッタン島の片側からもう片側へと旅する人々の足で踏み固められ、今では舗装されて、この都市の車や歩行者が使う道になっている。

一般の人々が作ったこれらの近道は、獣道《デザイア・パス》と呼ばれている。「雌牛の道」とか「象の道」と呼ぶ人がいるのは、それらの道が家畜類によって刻まれることが多かったからだ。ピーター・パンの生みの親であるジェームス・M・バリーにいわせると、これらの道は、ある瞬間に誰かがレイアウトしたわけではないのだから、自ずと生じたものだ。草を踏み潰して道を切り開こう！　と決心した人などどこにもおらず——バリーがいうように——これらの道はまるで自ずと生じたかのように、じょじょに姿を現す。

なかにはかなり奇妙な獣道もあって、その道を使うと遠回りになるように見える。まるで近道らしくないのだが、よくよく見ると、その道が何かを避けて作られていることがわかる。もっとも、何を避けようとしているのかははっきりしない場合が多いのだが、それでも地元の伝承を少し掘り下げてみると、迷信が鍵になっていることが判明したりする。たとえば、はしごの下をくぐろうとしない人が多いのは、悪運を呼び寄せるとされているからだ。くぐるくらいなら、迂回したほうがいい。普通は、はしごを長時間据えっぱなしにはしないから、はしごをよける獣道はできない。ところがロシアには、これと似た、互いにもたれあっている二本の柱の間をくぐると不運になるという迷信がある。しかるにロシアの古い街灯の多くがもたれ合った二本の柱のてっぺんに据えられているので、みなさんはしばしば、二本の柱の間を避けるための獣道を目にすることになる。

やがて都市計画を行う人々のなかに、このような近道を正式な近道として使えることに気づく人が出てきた。あらかじめ舗装された小道を作る――そして、みんながそれを使わないことに気づく――のではなく、地元の人々が近道をして望みの場所に向かうに任せ、自然に獣道《デザイア・パス》ができたところで、その道を舗装すればよい。

ミシガン州立大学は、二〇一一年に建てた新たな建物群を結ぶ小道を作る際に、学生たちの歩みを使ってそのレイアウトを決めることにした。それらの道を空から見ると、絡み合った紐でできたぐちゃぐちゃのスパゲッティの塊のようで、建築家が前もってこういう道をレイアウトすることなど絶対ありそうにない。ところが学生たちの足に語らせて――というか、歩かせてみると、最終的な小道の配置は、キャンパスを横切って講義に向かうすべての学生にとって便利なネットワークになった。

建築家のレム・コールハースも、同じような戦略を使ってシカゴのイリノイ工科大学のキャンパスをデザインしている。

降雪もまた、歩行者や運転者が町をどのように使っているかを理解するための便利な手立てになる。市当局にすれば、住民が降り積もった雪をさんざん踏み固めた跡に残る雪のパターンを見れば、道路や公園のどの部分が横断に使われていないのかを理解できるわけで、それらの遊閑地を、道路の安全地帯や都市芸術の作品の設置場所といった別の用途に回すことが可能になる。

みなさんも、民間企業でもこのようなタイプの近道が繰り返し活用されていることにお気づきだろう。一般の人々に材料を作らせておいて、そこから価値を引き出す。フェイスブックやアマゾンやグーグルといった企業がわたしたちのデジタルデータを収集し活用するのもその一例で、彼らはわたしたちが踏み固めたデジタルの獣道を観察し、よく踏まれたその近道をじょうずに利用している。

たとえばツイッターは、ハッシュタグという着想をトップダウンで導入したわけではない。単に、ユーザーが自分たちのツイートを分類するのにハッシュタグを使っている、ということに気づいただけで、じつはハッシュタグは、クリス・メッシーナというユーザーが使い始めたらしい。クリスが最初のハッシュタグを提案したのは、二〇〇七年八月のことだった。ツイートをするにあたって、同じテーマに関心があるユーザーを見つけるための近道がほしかったのだ。やがてハッシュタグは、インターネットの会話を立ち聞きする巧みな方法となった。メッシーナの後に続いてデジタルの獣道を行く人の数がどんどん増えたことから、ツイッター社はユーザーが切り出したこの近道をうまく使うことにして、二〇〇九年にはハッシュタグをツイッター公認の——舗装された、ともいえる——道にした。

測地線

みなさんが世界地図を見て、マダガスカルからラスベガスまでの最短経路らしきものを書き込むとしたら、まず直観的に、地図上のこの二つの場所を結ぶ直線を引けばよいと思うだろう。結局の所その線が、人々が（あるいは鳥が）飛ぶ獣道のように見えるからだ。だがこれでは地球の曲がり具合が考慮されていない。真の獣道、つまり長さがもっとも短い経路は、球面上でいうと、イギリスの上を通ってグリーンランドを越える経路であって、みなさんが平らな地図に書き込むはずの直線からは遠く離れている。

球上で二点を取ると、その最短距離は大円と呼ばれる線になる。この線は、二つの極を結ぶ経線と似ていて、実際に、経線を一本取ってきて自分が結びたい二点を通るところまで動かすと、それが二点を通る大円になる。

4.4　マダガスカルからラスベガスまで行く最短ルートはイギリスを経由する

地球上のこれらの近道がどのような意味を持っているのかをさらに調べていくと、いくつかのかなり奇妙な性質が明らかになる。たとえば、北極とエクアドルのキトとケニアのナイロビの三点を取ってくる。キトとナイロビは赤道にかなり近く、この三つの点を結ぶ最短経路を引くと、地球上の三角形ができる。ユークリッド幾何学の古典的な三角形では内角の和は一八〇度になるが、今作った三角形の内角の和を調べると、一八〇度よりずっと大きい。なにしろ、極からの経線は赤道と直角に交わっているから、キトの角もナイロビの角もそれだけですでに九〇度ある。しかもこの二つの都市を通る二本の経線が北極でなす角は一一五度だから、この三角形の内角の和は90＋90＋115＝295度になる。

これとは別に、三角形の内角の和が一八〇度より小さい幾何学も存在する。たとえば、曲面で囲まれた円錐のような形の曲面、いわゆる反球面では、その上の三点の最短距離を取っていくとやはり奇妙な三角形ができて、その内角の和は一八〇度より小さくなる。これらの図形の曲率は負とされ、これに対して地球のような球の曲率は正、さらに最初に登場した地図のような平らな幾何学の曲率は、ゼロとされている。

曲がった幾何学の発見は、一九世紀初頭の心躍る数学の展開の一つだった。しかしこの発見は、三人の数学者の諍いの種になった。三人が三人とも、この幾何学を最初に発見したのは自分だ、と主張したのだ。これらの新たな幾何学の着想は、一八三〇年代にまずロシアの数学者ニコライ・イワノビッチ・ロバチェフスキーとハンガリーの数学者ヤーノシュ・ボーヤイによって同時に発表された。息子の発見に大いに感動したボーヤイの父は、良き友カール・フリードリッヒ・ガウスにぜひ自慢したいと考えた。ところがガウスはボーヤイの父に、かなり辛辣な返事を寄越した。

わたくしがこの手紙を、この業績は賞賛できない、という言葉から始めたなら、あなたは必ずや一瞬驚かれることでしょう。ですが、そう申し上げるしかない。この業績を賞賛することは、自分自身を賞賛することになってしまいますから。実際、この業績のすべての内容が、あなたの息子さんが辿った道筋も、得た結果も、ほぼ完全にわたくしの思索と符合しております。そしてその思索は、ここ三十年から三十五年間にわたってわたくしの頭の一隅を占めてきました。

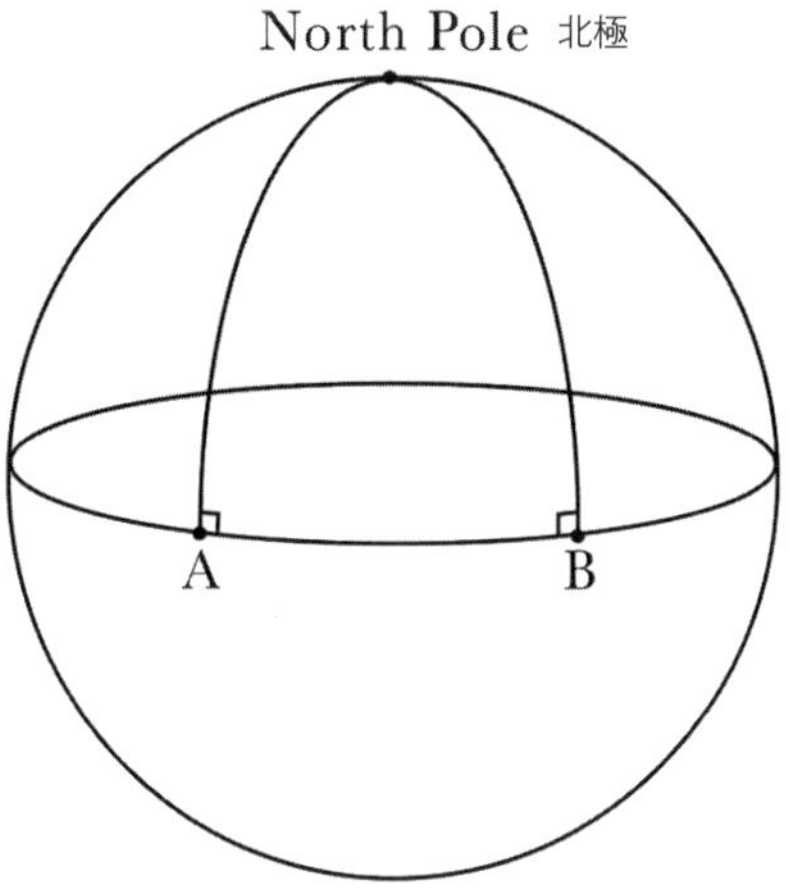

4.5　球の上では、三角形の内角の和は180度を超える

実際に、ガウスがこれらの表面に奇妙な近道が存在する曲がった幾何学をずっと前に発見していたことはわかっている。当時ガウスはハノーファーの調査をしており、その作業には、メシャンやドランブルがメートルの値を測るために行ったの

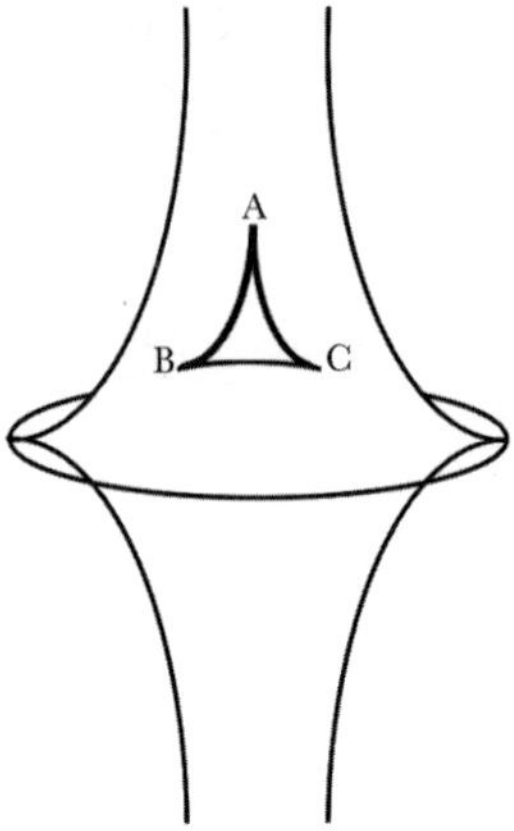

4.6　反球面の上では、三角形の内角の和は180度より小さくなる

と同じ土地の三角測量が含まれていた。一見退屈そうなその作業は、しかし偉大な数学者を触発して、理論上の深い洞察をもたらすこととなった。ガウスは、地球の表面だけでなく空間の幾何学そのものが曲がっているのかもしれないと考えるようになり、実際に三角測量を行って、ゲッチンゲンの自宅を囲む三つの丘の頂上同士を光線で結んだときに、内角の和が一八〇度にならない三角形ができるかどうかを確かめようとした。光は近道が大好きで、常に二点間の最短経路を見つけ出す。だから、もしも内角の和が一八〇度にならないのなら、光は空間を曲がった経路に沿って進んでいることになる。ガウスは、三次元の空間もじつは二次元の地球の表面のように曲がっていることを証明したかった。だがいっさい食い違いが見つからなかったので、この仮説を捨てることにした。なぜならこれらの新たな曲がった幾何学が、己の信念——数学は自分たちが目にしているこの宇宙を記述するためにあるという信念——に反していたからだ。そしてガウスはこの研究について論じ合った数名の友達にも、秘密を漏らさぬよう口止めした。

もちろん今では、ガウスが扱った対象が小さすぎたせいで空間の湾曲が見つからなかった、ということがわかっている。ガウスの着想を検証しなくては、という気運が再び高まったのは、アルベルト・アインシュタインの新たな重力理論と時空間の幾何学が登場したときのことだった。

アインシュタインは、誰が観察するかによって、空間のなかの二つの物体の距離は変わる可能性がある、ということを発見した。光速に近い速度で移動している人には、距離が短く見える。さらに、時間の長さも観察者によって違ってくる。観察者の動き方次第で、出来事の順序が変わる可能性もある。アインシュタインの偉大なる発見によると、時間と空間は空間の三次元と時間の一次元の四次元幾何学のなかでまとめて考えなくてはならない。そしてこの新たな時空間の幾何学で距離を測ってみると、空間は曲がっていることがわかった。

アインシュタインの洞察によって、重力はニュートンが主張したような力ではなく、時空間の幾何学の歪みとして再定義された。質量が大きい物体は、空間という織り物をゆがめる。重力を物体同士が引き合う力としなくても、物語を作り直すことは可能だった。重力とは、この幾何学を抜けていく物体にとっての近道なのだ。自由落下する物体は、じつはその幾何学のなかの一点から別の点への最短経路を辿っているにすぎない。

したがって太陽のまわりを回る惑星は、紐が付いていて、何かの力に引っ張られているわけではなく、単に、この四次元時空間の幾何学の側面を球のように転がり落ちていると考えるべきなのだ。突拍子もない考えのように見えるが、アインシュタインは、どうすればこの着想を検証できるか知っていた。惑星と同じように、光も空間の最短経路を辿っているはずだ。ということはこの理論からいって、質量が大きい物体の近くを通る場合は、その物体のほうに曲がるような迂回路が光の最短経路になるはずだ。

イギリスの天文学者アーサー・エディントンは、この考えを検証する方法を思いついた。一九一九年に地球で観測されるはずの日食を利用すればよい。アインシュタインの理論によると、遠くの星から届く光は太陽の重力効果によって曲がっているはずだ。エディントンは、日食でギラギラした太陽の光が遮られれば、それらの星が見えるはずだと考えた。そして、実際に遠くの星の光が巨大な質量の物体のまわりで曲がっているように見えたことから、アインシュタインの理論が予言した通り、最短経路は直線ではなく曲がっていることが確認された。

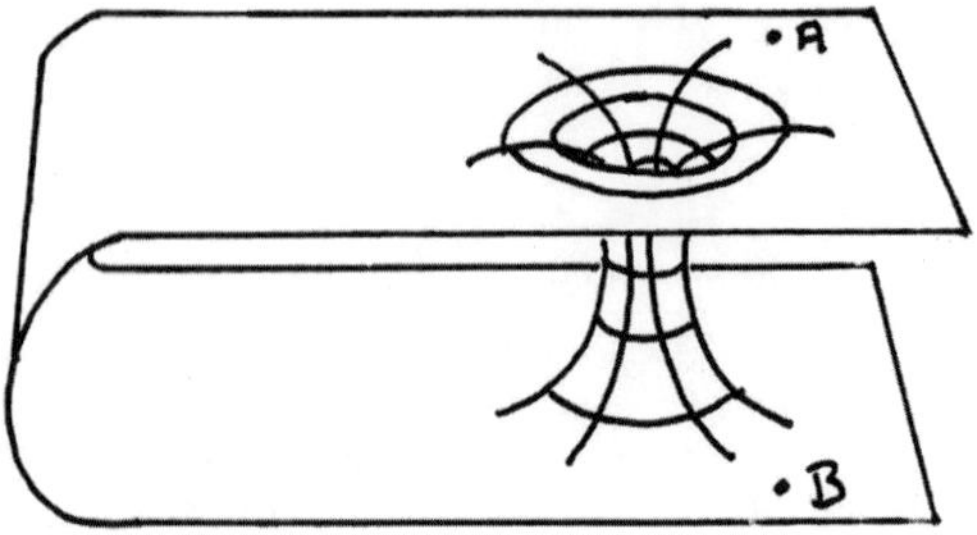

4.7　A地点からB地点に行くには、ぐるっと宇宙を回っていかなければならない長い道と、虫食い穴（ワームホール）を通る近道がある

空間のひずみや湾曲からはさらに、アインシュタインの相対性理論でその存在が示唆された、遠回りを端折って宇宙を横切る近道が生じる可能性があった。アインシュタインは、宇宙に速度制限があることを知っていた。真空を行く光の速度こそがその限界値であって、何ものも、それより速くは動けない。このため銀河の片方の端からもう片方の端に行こうとすると、ある問題が生じる。ひどく時間がかかるのだ。これは、多くのSF小説家が直面する大きな問題でもある。どうすれば、登場人物たちを短時間である場所から別の場所に移動させられるのか。そのときによく登場するのが、虫食い穴《ワームホール》だ。これはアインシュタインの場の方程式の特別な解で、時空間の幾何学の異なる場所のあいだの理屈の上での近道を提供するという。この虫食い穴には山を抜けるトンネルに似たところがあって、通常なら何百万年もかけなければ到達できない宇宙の二点をつないでいる。

というわけで、ゲッチンゲンの丘のてっぺんで発せられた光は曲がった経路が近道になっている、というガウスの考えは正しかった。ただしその影響を人間の目で見るには、ハノーファーではなく、わたしたちの銀河というはるかに大きな対象を調べる必要があった。感心なことに常日頃アインシュタインは、一九世紀の数学者たちが作った幾何学のおかげで相対性理論を発見できた、と認めていた。実際、「現代物理理論の発展、なかでも相対性理論の数学的基礎に関するC・F・ガウスの重要性は圧倒的だ……それどころか……ここに喜んで告白するが、純粋な幾何学の問題にどっぷりと浸かることで、ある程度の喜びを見いだせるのかもしれない」と記している。

近道への近道

A地点からB地点まで移動したいのなら、光が最速の経路を見つける方法を思い出してみるのもよいだろう。光は時として遠回りをするが、それは、距離は長くなるが、時間が短くてすむからだ。家の周囲を測るのは、時にはやっかいな作業となる。なぜならきちんと巻き尺を当てることができないからで、それでも角度の一つくらいは測れるはずだ。正弦と余弦は常に、夜空や地球の表面だけでなく、一見近づきにくい対象を測るためのすばらしい近道であり続けてきた。都市計画担当者たちの、たくさんの人々に近道を発見させるという戦術は、公園の横断路のレイアウト以外にも応用できる。一般大衆に案内してもらって最適解に行き着くという近道をうまく使えば、すべてを自力でしなくてすむ。

ちょっと一息

旅

わたしは歩くのが好きだ。ゆっくり歩くと、ペースの速い生活では見過ごしがちな自然や風景の様子を経験できる。歩くというのは、単にA地点からB地点に行くだけのことではない。A地点からA地点に向かうことも多く、この場合は、出発点に戻るまでの長い行程を楽しむことになる。わたしの息子は幼い頃、わざわざ歩きまわってまた同じ場所に戻ってくるなんて馬鹿げていると思っていた。ある日、二人そろって田園地帯を散歩しようと歩き始めると、半マイル（約八〇〇メートル）ほど進んだところで息子が突然、今進んでいる道から分かれて野原を横切る小道があることに気がついた。しかもその先には自分たちの家が見えている。「パパ！　近道を見つけたよ！　ほら、この道を行こうよ、そしたら帰れる」

　だがわたしにとっては、歩くこと自体が一種の近道だ。どうやら一時間に三マイル（約四・八キロメートル）というのが、考え事をするのに最適な速度であるらしい。ジャン＝ジャック・ルソーが『告白』で記しているように、「わたしは歩いているときにだけ、考えにふけることができる。立ち止まると、考えが止まる。わたしの頭は、足と連動している」。歩くことはわたしにとって、数学の啓示への近道であり、自分の無意識が新しいやり方で問題を探究できるようにするために欠かせない回り道なのだ。

　ロバート・マクファーレンは『古い道（*The Old Ways*）』という著書で、歩くことと考えることの結びつきについて語っており、たとえばルートヴィヒ・ウィトゲンシュタインが、ノルウェーの田舎を歩いている最中に、その思索が大きく前進したという例を紹介している。ウィトゲンシュタイン自身は、「どうやらわたしは、自分の中に新しい考えを生みだしたようだ」と記しているが、マクファーレンも指摘しているように、それらの考えを記述する際にこの哲学者の選んだ言葉はじつに啓発的だ。ウィトゲンシュタインは、〝デンクベヴィグンゲン（Denkbewegungen）〟という言葉を使っているが、この言葉を直訳すると「考える道」（Denken＝思索＋weg＝道）となり、マクファーレンはそれを、「道（Weg）に沿って動くことで生み出された考え」としている。

　マクファーレンは、風景の中にいること、歩いて移動すること、つまり旅が大好きで、その著作は、徒歩旅行への美しい賛辞となっている。だからわたしは、近道という発想をどう捉えているのか、ぜひ彼と語り合ってみたいと思った。たえず近道を探していると、ひょっとして何かを取り逃がすことになるのだろうか。

「わたしの大好きな北東スコットランドの山域にあるケアンゴームズの場合、山頂までケーブルカーで行くことができて、それが頂上までの最短経路なんだと思う。でもそんなことをしても、なんの達成感も喜びも感じないいんじゃないかな」とマクファーレンはいう。「だけど、二日間歩いた末に同じ山頂に立つと、そこはそれまでに経験した最高の場所の一つになる」

マクファーレンはわたしに、スコットランドの神秘主義者で登山家のW・H・マレーのことを教えてくれた。彼の著書には、これらの場所に立つことの持つ力が捉えられているという。「気持ちが重かったり軽かったりすると、人間の心は自然に上にあがることになる」マレーはこれらの言葉を、第二次大戦中に収容されていた捕虜収容所でかき集めたトイレットペーパーに書き付けていた。実際に体を動かして旅することはできなかったから、頭のなかでスコットランドのハイランド地方を歩き回ったのだ。マクファーレンにとってのもう一人の英雄、それはモダニストの著述家で詩人でもあったナン・シェパードだという。

「ナン・シェパードは一九四〇年代に書いた『いきている山（*The Living Mountain*）』の最後で、本人が『実在の瞬間』と呼ぶこれらの瞬間は——こういう表現はウルフやワーズワースといった人々を思わせるんだが——歩いているときにしか生まれない、と記している。『こうして何時間も何時間も歩いて行くと、感覚が整ってきて、透徹した鮮やかな歩きになる』とね。じつにすばらしい言い回しだと思う。……こういう丘は急ぐこととは無縁だ、といっているんじゃないかな。だからこのようなモデルでは、近道は啓示と完全に相反する」

だがマクファーレンはわたしに、今日わたしたちが楽しみを求めて歩く小道の多くが、そもそも新石器時代に近道として踏み固められたものであることを教えてくれた。すべてが足りない暮らしのなかで、人々は、資源などとエネルギー消費のバランスを取る必要があった。だからもっと短いルートが見つかったら、その道を無視はしなかったはずだ。その道が、長いルートと同じような黙想のチャンスを提供するかどうかは関係なく。

もっともそういった価値基準も絶対ではなく、マクファーレンの指摘によると、新石器時代の文化では、生き延びるのに役立つというだけではないプロジェクトに多くの資源を費やすことがあったという。そしてマクファーレンは、湖水地方はカンブリア州のリトル・ラングデールで採掘されていた手斧の材料を巡るすばらしい話を教えてくれた。新石器時代のその小道は、どうやら必ずしも効率第一の近道ではなかったらしい。「その谷の低いところには、良質の手斧を作るのにおあつらえ向きの岩が露出していて、それを使えば自分たちの望む道具を作ることができた。ところが彼らはギマー・クラッグという険しい岩山の、もっと高くてもっと険しい場所に登ることにした」

なぜ、楽な場所でも手に入る岩を求めて、より険しいところに向かったのか、わたしは不思議に思った。

「ある物がある場所から切り離されたとき、その物には場所のオーラが残る。だから、有史以前に近道だけでなく長い道が使われていたのには、ちゃんとわけがある」

それからマクファーレンは、逆にわたしに質問した。数学にも、長い道がとんでもなく生産的であるような例があるのかな。

たぶん仮説はその一例じゃないかな、とわたしは答えた。仮説は、山の頂のようなものなんだ。わたしとしては、本の後ろに載っている答えは見たくない。そんなのは、ケーブルカーでケアンゴームズの頂上に行くようなものだ。たどり着いたときに得られる満足感は、そこに達するまでに費やした日にち、いや、年数によって変わってくる。だがその一方で、ただそのためだけに退屈な風景のなかをとぼとぼ歩き続けたいとも思わない。ただひたすら辛い仕事としか思えない場合もあるのだから。

数学では、ひどく簡単で退屈なものと複雑すぎて何が起きているのか理解できないものの間に奇妙で微妙な緊張がある。ジョン・カウェルティは、『冒険小説・ミステリー・ロマンス：創作の秘密』という著書で文学におけるそのような緊張の性質について述べているが、それがそっくりそのまま数学にも当てはまる。「わたしたちが秩序と安全を求めれば、結果は退屈で似たようなものになる。だが変化と新しさのために秩序を拒むと、危険で不確かなものになる……文化の歴史は、秩序の希求と倦怠からの飛翔のあいだのダイナミックな緊張と解釈することができる」

場合によっては、長い道のりを行かなければ頂上にたどり着けない、ということ自体が喜びをもたらす。フェルマーの最終定理の場合は、三五〇年にわたって何世代もの数学者たちが取り組み続け、奇妙で深遠な場所に分け入った末に、目的地に達する径が見つかった。だがそれらの回り道や長い道のりも、あの定理の証明の喜びの一部なのだ。わたしたちはあの定理を証明するために、新たに魅惑的な数学の大地を発見しなければならなかったが、それらの土地は、あの定理に引きずり回されてとうてい抜けられそうにない数学の泥沼でのたうち回ることがなければ、未開のままになっていたはずだ。

フェルマーの最終定理の証明が短くて取るに足りないものだったら、あの定理はもっと軽く評価されたのか、という点を考えてみるのも面白い。リーマン予想のような未解決の偉大な予想になぜオーラがあるかというと、それが難問であって、解くのに膨大な労力が必要だからだ。わたしたちにとって、偉大なる予想はエヴェレスト登攀のようなものだ。頂上に立つのがそれほど難しくなければ、たぶん解に到達したことはさして評価されないはずだ。

わたしは、なんとしてでもマクファーレンにわかってもらおうと頑張った。数学の何が楽しいかというと、とぼとぼと荒れ地を歩くことではなく、目の前に山が立ちはだかり、どうやってそれを乗り越えようかと考えているときに、突然近道として使えそうな裂け目やトンネルが見つかる、その心躍る瞬間こそが楽しいんだ、ということを。

「あなたは身ぶり手ぶりで、自分がなすべきことを説明してくれているけれど、そういう姿は、なんだかクライマーに似ている気がする」とマクファーレンはいった。「歩く人ではなくて、ロッククライマー。今いっているのは体操のようなクライミングであって、登山とは違う。登山もまた、丘陵歩きとは違うんだけれど」

マクファーレン自身は、難しいロッククライミングを楽しいと思ったことがあるんだろうか。

「ぼくはロッククライミングがとっても下手なんだが、前に数年間、夢中になったことがある。クライマーたちは、登攀における最大の難関のことを話題にする。どの偉大な登攀にも、きわめて難しい動きが含まれている。そういう動きが、あなたが語ってくれた『問題に取り組む過程』とよく似ている気がするんだ。ボルダリング問題って呼ばれているんだけれど、簡単なものから始めて何度も何度も繰り返し、やがて最大の難所にたどり着いて、それから落ちる。ひょいっと放り出されてしまって、ダイナミックな跳躍ができないんだ。それにあれは――ぼくも数回やったことがあるけれど――圧倒的なスリルがある。あれは、問題解決行動なんだ」

欲求不満を感じていたのが、数学のボルダリング問題を克服したことで意気揚々とした気分に浸る、というのはわたしも身に覚えがある。わたしはマクファーレンとの対話の直前に、「フリーソロ（*Free Solo*）」というドキュメンタリー映画を見ていた。アレックス・オノルドがヨセミテ国立公園のエル・キャピタンで行った、ザイルなしのすばらしい登攀の記録だ。その登攀には難所が八つくらいあって、いわば登攀界のリーマン予想だった。もっとも厳しい箇所は「あのボルダー問題」と呼ばれている部分で、小さな手がかりを次々に伝っていくきわめて困難なものだった。なかには幅が鉛筆一本分しかない手がかりもあって、しかもずいぶん離れている。ほぼ垂直なその壁を登り切るには、空手のような奇妙な蹴りが必要だった。失敗したら、落ちて死ぬ。繰り返し投げ出されるという贅沢は許されない。その登攀の何に心を打たれたかというと、たとえば、頂上までの最短経路が決して直線ではないという点だ。オノルドはしばしば、途中でいったん下るようなルートを取っていた。上まで登れるルートを見つけるために、最終目的地から遠ざかる。登攀における測地線は明らかに、山の表面をうねったり上を向いたりする奇妙な線なのだ。

山頂までのルートを選ぶとき、その決め手は何なのか。最速のルートなのか。いちばん眺めのいいルートなのか。いちばん難しいルートなのか。エヴェレストの頂上に至る名前の付いたルートは計十八本あるが、そのなかには一度も登られたことのないルートがある。ほとんどの登山者は、サウスコル経由かノースコル経由、いずれかのルートを使う。ジョージ・マロリーは、ノースコルに登ろうとして命を落とした。マロリーなら、きっと「美しい線」について語ったはずだ。美しい線とは、必ずしもいちばん難しいルートではなく、むしろその美しさで知られているルートのことだ。数学者たちが美しい証明について語ることを考えると、これはなかなか興味深い話だ。では、どのような性質のルートを美しいというのか。マクファーレンによると、「通常、美しさはある種の動きの連続性かラインそのものによって決まる。だから必ずしも、左にトラバースしてから次のリッジに沿って登らなければならないとか、そういうことではない。それに美しいかどうかは、岩の性質とも関係している。岩がまったくもろくなくて、硬いんだ。美しいラインというのは、文字通り、空中に描かれる線の優美さなのかもしれない。ああそれと、危険もあるね。これらすべてを合わせたものが、美しいラインなんだ。それからさらに、いちばん厳しいラインがある、タイガー・ラインだな。あとは、ディレッティッシマ（もっとも直接的な、の意のイタリア語）と呼ばれる、いちばんダイレクトなラインもある」この言い回しは、イタリアのクライマー、エミリオ・コミチに由来するという。コミチは、「何時の日かわたしは一本のルートを開拓して、そのてっぺんから水を一滴落としてみたい。するとその滴は、わたしが開拓したルートに沿って落ちるのだ」と述べている。このルートは、最大傾斜線と呼ばれるものに置き換えられる。最大傾斜線とは、斜面のもっとも完全な下りの傾斜であって、流した水が辿る線のことだ。

マクファーレンが日没が迫ったり天候が急変したために急いで山を下りようとした折りに、幾度かこの最大傾斜線が近道の鍵になったことがあるという。「天候が荒れはじめたり、行き暮れそうになったりして、急いで山から下りなければならなくなったら、最大傾斜線を探すようにしている。なぜなら理屈からいって、その線がもっとも低い場所への最短経路になるからだ。そして、いちばん低い場所にいけば、たぶん安全だし、避難場所があるはずだから」

そうはいっても、最大傾斜線に沿って下ったときに遭遇する危険についても考える必要がある。「最大傾斜線を辿っていったら、ゴツゴツの岩を越えなければならなくなるかもしれない。そんなことはやりたくないよね。さっさと動かなければならなくて、その他の危険の評価と最大傾斜線から外れることとのバランスを取るのに苦労したことも、いやっていうほどある。結果として良い決断ができたこともあれば、芳しくない決断に至ったことも。近道は、素晴らしいものになり得るけれど、危険でもある」

そこでわたしは、何か具体的に近道に助けられたことがあったかどうか尋ねてみた。

「ぼくが辿ったなかでも最高だったのは、小さな雪崩《なだれ》の上に乗って下ったときの最大傾斜線だ。

ぼくたちはスコットランドの山から下りているところだったんだが、時間がどんどん押していて、そのうえ急峻な雪の斜面に出くわした。明らかに、雪が積もっていなければ越えられないような場所だった。でも雪のおかげででこぼこが均されて、足下もある程度しっかりしていた。それに、そのときの雪はザラメのような柔い雪だった。ということは、雪崩たとしても大問題にはなりそうにない、ということだ」

　正直いって、聞いているだけでぞっとした。雪崩というのは、通常山で出くわしたいものではない。

「雪崩を起こしてそれに乗れば、ある程度安全に約二〇〇フィート（六〇メートル）は下れる、とぼくたちは踏んだ。それで、頭を下にして斜面にうつ伏せになり、雪崩に身を任せた。ぼくたちは雪崩のおかげで安全に——ただしびしょびしょになったけれど——出発点から標高にして二〇〇フィート下に降り立つことができた。いやあ、すばらしかったよ。これは、危険性の評価がうまくいった例だ。これまでに経験した、最高に愉快な近道の一つだった」

第五章　図解を使った近道

クエンティン・タランティーノの映画「レザボア・ドッグス」で使われた歌は、次のページの図のどの部分で表されているか。

もしも世間でいわれているように「百聞は一見に如かず」、つまり一枚の絵が千の言葉に匹敵するのなら、図やグラフは究極の近道ということになる。いずれにせよレオナルド・ダ・ヴィンチはそう考えていたらしく、「絵描きが一瞬で描けるものを言葉で記述できるようになる前に、詩人は飢えと眠気に負けるだろう」と述べている。書き言葉がわりと最近の発明であるのに対して、人類は、種としての進化が始まってからずっと、画像から意味を汲み取る能力を発達させてきた。たとえばツイッターでいうと、画像やビデオを含むツイートは、文字だけのツイートの三倍も読まれやすいことがわかっている。だからこそ、コンテンツをすばやく効果的に伝えたい企業は、視覚への訴求力に勝るインスタグラムのようなソーシャルメディアのアプリをプラットフォームにするのだろう。うまく構成された画像は、こちらのメッセージを言葉よりもはるかに効率的に伝える優れた近道になりうる。

数学でも、図を使うことで、方程式では伝わらない着想を伝えられる場合がある。何百年もの間、数学者たちは−1の平方根を常軌を逸した奇妙なものと見ていた。これらの数がついに主流に加わることができたのは、ガウスが虚数の図を描いて、それらを二次元の地図として表したからだ。しか

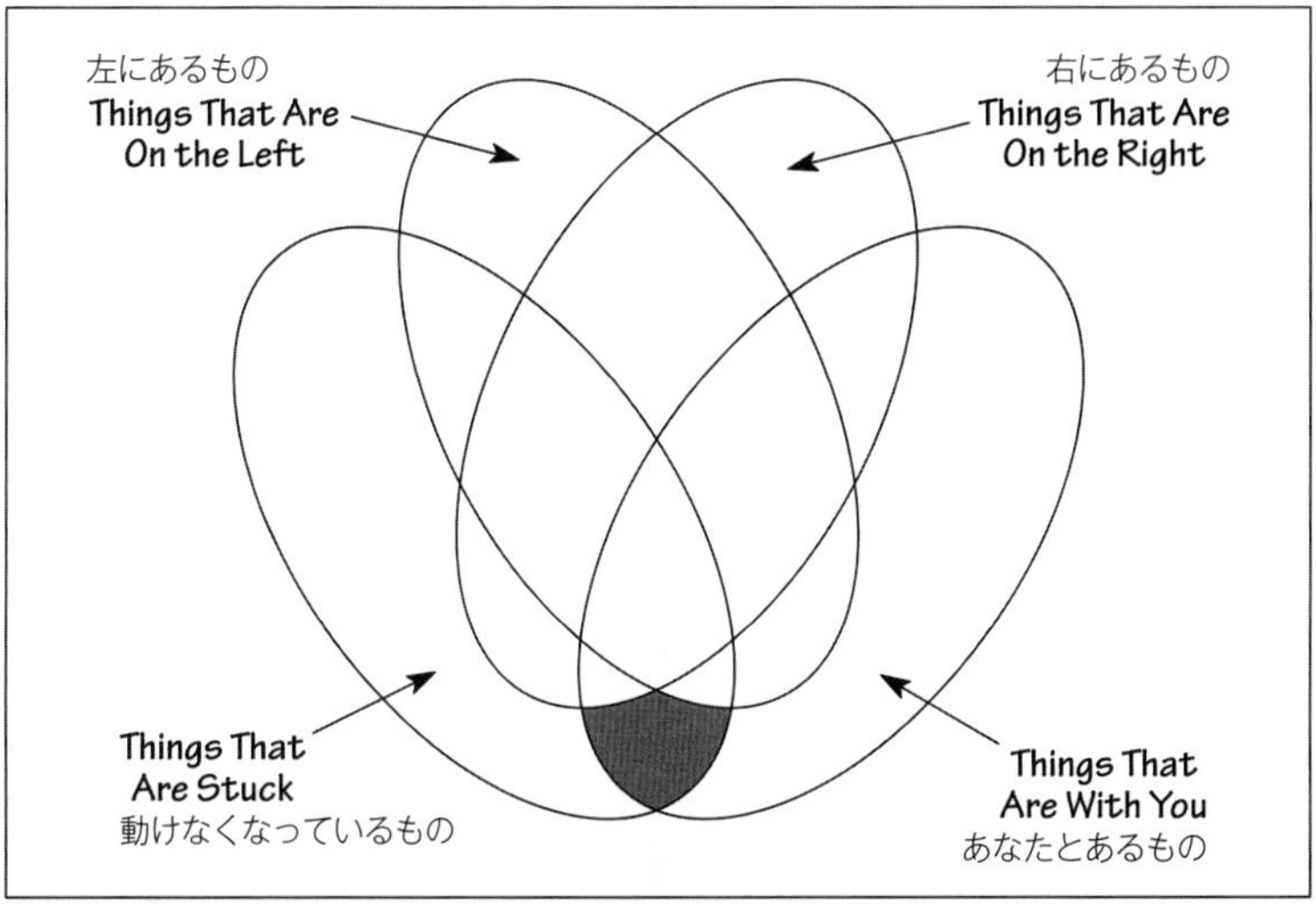

5.1 『その曲ベン図ろう』（*Venn That Tune*、184 ページ参照）

し数量を表す図が持つ真の政治的な力が明らかになったのは、一八五五年にガウスがこの世を去る少し前のことだった。

ローズ・ダイアグラム　鶏頭図

一八五四年十一月にトルコのスクタリ（現ユスキュダル）の病院に到着したフローレンス・ナイチンゲールは、その様子にあきれ返った。クリミア戦争が始まってすでに一年が経ち、病院では戦闘で傷ついたイギリス兵の手当が行われていた。建物は汚水溜めのうえに建てられていて、きちんとした衛生設備もなく、ただただ不潔で、人があふれていた。

ナイチンゲールはすぐに、環境の改善に乗り出した。洗濯室を作って、支給品の質を上げ、栄養のある食べ物を提供する。だが、状況は一向に改善しなかった。最善を尽くしたにもかかわらず、死亡率は上がり続けた。傷病者たちは、ナイチンゲールやメアリー・シーコール（トルコ本土の病院で優れた管理能力を発揮したナイチンゲールに対して、より前線に近い場所で看護を実践したジャマイカ出身の女性）を始めとする看護婦たちによる献身的な看護を受けていたが、それも決して十分でなかった。こうして、死亡率を下げられぬまま数ヶ月が過ぎた頃、二人の男がやってきた。コレラの専門家ジョン・サザーランドと、衛生技師ロバート・ローリンソンである。二人はさっそく調査を行い、何がまずいのかを突き止めた。排水システムに問題があったのだ。排水管には動物の死骸が詰まり、トイレから飲料水のタンクに人間の糞尿が漏れている。ローリンソンとサザーランドがこれらの設備を洗浄すると、事態は改善しはじめた。

衛生委員会なる組織が立ち上げられて、軍病院のすべての状況は急速に改善していった。一ヶ月足らずで感染症による死者は半減、一年以内に死者は九八パーセント減った。一八五五年一月に二五〇〇人だった死者が、一八五六年一月には四二名になったのだ。

終戦後、ナイチンゲールは過去十八ヶ月間にわたる自分の経験について深く考えてみた。戦争で、戦って命を落とすのならまだわかるが、それよりもはるかに多くの人々が病気で命を落とすというのは、断じて受け入れがたい。その損失を思うと、絶望的な気持ちになった。命を落とした一万八〇〇〇人の多くを救えたはずだ。どうすれば軍病院の状況を改善し続け、二度とこのような悲劇が起こらないようにできるのか、それが当面の問題だった。しかしナイチンゲールは、根底からの改革が喫緊の課題であることを当局に納得させるのが容易でないことを知っていた。

それでも、どうにかヴィクトリア女王とその助言者たちへの謁見の約束を取り付けることに成功した。そしてその場で、なぜこれほど多くの兵士が病院で命を落としたのか、その原因を探る調査が必要だ、と力説した。女王も政府も、これ以上戦争に関する調査は行いたくはなかったが、今やナイチンゲールは伝説の人となっていた。そこで政府はナイチンゲールに、新たに立ち上げる王室委員会で披露するために、極秘の報告書をまとめるよう指示した。ナイチンゲールにすれば、喜んで力を尽したいところだが、何を書けばよいかがわからない。というよりももっと大事なこととし

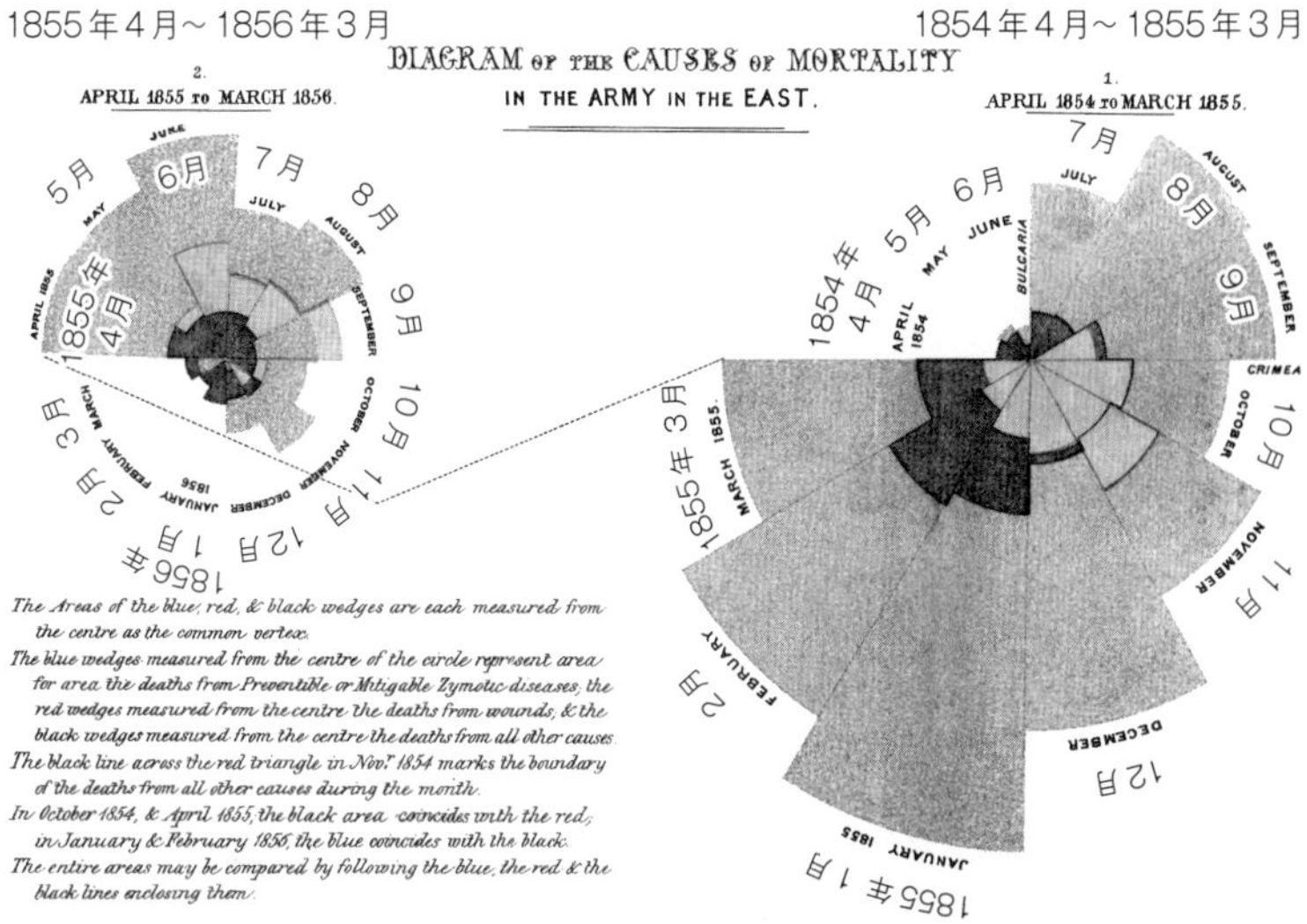

5.2　フローレンス・ナイチンゲールのローズ・ダイアグラム

て、どうすれば、スクタリで繰り広げられていた悲劇を目の当たりにしたときの自分の恐怖を表せるのかがわからなかった。

たとえ自分が数字を挙げたとしても、政府は無視するにちがいない。そう考えたナイチンゲールは、政府を行動へと駆り立てる進軍ラッパ――つまり本質的な事実――を彼らの目に焼き付けなければならないことを悟った。そして、一枚の図を作った。今日ローズ・ダイアグラムと呼ばれているその図には、数字の裏に潜むメッセージが抽出されていた。

問題のダイアグラムは、二つのバラ《ローズ》からなっていた。右側のバラは一八五四―五五年の戦いを表しており、月ごとの兵士の死亡数が原因毎に示されている。これに対して左側のもっと小さな図は、一八五五―五六年の戦いを表している。重要なのは、それぞれの色が占める面積だ。赤く塗られた（右側ではもっとも中央に近く、左側では中央から二番目にある灰色の部分）中央の領域は戦傷による死亡者を表し、黒い部分は、それ以外の凍傷や事故などによる死亡を表す。そして中央から大きく花開いている青いバラの花びら（一番外側の部分）が、赤痢や発疹チフスのような感染病による膨大な死者の数を表している。

ナイチンゲールは、死者の数を示していない。しかしそれでも、この青い花びらの広がりには、どこか不穏なところがある。一八五四年の冬にかけてその面積はどんどん広がり、一八五五年一月にはついに一ヶ月間に二五〇〇人が命を落としている。ところが二つ目のバラを見ると、このような成り行きが決して必然でないことがわかる。こちらの青い部分がはるかに小さいということは、病院の衛生状態をよくすれば感染症による死亡者数が劇的に減るということなのだ。

軍当局は、言葉で書かれた報告書ではなくこの図のおかげで、死ななくてよいはずの何千人もの兵士が軍の医療の不備のせいで命を落とした、という事実を認識せざるをえなくなった。この図は視覚に強烈に訴えることで、当局の心をつかんだ。そしてそこから始まった改革の過程が、やがて永遠に医療を変えることになった。

図の狙いは、まず最初に目を惹きつけて、それから脳を引き込むことにある。ナイチンゲールによると、図は「一般の人々の言葉をはじく耳からでは伝わらないものを、目を通して脳に届けるはず」だった。図は、数に埋れたメッセージへの近道になる。

ごく最近、コロンビア大学の疫学の教授、イアン・リプキンから聞いた話は、まさに衛生上のリスクに関して政府を説得する際の視覚の威力を示す新しい例といえる。リプキンは長年政府にパンデミックへの対応に関する助言を行ってきたのだが、合衆国政府に対してパンデミックがいかに強烈な影響を及ぼしうるかを最初に説明したとき、相手はシーンと静まりかえったままだったという。リプキンがまとめた七〇〇ページに及ぶ徹底的な報告書も、おそらく読まれていなかった。そこで次に、ぐっと短く要約した報告書を作った。それでも、反応なし。ここに来てついにリプキンは、表現方法を変えなければならないことに気がついた。そして言葉を使った報告書ではなく、映画を作った。マット・デイモンとグウィネス・パルトロウが主演した「コンテイジョン（*Contagion* 伝染）」という映画である。この映画のウィルスがたくさんの人々の命を奪う場面の視覚効果はじつに強烈で、びっくり仰天した政府はさっそく行動を起こしたという。ちょうど、ヴィクトリア朝のイギリス政府が、フローレンス・ナイチンゲールのローズ・ダイアグラムにぎょっとして行動を起こしたように。

ナイチンゲールのローズ・ダイアグラムの例からもわかるように、複雑な問題を視覚的に表すことは、理解への近道になりうる。だが実は、図がこのような目的で使われたのはそれが初めてではなかった。おそらくナイチンゲールは、ウィリアム・プレイフェアの著作に載っていた図に触発されて、あの図を作ったのだろう。一七八六年に刊行されたプレイフェアの『商業政治図表集（*The Commercial and Political Atlas*）』という著書には、四十四枚のグラフが含まれていた。そのほとんどは、時間の経過に対する別の何かの値をおなじみの *x/y* 座標を使ってプロットしたグラフだったが、一つだけ少し違う図表があった。それはスコットランドからの輸入と輸出を表した、もっとも古い形の棒グラフだった。各値は、*x/y* の座標ではなく棒で表されており、おそらくナイチンゲールはこのタイプの図にヒントを得て、ローズ・ダイアグラムを考案したのだろう。

プレイフェアの主張によると、わたしたちの脳は、ある種のメッセージを図で見たときにより正確に解読できるように進化してきたという。「すべての感覚のなかでも特に目は、そこに示されるものが何であれ、対象についてのもっとも生き生きした正確な概念を与える。さらに、異なる量の比が問題となるとき、目は圧倒的優位に立つ」

きわめて視覚的な現代において、わたしたちは今や図で表した数字の猛攻を受けており、データに潜んでいる秘密を解くための図やグラフは強力な政治的商業的ツールとなっている。だが、優れた図やグラフが理解への近道になるように、正しくない図は完全な誤解へと繋がる。

報道関係には、政治的なメッセージを伝える際に図表を悪用することで有名なところがある。次のページの棒グラフをご覧いただきたい。これは、当時の米国大統領ジョージ・W・ブッシュによる時限減税の期間が終了した場合に起きるはずの悲惨な結果を説明するために使われたグラフだ。二本の棒には一見すさまじい差があるが、それは、垂直軸がゼロからではなく34から始まっていることに気づかなければ、の話であって、グラフの軸がゼロから始まるように書き直すと、二本の差はぐっと小さくなる。

棒グラフの古典的な悪用には、次のようなものもある。図5・4のグラフは、企業Cが企業A、Bより勝っていることを示すためのもので、この場合にデータの記録として重要なのは棒の高さだけなのだが、幅を広くすることで、企業Cの重要性がみごとに誇張されている。C社の売り上げはA社の五倍しかないのに、C社の棒をA社の棒で覆うには二十五本必要だ。

逆に、フローレンス・ナイチンゲールのローズ・ダイアグラムはある意味で、その威力を十全に発揮できていなかったともいえる。ナイチンゲールのバラでは、その面積が数字に対応していたが、花びらは全方向に広がるから、結果としては受ける印象が弱くなる。あのバラを棒で置き換えていたら、青い領域に対応する棒とほかの棒との高さの対比がいっそう際立ったはずだ。

地図を作る

地図とは、おそらく図による近道の完璧な例である。それは、対象となる土地のレプリカではない。そもそも地図は、調査した土地の縮小版であるという点が重要なのだが、いずれにしても、多くの特長を捨てざるをえない。それでも、うまく地形を引き写し、重要な特徴として採用すべきも

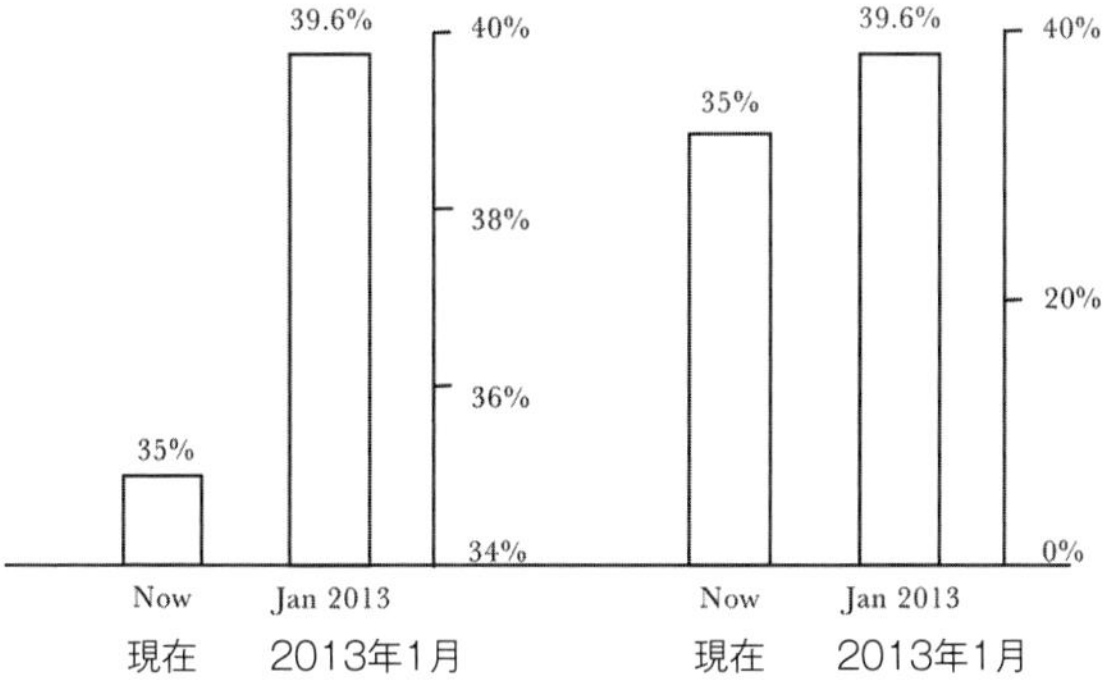

5.3　減税の効果についての二つの異なる見通し

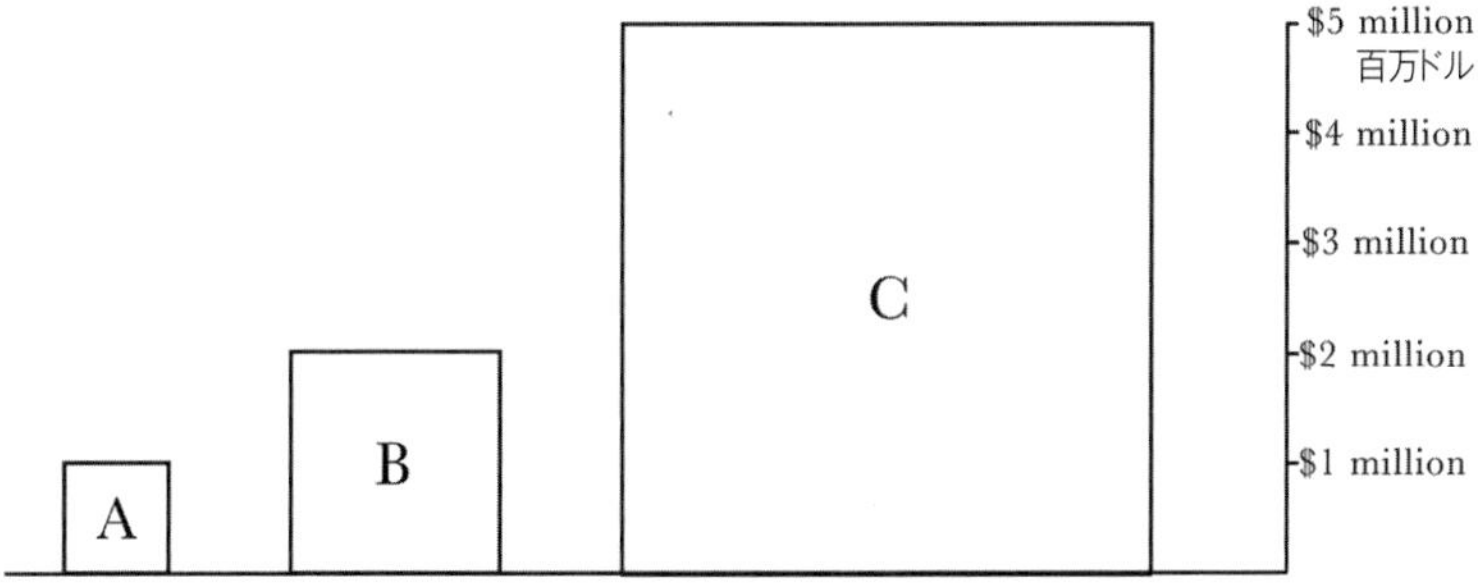

5.4　企業の売上高について誤解を招く表

のを選択して、不要な情報を捨て去れば、自分の道を見つけるのに役立つすばらしい近道が手に入る。

昔から大好きな話のひとつに、ルイス・キャロルの最後の小説、『続シルヴィーとブルーノ（*Sylvie and Bruno Concluded*）』のなかのあるエピソードがある。それは、地図を作る際に情報の取捨選択が重要だということを理解していなかった国の話で、その国の人々は、自分たちの地図が正確であることを大いに誇りにしていた。

「じつはわれわれはわが国の地図を、一マイル対一マイルのスケールで作成した」

「しょっちゅう使っているんですか」

「まだ一度も、広げたことがない。農民が反対するのだ。そんなことをしたら国中が覆われてしまって、太陽の光が届かなくなると！　そのため今では、この国そのものを地図として使っている。そして、いやまったくほんとうに、それでもほぼ同じようにやっていけるんだ」

キャロルがいたずらっぽく指摘したように、地図を作るには、省くものを選ぶ必要がある。

人間が作ったもっとも古い地図のいくつかは、地上ではなく天空の地図だった。たとえばフランス南西部のラスコーの洞窟には、一年の周期の始まりの印として使われることの多かったプレアデス星団（和名すばる）を写し取った図がある。また、最古の地上の地図としては、たとえば紀元前二五〇〇年ごろにバビロニアの書記が作った粘土板がある。その地図には、二つの丘に挟まれた一本の川が描かれている。丘は半円で表され、川は線で、都市は丸で表されており、地図を向けるべき方角も指定されている。

また、紀元前六〇〇〇年頃のものとされる世界初の全世界の地図も、バビロニアの人々が作ったとされている。地図といっても地勢を写し取ったものではなく、かなり象徴的な図である。そこには水に囲まれた丸い土地が描かれていて、それがバビロニアの人々の目に映る地勢だった。

だが、地球が平らではなく球であるとわかると、球の表面の二次元地図を作ることが、地図制作者たちにとっての興味深い挑戦課題となった。一般には、その賢い解を見つけたのは一六世紀オランダの地図制作者ゲラルドゥス・メルカトルだったとされている。

当時は地球を船で探検していたから、メルカトルにすれば、船乗りが地球上のある地点から別の地点に到達するのに役立つ地図を作ることが、もっとも重要な目標だった。航海に必須の道具といえばコンパスで、コンパスを使って船の方向を一定に保っておけば自然にB地点に到達する、そのような方向がわかれば、それがそのままA地点からB地点に達するもっとも簡単な方法になるはずだった。

じつはこの線は南北に走る経線に対して一定の角度をなしており、航程線とか等角航路と呼ばれるこの線を地球上に引き写すと、北極に向かう螺旋になっている。

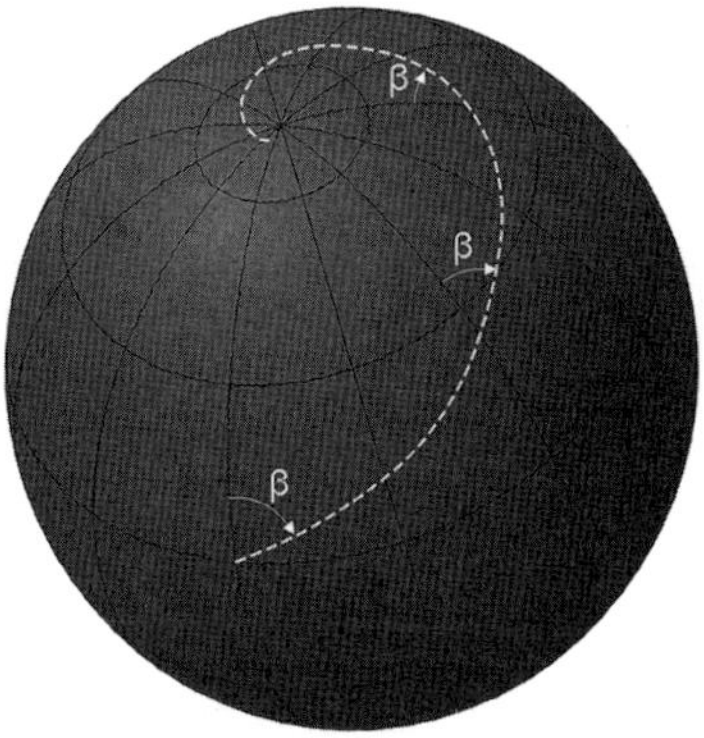

5.5　等角航路は、経度に対して一定の角度を保つ

等角航路は、A地点からB地点までの最短経路ではないが、とにかく航路を逸れたくないのであれば、圧倒的に優れた経路になる。

メルカトルの地図には、これらの曲線が直線で表されるという優れた性質がある。A地点からB地点までの航路を定めるための正確な角度を知りたければ、メルカトルの地図を使って二点を結ぶ直線を引き、その線が南北に走る経線と成す角度を測ればよい。それがそのまま、大海原を進む際に維持すべき角度になる。

この球の長方形への投影は、等角写像《コンフォーマル・マッピング》と呼ばれている。なぜなら角度が保存されるからで、実際には、次のようにすれば得られる。今、地球が表面にインクがべったりついた風船だったとして、この地球と赤道で接するように、周囲を円筒で包む。そして地球を膨らませていくと、表面は次第に円筒とくっついて、風船が膨らむにつれてインクが表面の地図を描き出す。

そこで円筒を外すと、ほら、地図のできあがり！　このやり方では極を写すことができないから、極のすぐそばの緯線が地図の上下の端になる。さらにこの地図では、赤道から南北に進むにつれて緯線が引き延ばされる。海の男たちにすればこの地図は夢のような道具であって、メルカトルの狙いがそこにあったことは、本人がこの地図を称して、「新しい、より完全な地球の肖像、航海で使うのにうってつけ」と述べていることからも明らかだ。

この地図では、地球上の線がなす角度は保たれるが、地理的な距離や面積は保たれない。そしてこの事実は、政治に大きな影響を及ぼしてきた。地図はたいへん便利なものなので、何百年もの間に、これこそが地球の姿だ、と認められるようになっていったのだ。けれどもこの地図は、赤道から遠いオランダやイギリスといった国を実際よりはるかに重要に見せている。たとえば赤道に円を描き、さらにグリーンランドに同じ大きさの円を描いておいて、それらをメルカトルの射影で地図に写すと、二つ目の円の大きさは十倍になる。実際この地図では、アフリカがグリーンランドと同じくらいの大きさに見えているが、ほんとうはグリーンランドの十四倍もある。

メルカトルの地図は植民地独立後の政治に巻き込まれ、ユネスコはこれに代わるものとして、ゴール・ペータース世界地図を採用することにした。この地図は、イギリスの学校では広く使われているが、アメリカ合衆国では、ごく最近の二〇一七年になってボストンの学校で使われる地図に採用されたものの、この決定に追随した学区は少なかった。合衆国市民の目から見た世界における自国の地位からいって、その地図上の合衆国の大きさが縮むのはいかがなものか、と考える人が多かったのだ。

実のところ、地図を作る際には必ず何か妥協が必要になる。ガウスがこの事実を発見したのは、さまざまな幾何学の曲率の性質を調べていたときのことだった。本人が「驚異の定理（*Theorema Egregium*）」と呼んだ事実を発見する際に、球を平らな地図でくるむとどうしても距離がゆがむことを証明したのだ。地球の地図を作るには、いずれにしても何らかの犠牲が必要で、ゴール・ペータース世界地図の場合は、面積は正確だが国の形が歪む。この地図のアフリカは縦の長さが横の長さの二倍もあるように見えるが、実はそれほど縦長ではない。

もちろん、従来ほとんどの地図は北半球を上に、南半球を下にしてきたわけだが、球は対称だから、地図を逆さにしてはいけないという理由はない。この場合も、北を上にするという選択には、北半球の住人が地図を作ってきたという事実が反映されているにすぎない。

オーストラリアに住むスチュアート・マッカーサーは、地図を巡るこの北半球偏重に抗おうと、南半球を上にした地図を作った。その地図を初めて見た人は、きっとショックを受けるはずだ。とにかく、正しい地図には見えない。でもそれは、わたしたちがメルカトル版の地球に慣れきっているからでしかない。

地図の場合はなんといっても、みなさんが何をしたいかが重要だ。この地図は航海の近道になるのか、それとも土地の大きさを知るための近道なのか。ほとんどの地図が、何らかの地理的な特徴を保とうとする。たとえば、地図の上での距離が、地球上での距離に対応するとか、線が成す角度が同じだとか。しかし時には、これらすべての性質を放りだして、A地点からB地点に到達するうえでもっとも重要な性質だけを保ったものが良い地図になる場合がある。

わたしが日々の生活でも使っている大好きな地図の一つに、ロンドンの地下鉄路線図がある。町中を移動する方法を知りたいときに、駅などの位置や地下鉄のルートを地理的に正確に表した即物的な地図はあまり役に立たない。これに対して一九三三年にハリー・ベックが発表した図式的な路線図では、物理的な大きさは無視されて、ネットワークの繋がり具合だけが抽出されている。当初、地下鉄を運営している会社はこの地図を斬新すぎるといって却下した。やっかいなことに、当時会社の収入は減っていた。なぜかというと、ロンドン子たちが地下鉄を使わなかったからだ。そこでその理由を探ってみると、地下鉄網をうまく使いこなせていないことがわかった。会社が作った路線図では、ロンドンの地理をそっくり引き写そうとしたために、地下鉄全体が絡まり合った線の塊になっていて、ひじょうに読み取りにくかった。

何が問題なのかを理解したベックは、地理的な正確さを捨てるしかない、と腹をくくった。そして、絡まっている線を押したり引いたりしてまっすぐに伸ばし、きれいな角度で交わるようにしたうえで、駅と駅を引き離した。ひょっとすると、ベックに電子工学の素養があったのが幸いしたのかもしれない。なぜならその地図は、路線図というよりも電気回路基板のレイアウトに近かったから。

乗客が鉄道網をうまく使いこなせるような優れた地図が必要だということに気づいた運営会社は、結局ベックの提案を受け入れることにした。七五万枚の路線図が印刷されて、乗客に配られた。やがてこの地図は国際的なアイコンとなり、それに触発された芸術作品も生まれた。たとえば現在ロンドンのテート・モダンにぶら下がっているサイモン・パターソンの作品は、この地図と瓜二つで、駅の名前がエンジニアや哲学者や探検家や惑星やジャーナリストやサッカー選手、音楽家、映画俳優、聖人、イタリアの芸術家、中国学者、コメディアン、(フランスの王様の)「ルイ」で置き換えられている。さらにはハリー・ポッターの著者J・K・ローリングまでが、ダンブルドア校長の左膝にこの地図の形の傷を残しているが、これは、自身が地下鉄に乗っているときにハリー・ポッターシリーズの最良のアイデアを思いついたことを認める印だという。

ロンドンの地下鉄路線図の強みは、地理的であることをあきらめて、A地点からB地点に行くうえでもっと重要な性質に焦点を絞ったところにある。あの地図のコベントガーデンとレスタースクエアをつなぐ線がキングスクロスとカレドニアンロードをつなぐ線と同じ長さだからといって、この二つの距離が同じなわけではない。通勤客にすれば、これらの場所が地下鉄で接続されているという知識のほうが、駅同士の距離に関する知識よりはるかに重要だ。

これは、一九世紀半ばに導入された新たな世界の見方の一例で、その見方によると、図形が同一かどうかを判断する際には、対象物の間の正確な距離はどうでもよく、それらがどのように繋がっているかが重要である場合が多い。表面の性質は物理的な形の影響をあまり受けず、むしろその上の点同士の繋がり具合が重要になる。最初にこの着想を抱いた人のなかに、ガウスがいた。ガウスは結局この着想を公にしなかったが、これらの着想に触発されたヨハン・ベネディクト・リスティングは、一八四七年にこのような世界の見方を「トポロジー」という名前で記述した。この先の第九章では、トポロジー的な地図が、ロンドンの地下鉄だけでなくネットワークを巡る経路を見つけるうえでもいかに便利な近道になるかを見ていくつもりだ。

そうはいっても図には、ロンドンの場所の間の物理的な繋がりを示す以外にも使い道がある。実際、地下鉄の駅の代わりに頭のなかの着想を結んだ地図も、ひじょうに効果的に使われてきた。それらの地図はマインドマップと呼ばれ、検討できそうな着想の間の興味深い繋がりをあぶり出すのに使われる。マインドマップは長年、試験に向けて知識を詰め込もうとする学生たちの主立った備品になってきた。なぜならこれらのマップを使うと、言葉では扱いにくそうな主題に関する統一感のある物語を作ることができるからだ。これらの地図はある意味で、エド・クックのメモリー・パレスを活用している。マインドマップを使うことで、着想のごった煮をノートの上で繰り広げられる物理的な旅に変えるのだ。

これらの図にはじつに長い歴史があって、ニュートンのノートに残っている落書きも、一種のマインドマップといえる。ニュートンはケンブリッジの学部生時代に、このようなマップを使って、さまざまな哲学的問題の繋がりに関する考えを明らかにしようとした。この場合に重要なのは、これらのマップによって教科書が示しているような直線的な概念の繋がりが打ち壊されて、わたしたちが頭のなかで概念を処理するときのような多次元的な繋げ方を真似られる可能性が出てくる、という点だ。

大きい物や小さい物を写す

レオナルド・ダ・ヴィンチがはっきり述べているように、書き言葉では永遠に捉えきれないものも、視覚の世界でなら記述できる。たった一枚の画像で、複雑な言葉や式の裏に潜む単純なパターンを伝えることができるのだ。図表には、わたしたちがこの目で見ているものが物理的に表現されているだけでなく、新たな世界の見方を結晶させる力がある。それには、往々にして情報を放りだして本質的なものに焦点を絞る必要が出てくる。ちょうど、ルイス・キャロルが語っているあの縮尺のない滑稽な地図からもわかるように。かと思えば、視覚的言語を用いて科学的な概念を書き換え、新たな地図を提供する場合もある。そしてその地図では、幾何の数学が作業を引き継いで、わたしたちが目の前の科学と向き合うのを助けてくれる。

ポーランドの数学者にして天文学者でもあったニコラウス・コペルニクスは間違いなく、優れた図の威力を知っていた。一五四三年のコペルニクスの死の直前に発表された大部な傑作『天球の回転について（*De revolutionibus orbium coelestium*）』では、四〇五ページにわたって、言葉と式の限りを尽くしてその太陽中心説が展開されている。しかしこの新たな革命的着想——太陽系の真ん中にあるのは地球ではなく太陽であるという考え——をみごとに捉えていたのは、著作の冒頭に置かれた一枚の図だった。

この図には、最良の図に不可欠ないくつかの要素がみごとに要約されている。図の同心円は、惑星の軌道を正確に記述しているわけではない。コペルニクスは、惑星の軌道が円でないことを知っていた。円と円との距離が均等に描かれているからといって、惑星から太陽までの距離や惑星間の距離が同じなわけではない。この図はむしろ、わたしたちは物事の中心に居るわけではない、という単純だがショッキングな考えを伝えている。宇宙での自分たちの位置を巡るわたしたちの見方は、この図によって一変した。

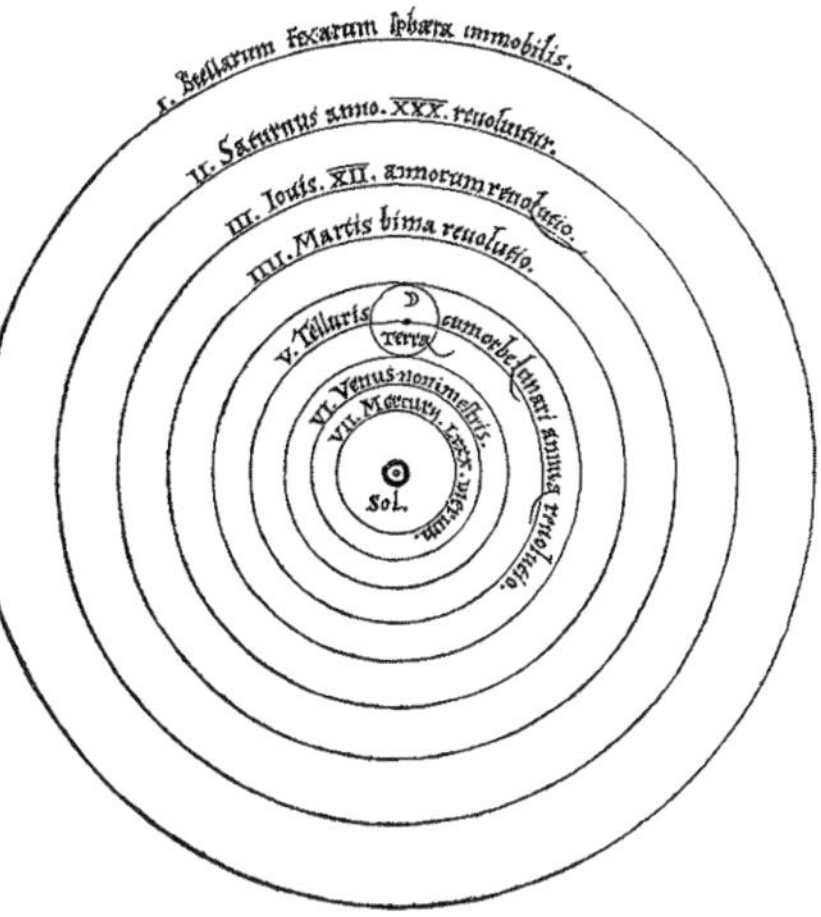

5.6　コペルニクスによる太陽を中心とする太陽系の図

今日宇宙論の学者たちは、図を使って一三八億年にわたる宇宙全体の歴史を表現し、巨大なブラックホールの活動を捉え、さらには複雑な四次元時空間を調べている。巨大な宇宙への近道を提供する図の力、その力なくしては、一見手に負えない巨大なものの中での自分たちの居場所を思い描くことができないのだろう。

だがその一方で、図はきわめて小さなものを観察するための拡大鏡としても機能する。化学実験室を訪ねてみると、ホワイトボードに文字を一重ないし二重、ときには三重の線で結んだものが描かれているのを目にするが、これらの線は文字で表された原子の間の繋がりを表している。つまりこれは、原子がどう集まって分子の世界を構成しているのかを教えてくれる図な

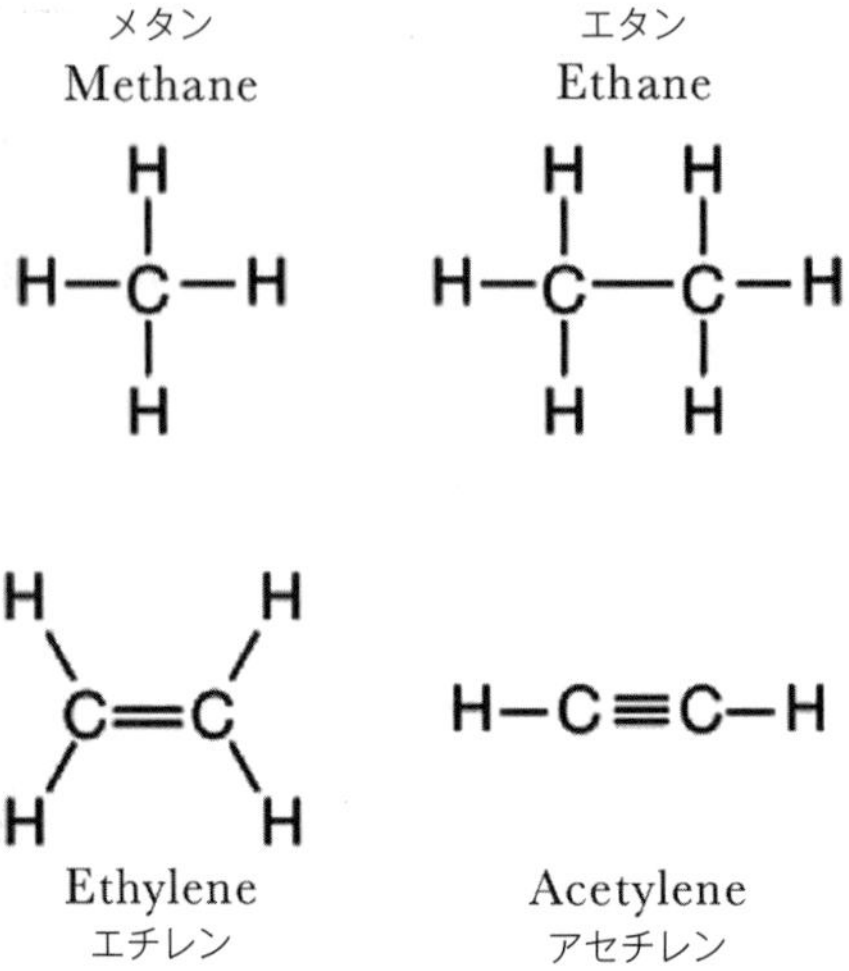

5.7　分子図

のだ。

メタンを表す図を見ると、真ん中のCから四本の線が出ていて、その先にHがついており、全体はCH_4という分子を表している。つまりメタン分子は、炭素原子一つと水素原子四つからできているのだ。無色の可燃性ガスであるエチレンC_2H_4はこれとは少し構造が違い、二つのCが二重線で繋がっていて、そこに四つのHがくっついている。これらの図を使うと、分子がどのように反応し、変化するのかがわかる。実際、二重線がある分子は反応しやすい場合が多い。化学の世界の人々は、これらの図を操作することにすっかり慣れっこで、これらが顕微鏡でも捉えにくい極小規模での驚くべき反応への近道であることを容易に忘れてしまう。だが同時に、これらの図から分子の世界に潜む新たな構造が見つかる場合もある。

メタン分子の図からもわかるように、炭素は四本の線を出したがる。一方水素は、線を一本しか出さない。このため、マイケル・ファラデーが一八二五年にはじめてベンゼン分子を抽出して、その分子が六つの炭素原子と六つの水素原子で構成されていることが判明したことは、じつに不可解だった。その構造を図で表そうにも、これだけの原子ではうまく図を描けそうにない。四本の腕を伸ばす貪欲な炭素原子が六個もあるというのに、腕が一本しかない水素原子六個だけでそれをカバーするなんてできるはずがないと思われた。結局この謎を解いたのは、ロンドンで仕事をしていたドイツ人化学者アウグスト・ケクレだった。

「よく晴れたある夏の日の夕方に、いつものように帰宅しようと最終バスに乗って、人通りも稀な町の通りを抜けていたときのことだった」とケクレは記している。「わたしはうとうとして夢を見たようで、なんと、目の前で原子が跳ね回っていた……、車掌の『次は、クラッパム・ロードです』という声で夢から目覚めたのだが、その晩少々時間を割いて、せめてあの夢に現れた形のあらましだけでも書き留めておくことにした」

それにしても、ベンゼンの構造を捉えるのは容易でなかった。何日も夜更かししては、それらの図の意味を汲み取ろうとした。そしてある晩、ついにもう一つの夢によってその謎が明かされた。

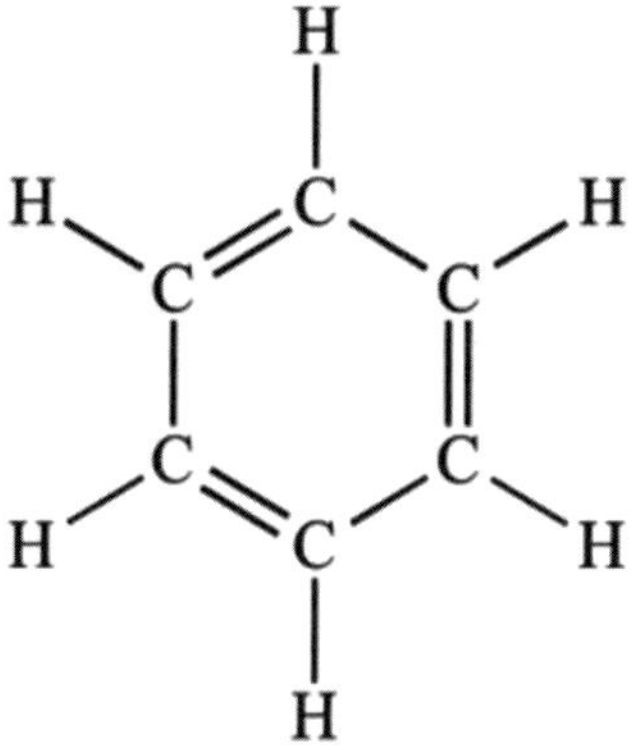

5.8　ベンゼンの環状構造

「わたしは暖炉の前の椅子に座ってまどろんでいた。またしても、原子が目の前で飛び跳ねている……長い列が、時にはすべて組み合わさって、対になったり捩れたりしながら、蛇のように動いている。でも、ほら！　一体あれは何だろう。一匹の蛇が、自分の尻尾に食いついている。そしてわたしをあざけるように、目の前で渦の形になっていった。わたしは稲妻に打たれたかのように、目を覚ました」

ついにケクレは理解した。炭素の腕を使い切るには、原子を輪にする必要がある。炭素同士が握手して、残った一本の腕だけで水素原子と握手する。ベンゼン環が発見され、さらにそれ以外の分子でもそれに似た環状構造が発見されたことから、化学の新たな分野が展開することになった。

このような環状構造を持つ分子の多くは、芳香を持っている。たとえば、ベンゼン環の水素原子のなかの一つを酸素原子と水素原子一個を引き連れた炭素原子で置き換えると、できあがった分子はアーモンドの匂いがし（アーモンドの香り成分であるベンズアルデヒド）、一方水素原子一つを、炭素原子三つと酸素原子一つと水素原子三つから成るほんの少し長い鎖のような分子に取り換えると、今度はシナモンの匂いがする（シナモンの香り成分であるシンナムアルデヒド）。

これらの分子はかなり単純なので、構造を二次元の図で表すことができる。ところがもっと複雑な、たとえばミオグロビン（ヘム鉄を一つ含むタンパク質で酸素を蓄える働きを持つ）のような分子になると、図で表すのがはるかに難しくなる。生化学者のジョン・ケンドリューは、二次元Ｘ線を何度も用いることによって、このタンパク質の結晶構造の全貌をみごと捉え、その功績によって一九六二年にノーベル賞を受賞した。これは、途方もない偉業といえる。なぜならこの分子は二六〇〇個以上の原子からなっているのだから。（それでも、タンパク質の分子としてはかなり小さい）。ケンドリューは、一九五七年にはすでにこのタンパク質の構造の図解に成功していたが、この発見の本質を捉えるには熟練のデッサン画家の助けを借りる必要があると判断して、建築家としての訓練を受けた画家、アーヴィング・ガイスに声をかけた。ガイスはケンドリューの論文やモデルを六ヶ月間じっくりと検討して、一枚の水彩画を完成させた。そのすばらしい絵は「サイエンティフィック・アメリカン」誌の一九六一年六月号に掲載され、一躍ガイスを有名にした。とはいえあまりに複雑で、その分子の性質を調べるための真の意味での近道にはならなかった。

分子の図解を巡る究極の難問、それはＤＮＡを巡るものだった。すでに強調したように、往々にして情報をそぎ落とすことが、優れた図の秘訣になる。フランシス・クリックとジェームズ・ワトソンは、「ネイチャー」誌に投稿予定のＤＮＡの二重らせん構造を説明する論文をまとめるにあたって、ＤＮＡ分子を完全に記述するとんでもなく複雑な図を描くこともできた。だがこの発見の肝となるのはDNAを形成する二つの構成部分であって、この分子がいかにしてわたしたちの遺伝子を次の世代に伝えているのかをうまく説明することが重要だった。二人がケンブリッジの行きつけのパブでDNAの謎の解明に成功したことを発表した、というのは有名な話だが、家に飛んで帰ったクリックが、ついに生命の謎を解明したというと、妻のオディールはかなり素っ気ない反応を示したという。「彼はいつだって、帰って来るなりその類いのことをいっていましたから」

面白いことに、このニュースが世界中の注目を集めることになったのは、主として、訓練を受けたプロの画家であるオディールのおかげだった。なぜなら「ネイチャー」誌への投稿論文に、オディールの描いた図が含まれていたからだ。クリックは、こんな感じの図があるといいんだがなあ、といって妻に一枚のスケッチを手渡していたが、自身には、自分たちの発見に含まれる重要なメッセージを明確にできる画才がなかった。オディールは一九三〇年代にウィーンで絵を学び、さらにロンドンのセントラル・セント・マーチンズ美術大学およびロイヤル・カレッジ・オブ・アートでも学んでいた。時には夫の肖像を描いたが、作品のほとんどは裸婦像で、実のところ、分子の構造図はオディールの好みではなかった。

それでも、フランシス・クリックがかなり雑然としたスケッチを見せながら自分たちの発見について説明すると、オディールは要点をつかんで、夫が語るぼんやりとした印象を忘れられないイメージに変えてみせた。描いた本人もその威力に気づいていなかったのだろうが、この二重らせんはやがてDNAや生物学だけでなく、科学における発見のシンボルとなった。

二重らせんは、すぐに画家たちの興味を引いた。サルヴァドール・ダリはこの二重らせんを、さっさと自身の手持ちの科学的比喩に取り入れることにした。当時のダリは本人曰く「核神秘主義」の時代にあって、DNAを使うことで、ダリの絵の驚くべき保守的かつ宗教的な側面が明らかになった。

そうはいってもわたしにいわせれば、図の使い方としてだんぜん優れているのは、ファインマン・ダイアグラムだ。図を使うことで、顕微鏡でも捉えられないものが見えるだけでなく、途方もなく複雑な計算をすっ飛ばせるのだから。

化学者の研究室の黒板がCやHやOを線で結んだもので覆われているのに対して、物理学者の研究室の黒板には、化学者が扱う原子を構成している素粒子の相互作用を表す図が描かれていたりする。それらは動的な図で、時間とともに生じる出来事の進展を表している。たとえば、一つの電子が一つの電子と相互作用するとどうなるか。

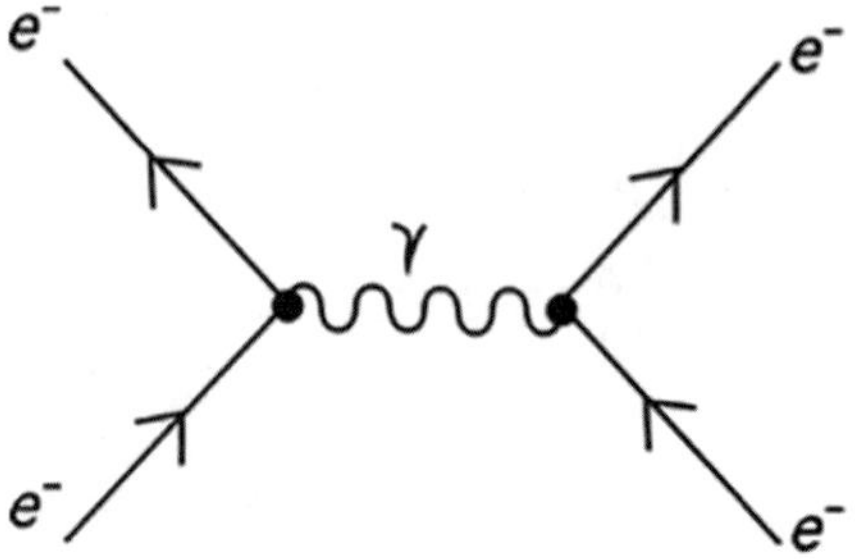

5.9　電子同士の相互作用を表したファインマン・ダイアグラム

物理学者のリチャード・ファインマンがこれらの図を考案したのは、素粒子を理解するために必要なひどく複雑な計算の経過を追うためだった。そして一九四八年春に、ペンシルバニア州の片田舎にあるポコノマナー・インで開かれた理論物理学者の会合で、このような図による近道を発見したことを発表した。

光と物体がどのように相互作用するかを説明する量子電磁力学理論、すなわちQEDについて議論するためのその非公開の会合では、すでにハーバードの若き神童ジュリアン・シュウィンガーが一日がかりで、自分が考案したQEDへの複雑な数学的アプローチを説明していた。何回かのコーヒー休憩とランチが挟まりはしたものの、丸一日マラソンのような講演が続いて、講演が終わる頃には聴衆の頭はすっかりへろへろになっていた。それもあってか、その日の終わりにファインマンが立ち上がって、自分のアプローチを説明しながら黒板に図を描き始めると、はじめのうち、居合わせた人々はぽかんとしていた。その図がどんなふうに計算の役に立つのか、まるでわからなかったのだ。実際、講演を最後まで聴いていたポール・ディラックやニールス・ボーアといった大御所たちは、ファインマンの図にすっかり面食らった。そして、このアメリカの若者はようするに量子力学を理解していないのだ、と結論した。

ファインマンはすっかり落ち込み、憂鬱な気持ちでその会場を後にした。ところがその図は結局、物理界の別の大御所フリーマン・ダイソンによって救出されることとなった。ダイソンは、シュウィンガーが行ってみせた複雑な数学的計算とそれらの図がじつは同等であることを理解した。そしてダイソンが自ら講演でこのことを説明すると、ようやく物理界もこれらの図を真剣に受け止めはじめた。さらにダイソンがまとめた論文は、これらの図を描くための、さらにはそれらの図を関連する数学的表現に翻訳するための、段階を追った指示を含む手引き書となった。

ファインマンが考案したこれらの図は、今や素粒子同士が相互作用したときに何が起こるかを探ろうとする理論物理学者すべての最初の立ち寄り先になっている。これらは、物理宇宙の基礎の基礎で生じている作用と反作用への図によるすばらしい近道なのだ。未だかつて単体のクォークを捉えることに成功した実験はひとつもないが、それでもこれらの図を黒板に描くことで、そのような素粒子が環境と相互作用してどう展開するのかを探る方法が手に入る。

オクスフォードのわたしの同僚、ロジャー・ペンローズは、基礎物理学のもっとも複雑ないくつかの概念へと向かうこれと似た強力な視覚的近道を開発してきた。一九六七年にペンローズが提案したツイスター空間の理論では、ひじょうに小さいものの物理学である量子物理学と一般にひじょうに大きな物の物理学である重力の統一が試みられている。これはきわめて数学的な理論なのだが、ペンローズにとって、複雑な数学に取り組む最良の方法は図を描くことだった。幸いペンローズ自身は熟練の画家で、オランダの視覚芸術家M・C・エッシャーとも興味深い交流があった。ペンローズの画家としての技量のおかげもあったのだろう、彼は、自分の理論の複雑な数学をうまく処理する図という最良の近道を描くことに成功した。

ペンローズの着想は、六〇年代後半にはすでに導入されていたのだが、最近主流になった。それというのも新しい業績によって、その理論が今流行りの考察と結びついたからだ。この新たなアプローチから生まれた図の一つに、散乱多面体がある。これは、クォークを強い力でくっつけている素粒子、すなわち八種類のグルーオンの相互作用の物理学を理解するためのすばらしい近道で、散乱多面体を用いた計算と同じことを別のやり方で行おうとすると、かのファインマン・ダイアグラムを使ったとしても約五〇〇ページにわたって代数的な推論をする必要がある。

「いやまあ、もう信じられないくらい効率がいいんだ」と、ハーバード大学の理論物理学者で、この新たなアイデアを展開している研究者の一人ジェイコブ・ボージェリーは語る。「これまでコンピュータを使っても実行不可能だった計算が、紙と鉛筆で簡単にできるんだから」

ベン図

みなさんは、この章の冒頭で出されたなぞなぞの図に見覚えがおありかもしれない。ベン図と呼ばれるこれらの図は、情報を組織化するための効率的な視覚的方法だ。それぞれの円は概念を表し、円同士が交わってできる領域や交わっていない領域は、それらの概念同士がどう関係するか、その論理的な可能性を表す。たとえばある数が（a）素数、（b）フィボナッチ数、（c）偶数であるという概念の場合。1から21までの数を、その数が満たすカテゴリーに応じて、図の領域に分配していくことができる。

ベン図は、図によってさまざまな可能性を表す賢いやり方で、たとえばこの場合は、2だけが偶数でありながら素数でもあることがわかる。（数学者は、2が奇妙《オッド》な素数だというのは笑える、と思っている。なぜなら2が唯一の奇数《オッド》でない素数だから）さらに、偶数で素数なのにフィボナッチ数ではない数は、じつは存在しない。

これらは、イギリスの数学者ジョン・ベンにちなんでベン図と呼ばれている。ベンは一八八〇年に「命題と推論の図を用いた機械的な表現について」という論文で、これらの図を紹介した。同時代にジョージ・ブールが展開していた論理言語の扱いを楽にする、というのがその狙いだった。ベンは、図だけでなく機械装置を作ることも得意で、クリケット選手がバッティングを練習するための投球装置を作っていた。あるときオーストラリアのクリケット・チームがベンの所属するケンブリッジ大学を訪れ、その装置を試したいと申し出た。ところが自分たちのキャプテンが連続して四回アウトになるのを見て、チームはかなりのショックをうけたという。だがベンにすれば、ベン図のほうが息の長い重要な発明だった。

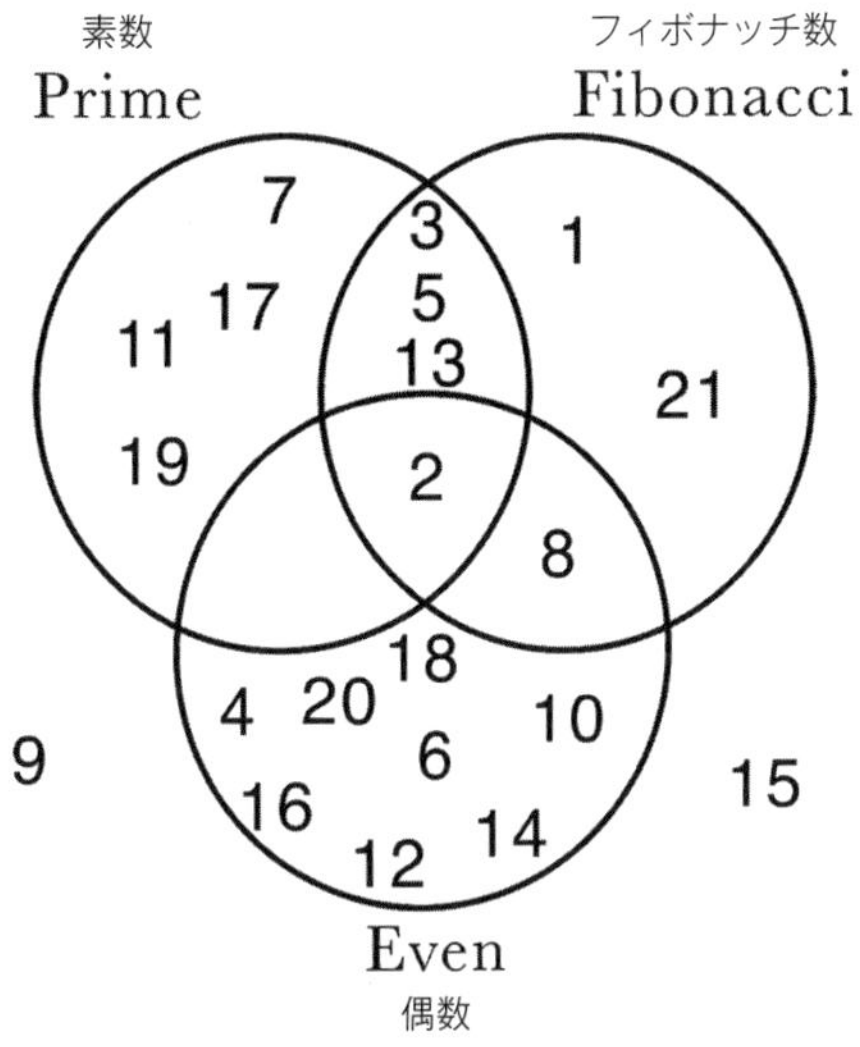

5.10　素数、フィボナッチ数、偶数のベン図

「わたしはすぐに、自分が講義で取り上げるべきテーマと本を巡るもっと着実な作業を始めることにした」とベンは記している。「今初めて、図式を用いて命題を表す方法を思いついた。円の内側や外側を使えばよい。もちろんそのようなやり方は、当時も決して新しいものではなかったが、命題を視覚化しよう

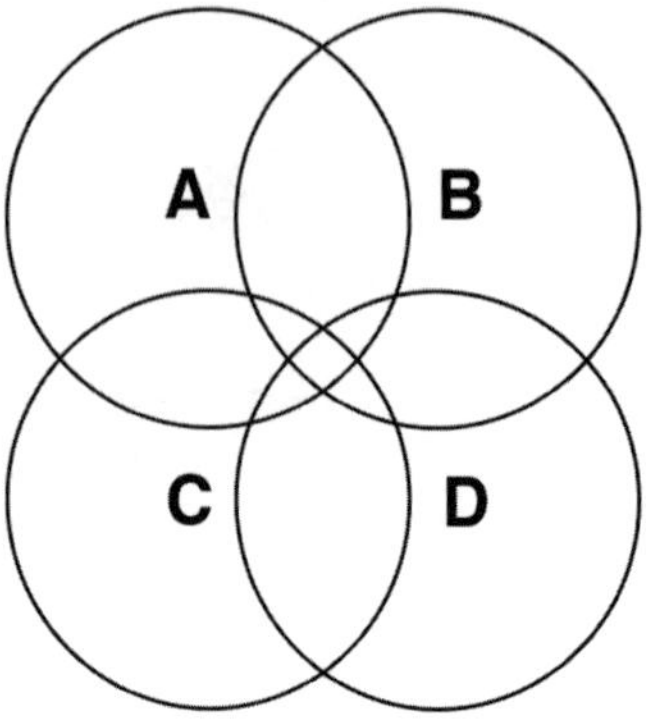

5.11　この図は、4つの集合のベン図になっていない

とする際の手法としては明らかに典型的で、数学的な側面からそのテーマにアプローチする人なら誰でも思いつきそうだったので、すぐにも取りかかる必要があった」

　ベン自身が述べているように、論理的な可能性を図で表すという着想は決して新しくなかった。実際に、一三世紀の哲学者ラモン・リュイがこれと似たものを考案していたという証拠がある。リュイはこのような図を使って、さまざまな宗教的、哲学的属性の関係を理解しようとした。それらの図は、理性と推論を駆使した討論でキリスト教の信仰がムスリムに勝利するための道具になるはずだった。

　だが、後の世に残ったのはリュイではなくベンの名前だった。みなさんがもっともよく目にするのは、異なる三つのカテゴリーに関する図だろう。なぜかというと、あらゆる可能性を表す図としては、もっとも簡単に見えるから。カテゴリーの数が四つになると、論理的な可能性をすべてカバーする形で領域を交わらせるのがひどく難しくなる。たとえば、上の図ではまだ十分といえない。事実、AおよびDには含まれているが他の二つには含まれていないものを割り当てる場所がない。みなさんは、左のような図を描く必要がある。

　七つの集合に対するベン図となると、図を描くことによって理解が促進されるとはとうていいえなくなる。

　わたしのお気に入りの本の一つに、アンドリュー・ヴァイナーの『その曲ベン図ろう（*Venn That Tune*）』があって、そこではさまざまな曲名がベン図を使って表されている。この章の冒頭の問題

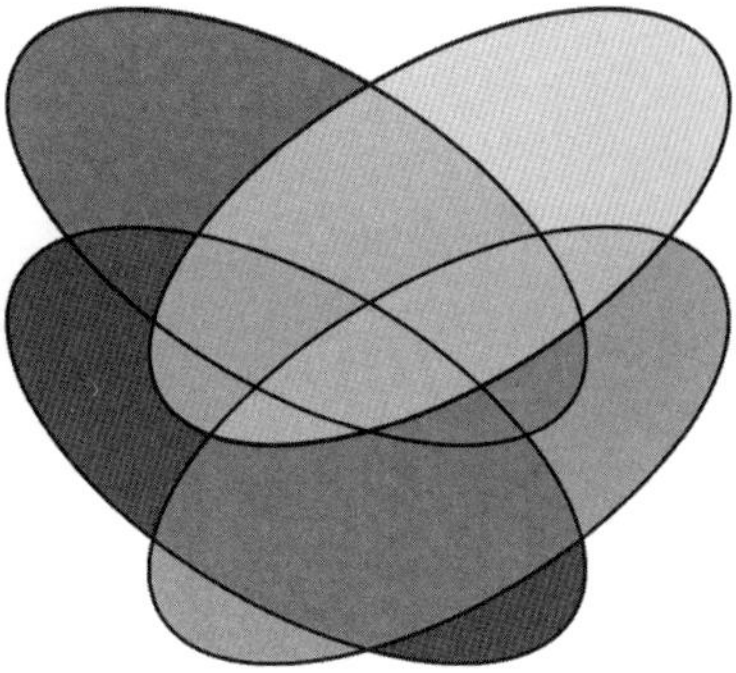

5. 12　四つの集合に対するベン図

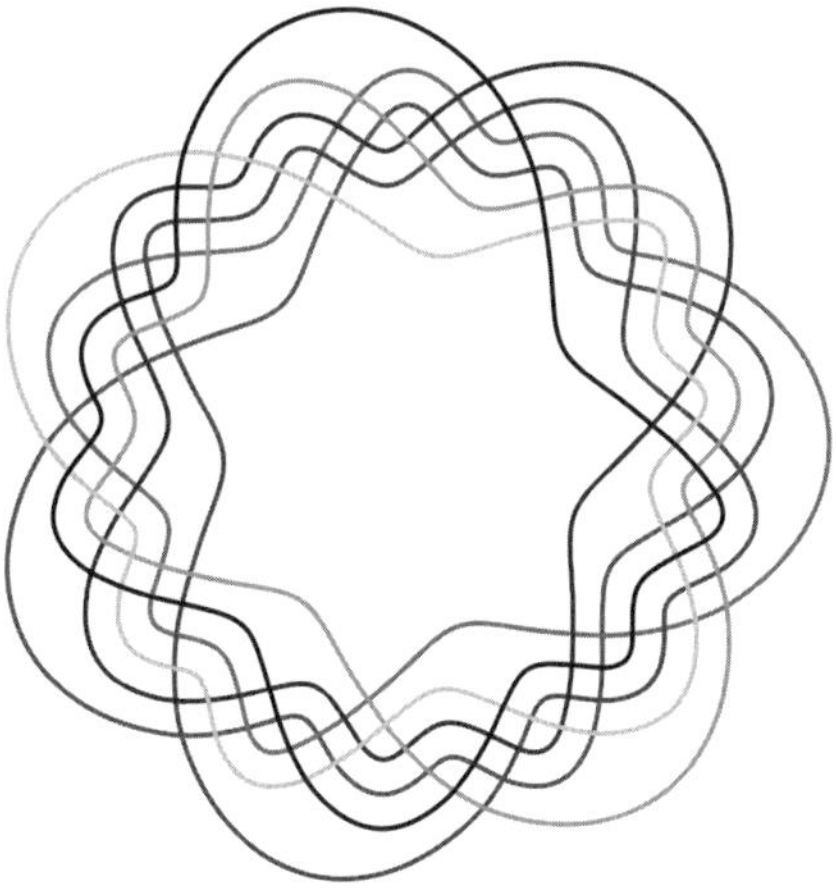

5. 13　七つの集合に対するベン図

もその一つで、あのベン図は、イギリスのフォークロック・バンド、スティーラーズ・ホイールの「スタック・イン・ザ・ミドル・ウィズ・ユー」という曲への近道になっている。

近道への近道

みなさんは、自分のメッセージやデータをどんなグラフや図にしますか。理解への近道となる表し方は、じつにさまざまだ。一年の異なる時点での事業の利益の関係を示すには、単純なグラフを。カフェの一番人気のメニューの推移を追うには、棒グラフを。さまざまな政党の意見の重なりや相違を説明するには、ベン図を。そしてひょっとすると、ロンドンの地下鉄路線図のようなネットワーク図を使うことによって、言葉による表現でははっきりしないアイデア同士の繋がりが明確になるかもしれない。

ちょっと一息

経済学

「経済学における最強のツールは、金でもなく、代数でもない。それは鉛筆だ。なぜなら鉛筆が一本あれば、世界を描き直すことができるから」これは、ケイト・ラワースの『ドーナツ経済学が世界を救う』の冒頭の言葉である。ラワースはこの本で、二〇世紀の経済の物語に挑戦する新たな図を紹介している。ドーナツの形をした、一枚の図を。

わたしがラワースの本の大ファンなのは、一つには、ドーナツ（というか、数学ではトーラスと呼ばれている形）がだんぜんお気に入りの形だからだ。食べると美味しいだけではなく、この図形を巡る数学はじつに魅惑的だ。フェルマーの最終定理の証明の核にはこの図形の算術の理解があって、あり得る宇宙の形を理解するには、この図形のトポロジーが欠かせない。ところがラワースの本を読むと、経済学における革命でもこの形が鍵になっていることがわかった。だからわたしはぜひ本人に、経済を考えるうえでの近道となるこの革新的な図の由来を尋ねてみたいと思った。

どの経済学の本を開いても、講演を聞いても、ビデオを見ても、繰り返し判で押したようにまったく同じ二つの図を目にすることになる。一つは常に右肩上がりで倍々に伸びる成長のグラフで、際限のない生産という未来を約束しているらしい。もう一つは二つの直線ないし曲線が交わってXの形になっているグラフで、これは、量と価格に対する需要と供給をプロットしたものだ。需要曲線は、価格が安ければ安いほどたくさん買えることを示しており、供給曲線は、価格が上がれば上がるほど供給量が増えることを示している。これらの曲線を重ね合わせると経済的な均衡点が明らかになって、要求される量と供給される量とが釣り合う価格が判明する、ということになっている。

これらの図はじつに強力なので、やがて経済とは要するに需要と供給の問題でしかない、と考えられるようになった。しかしラワースは、このモデルに異議を申し立てたかった。需要と供給の問題だと言い切ってしまうと、グローバルな経済を理解するうえで重要な事柄――つまり環境や人権――が吹っ飛んでしまう。ジョージ・モンビオがその著書『難破船からの脱出（*Out of the Wreckage*）』で述べているように、ある物語に対抗する最善の方法は、別の物語をぶつけることだ。ラワースの哲学も、これと似ている。曰く、「ああいった古い図は、いわ

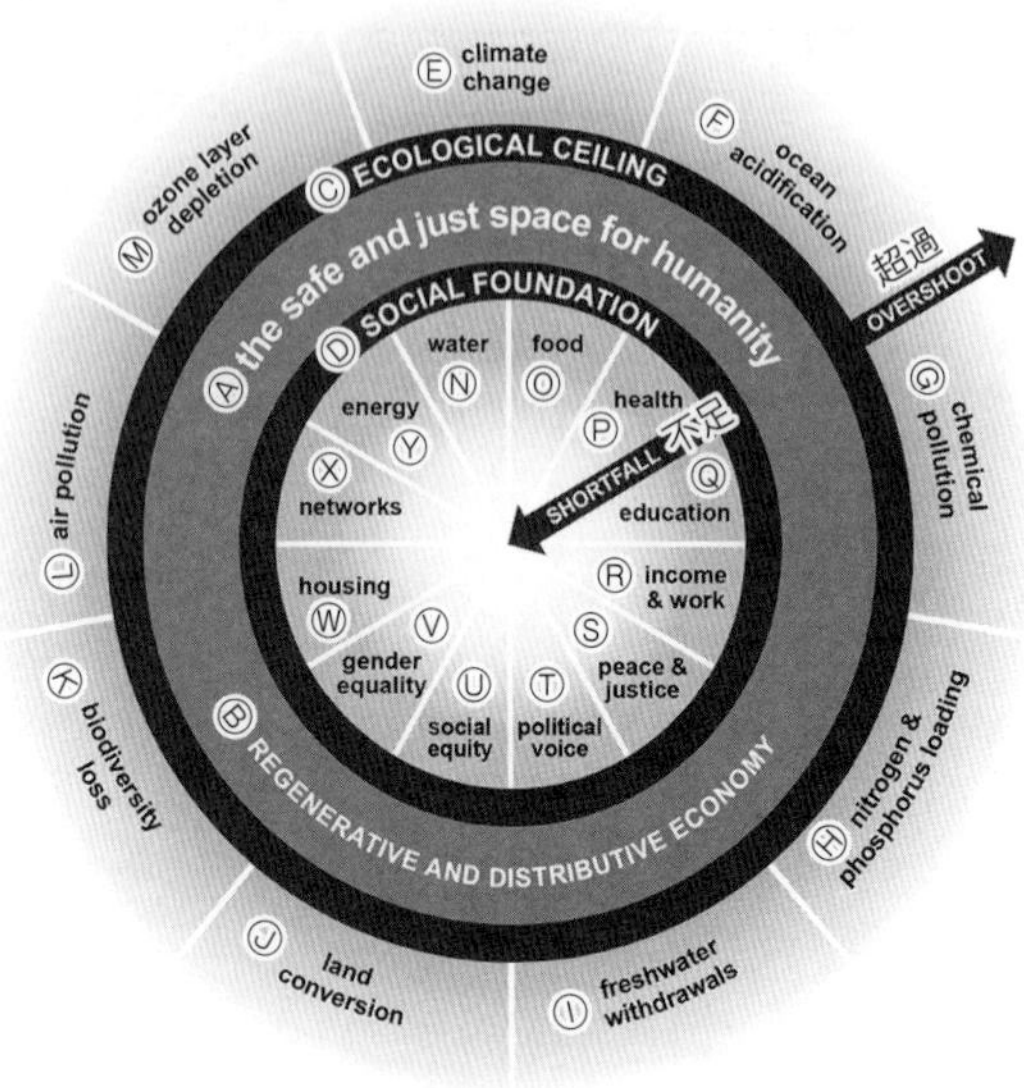

Ⓐ人類にとって安全で公正な範囲
Ⓑ環境再生的で分配的な経済

Ⓒ環境的な上限	Ⓝ水と衛生
Ⓓ社会的な土台	Ⓞ食料
	Ⓟ健康
Ⓔ気候変動	Ⓠ教育
Ⓕ海洋酸性化	Ⓡ所得と仕事
Ⓖ化学物質汚染	Ⓢ平和と正義
Ⓗ窒素及びリン酸肥料の投与	Ⓣ政治的発言力
Ⓘ取水	Ⓤ社会的平等
Ⓙ土地転換	Ⓥジェンダー間の平等
Ⓚ生命多様性の喪失	Ⓦ住居
Ⓛ大気汚染	Ⓧネットワーク
Ⓜオゾン層の減少	Ⓨエネルギー

5.14　ドーナツ経済学の図（ケイト・ラワース『ドーナツ経済学が世界を救う』より）

ば頭のなかの知的な落書きのようなもので、落書き同様消すのがきわめて難しい。何か新しいもので上書きしてしまうのが、いちばんなのです」

ラワースは昔から、複雑なものを理解するには視覚から入るのがベストだと考えてきた。

「学校時代は、教科書の余白に絵を描いていて、よく怒られたものですが、今になるとわかる。知性にはいろいろな形があって、視覚的な知性もその一つなんです。十代の頃は、ファインマンの本を読むのが大好きでした。図が一杯載っているから。たぶんそのおかげで、図も理解の一部なんだということが早くからわかっていた。他の人たちには、落書きばかりして、と言われていましたが」

ラワースは大学で経済学を学んだものの、じつはこの分野では人間の社会がどのように機能しているのかが理解されていない、と感じた。「自分が教わってきた概念を、心から恥じるようになりました」

そして裁判の陪審員を務めていた時に、世界銀行で働いているエコノミスト、ハーマン・デイリーが作った図に出くわし、その図が経済を巡るラワースの洞察の種になった。デイリーは、無制限な成長という前提に異議を唱えるために、エコノミストたちが描くグラフの外側に「環境」と名付けた円を描くべきだ、と主張していた。

「偉大な図には力があって、いったん見てしまったら、見なかったことにできない。それによって、物の見方が飛躍する、つまりパラダイムチェンジが起きるんです」とラワースはいう。

デイリーの図は、それから長い間ラワースの頭の片隅に転がっていたが、オクスファム（英国で設立され、現在は九十ヶ国以上に展開している、不正や貧困の根絶を目指す団体）で働くようになると、デイリーの着想に触発された一枚の図によってついに図版に関する真実に開眼することとなった。この二枚目の図――ラワースの経済に対する考え方を変えた図――は環境科学者ヨハン・ロックストロームによるもので、人間が安全に活動できる空間を表す九つの地球の境界が描かれていた。そこにはデイリーの外側の円だけでなく、中央から放射状に広がる大きな赤い領域があって、それらがたとえばオゾン層や水の循環や気候や海水の酸性化を表していた。やっかいなことに、それらの領域の多くが外側の円からはみ出していた。

「わたしは直感しました。ここから二一世紀の経済学が始まるんだ、と」

しかしそれは、ただのこぎれいな図ではなかった。そこにはきちんと数字の裏付けがあった。通常エコノミストたちは、すべてをドルに換算して測る。これは、とうてい比較できそうにない量を比べられるようにするための賢い近道であるはずだった。一つの数字がすべてを支配する。だがラワースは、このような一次元の観点は怪しいと考えている。これではまるで、速度や温度やエンジンの回転数やガソリンの残量に関する情報を全部まとめて一つの目盛りで表す車を運転しようとするようなもの。でも誰も、そんな車を運転しようとは思わない。

「実際には、ダッシュボードがほしいと思う。人間は、ダッシュボードをじつにじょうずに使いこなすんです。わたしたちは、複雑な系のなかで生きている。複雑さを隠したからといって、より豊かな意思決定のツールが手に入るわけではありません。それは危険な近道なのです」

だからこそ、これらの新しい図には心が躍る。これらの図で使われている尺度はドルだけではない。排出される二酸化炭素の量、使われている肥料の量、オゾンの量といった複数の尺度が使われている。それでもラワースは、これらの図にはまだ重要な要素が抜けていると感じていた。欠けていたのは、人間だった。「オクスファムの事務所では、わたしのまわりの人々が、サハラ砂漠の干ばつによる緊急事態や、インドでの医療や子どもの教育のキャンペーンに対処し、考えていました。ええ、外側に人類が地球にかけ得る圧力の限界を表す円があるのなら、内側にもわたしたちが七十年近く人権と呼んできた限界がある。一人一人が日々必要とする食べ物を得る権利、水を得る権利、最低限の住環境や、社会の一成員となるための教育を受ける権利があるはずです。外側に円があるのなら、内側にも円を描かなくては。わたしはそう考えました」

そしてラワースは、わたしの研究室のホワイトボードの前に立つと、環境を表す外側の円と人間の権利を表す内側の円、二つの円でできたドーナツを描いた。

はじめのうちはラワースも、その図を自分の胸にしまっておいた。ところが二〇一一年に開かれた地球系科学者たちの会合で九つの地球の境界について議論しているときに、誰かがオクスファムの代表として参加していたラワースのほうを向いて、「この惑星の境界という思考の枠組みには、一つ欠点がある。人間が不在なんだ」といった。

「そこの壁には大きなホワイトボードがありました。だから『ちょっと、図を描いてもかまいませんか？』といったんです」

ラワースはさっと立ち上がると、白板にドーナツの絵を描いて、人間が環境に与える影響の限界を示す外側の円が必要であるのとまったく同じように、地球上のあらゆる人間にとっての最低限の条件である、食料、水、医療、教育、住宅を表す内側の円が必要だ、と述べた。

ラワースは、「わたしたちは地球の資源を、みんなのニーズを満たすように使う必要がある。でも、地球の限界を超えるところまで使ってはならない。外側の円と内側の円の間の、中間の部分にいたいのです」といって、ドーナツを指さした。「図を描くときは、ほんとうに大慌てでした。わかったから、もう座って、といわれると思ったので。ところがそこにいた人たちはすっかり興奮して、これこそが、これまで長い間欠けていた図なんだ！ といったんです。円ではなくて、ドーナツなんだ、と」

ラワースが、オクスファムでの議論の資料にするためにその図を完成させて発表すると、すぐさま熱狂的な反応が返ってきた。「まさにあのとき、近道としての図の威力を痛感したんです。あの図にあるすべての言葉――食料、水、仕事、収入、教育、政治的な声、ジェンダーの平等、気候変動、海洋酸性化、オゾン層の破壊、生物多様性の喪失、化学汚染――を拾って一覧を作ったとしても、誰もなんとも思わない。でもそれらを関連づけて二つの同心円の間にはめ込むと、これこそがパラダイムチェンジだ！　といわれるんです」

ジョン・バージャーが一九七二年に発表した古典ともいうべき著書『イメージ――視覚とメディア』で述べているように、「言葉の前に視覚がある。子どもは口を開く前に、目で見て認識している」のだ。

ラワースにとって図は、近道であると同時に、ひとつの世界観の要約でもある。だがこれは、図の持つ危険でもある。なぜならそれは、この世界を見るみなさんの視点への近道でしかないのかもしれないから。ひょっとすると、みなさんの観点からは重要でないように見えるものが隠れていて、しかしほかの人の観点からすると、それが基本的なのかもしれない。今かりにある企業が短期的な企業利益にしか関心を持たなければ、倍々で増加するグラフを見て満足するだろう。だがみなさんが環境にも気を配るのなら、成長が気候に及ぼす影響を隠しているその近道は、誰が望む目的地にすばやく行くのか、という点できわめて差別的になる。つまりその近道をとることによって、他のグループは自分たちが目指す目標から遠ざかるのだ。

図表を作る際には本質的でないデータは放り出されるから、一歩間違うと手抜きになる。手を抜く箇所には、おそらくその人の世界観が反映される、とラワースは考えている。あるエコノミストが自分の考えを説明するために取った近道が、別のエコノミストにとっては完全に間違った道かもしれず、それによって人々が自分たちの正しいと考える方向から遠ざけられてしまうかもしれない。

「その近道によって、きわめて危険な落とし穴へと導かれるかもしれません。わたしが大好きな言葉に、数学者のジョージ・ボックスの『モデルはすべて間違っている、しかし、役に立つものもいくつかある』という言葉があります」

ラワースは『ドーナツ経済学が世界を救う』のなかで、新たな経済学の目標への近道として、ドーナツを含む七つの新しい図を紹介している。ラワースは当時のことを振り返り、山を抜けるトンネルを掘るのと同じでこれらの近道を作るのはほんとうにたいへんだった、と認めている。

だがそれは、地球と人類が進んでいる方向を考えれば、緊急に行うべき仕事だった。

「経済学を書き換えて、二一世紀に合ったツールにするには、使える近道をすべて使う必要がありますす」とラワースはいう。「なぜなら、時間がないのですから!」

第六章　微分を使った近道

次の三つの斜面を使ってボールを転がしたとき、もっとも早く終点に着くのはどの斜面ですか。A、B、C、どれがいちばんの近道になりますか。

宇宙飛行士のジョン・グレン中佐は、地球を回る軌道の三周目に入ったところで、大気圏への再突入に向けて宇宙船の準備作業に入った。時は一九六二年二月二十日、グレンは地球を周回した初のアメリカ人となったのだが、使命を成功させるには、安全に地球に帰還する必要があった。どの軌道を選ぶかがきわめて重要で、降下角度を間違えると、大気圏に突入する際に宇宙船が燃え尽きてしまう。かといって、宇宙船が大海原のまっただ中に着水すると、海軍が駆けつける前にカプセルが海底に沈んでしまう。

グレンの命は、わしわしと数字をむさぼる計算者《カルキュレータ》に委ねられていた。一九六二年当時のカルキュレータは機械ではなく、女性の集団だった。二〇一六年のハリウッド映画、「ドリーム」で不朽の名誉を与えられた、あの集団だ。あの映画でグレンは、発射台に据えられたロケットで席に着くと、打ち上げが始まる前に「あの女の子に数字をチェックさせてくれ」と管制センターに指示を出している。グレンのいう女の子とは、NASAが使っていたカルキュレータ・チームの一員であるキャサリン・ジョンソンのことだった。映画のなかでは、ジョンソンは二五秒間で数学を行い、すべてが順調であることを確認した。

実はジョンソンの計算は、打ち上げの何週間も前に行われていて、たぶん二、三日はかかっていたはずだ。それにしても、このような複雑な経路および筋書きの候補を扱うにしてはみごとな速さといえる。だがジョンソンは、ある近道を隠し持っていた。NASAをはじめとする宇宙に物体を送り込む機関は、その近道があればこそ、自分たちの宇宙船がどうなるのかを把握することができた。その名は、微分積分学。これまでに数学者たちが発明した、探査機を彗星に着陸させる近道を探すための最強のツールだ。探査機を彗星に着陸させるにしても、宇宙船に惑星のそばを通過させるにしても、微分積分学という道標がありさえすれば、宇宙船は正しい方向に向かうことができて、目的地に到達できる。

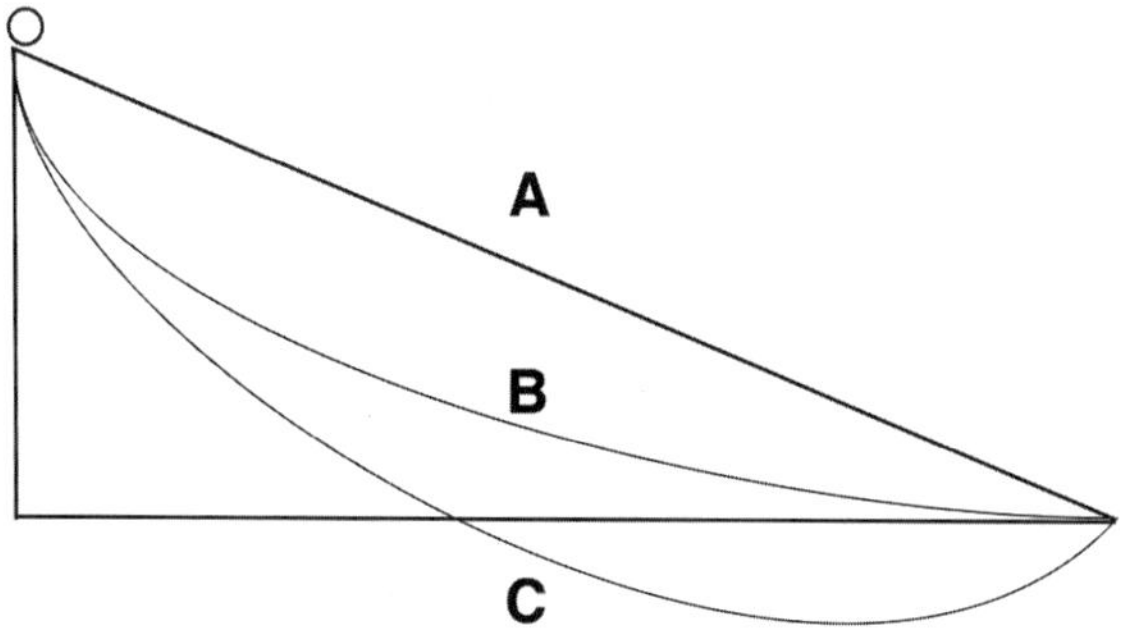

6.1　どれが、最速の降下線なのか

しかも、宇宙産業だけがこの数学的な近道の威力を活用しているわけではない。多くの企業がこの近道を活用し、製品を作り出すもっとも効率的な方法――経費を最小にして生産量を最大にする方法――を探ってきた。航空機の製造者たちはこの近道を活用して、抗力を最小にして燃料の無駄をなくす翼を作り、タンカーもこの近道を使って、荒れ狂う海でもっとも速く進める経路を見つけている。証券ブローカーは、株価が暴落する前の最高値がいつ来るのかを知るために、建築家は、周囲の環境による制約があるなかで目一杯広々とした建物を作るために、エンジニアは、使う素材を最小限にしつつ安定した構造の橋を設計するために、この近道を使う。

これらすべての人々にとって、目的を達成するには微分積分学が欠かせない。経済にしろエネルギー消費にしろ、関心の対象を記述する複雑な方程式が手に入ったら、あとは微分積分学を使ってその方程式を分析すれば、どこで出力が最大になるか、最小になるかがわかる。

微分積分学というツールのおかげで、一七世紀の科学者たちは、変化する世界を理解することができるようになった。リンゴは落ち、惑星は軌道を進み、流体は流れ、気体は渦巻く。科学者たちは、これらすべての動的な筋書きのスナップショットを撮りたかった。するとそこに微分積分学が、これらすべての動きを一時停止させる方法を提供した。ここで目を惹くのが、当時活動していた画家たちの関心がこのようなストップモーションに反映されていたことで、実際バロックの画家たちは馬から落ちる兵士を描き、建築家たちは流れるような動的な曲線からなる建物を設計し、彫刻家は石を使ってアポロの腕の中でダフネが木に変身する瞬間を捉えていた。

一七世紀後半に起きた科学革命が大きく発展したのは、当時の偉大な二人の数学者、アイザック・ニュートンとゴットフリート・ヴィルヘルム・ライプニッツのおかげだった。この二人の偉大な人物が微分積分学を展開したことで、科学者たちは、動的な宇宙を調べるための途方もない近道を手に入れることになる。リチャード・ファインマンは、微分積分学は「神の話す言葉」である、と述べたことがある。

だからもしもみなさんがまだ微分積分学を学んでいないのなら、今こそ学ぶべきときだ。それにはいくつかの方程式が必要になるが、頑張り甲斐があることは、このわたしが保証する。

変化する宇宙

ジョン・グレンが地球を周回するという使命を完了する以前に、すでに微分積分学はグレンがその軌道に上がるのを助けていた。発射台に据えられたロケットの席に着いたグレンは、宇宙船がある速度――いわゆる脱出速度――に達しなければ、地球の重力による引力を振り切れないことを知っていた。しかし、宇宙へ向かって進んでいる宇宙船の任意の瞬間の速度を知ることは、そう簡単ではない。なぜなら状況が常に変化するからで、燃料が燃えているので宇宙船の質量は減ってゆき、地球から遠ざかるので重力による引力も減っていく。しかもジェット噴射の押す力と重力の引く力が競合するから、まるで解けないパズルのようになる。だが微分積分学のほんとうの強みは、変化する複数のきわめて複雑で広範な変数をうまく調整して、任意の瞬間に起きていることのスナップショットを提供するところにある。

しかもこれらすべては、リンカーンシャーはウールズソープにあるニュートン家の屋敷の庭でリンゴの木から実が落ちたことから始まった。当時ニュートンは、疫病が流行したためにケンブリッジのカレッジから実家に戻っていた。パンデミックによるロックダウンを生産的な時間にできる人は確かにいて、たとえばシェイクスピアは、ロックダウンによってグローブ座が閉じられている間に「リア王」を完成させたという。ニュートンは庭に座りこんで、木から地面に落ちるリンゴの任意の瞬間の速度を計算する、という難問を解こうとしていた。移動に要した時間で移動した距離を割れば、速度が得られる。確かにそうだろう、もしも速度が一定ならば。ところがやっかいなことに、リンゴは重力に引っ張られており、その速度は絶えず変わっている。ニュートンがどう測定してみても、わかるのは測定した時間の間の平均速度でしかなかった。

計算で得られる速度の精度をよくするために、時間幅をどんどん小さくすることはできたが、それにしても、任意の瞬間の正確な速度を得るには、時間幅を無限に小さくする必要がある。そして結局は、距離をゼロ時間で割ることになる。でも、どうすればゼロで割れるのか。そこに筋を通したのが、ニュートンの微分積分学だった。

ガリレオはすでに、任意の時間幅の間にリンゴが落ちた距離を求める式を見つけていた。t秒後には、リンゴは$5t^2$メートルだけ落ちる。この5は、地球上の重力の引く力を具体的に表したもので、リンゴの木が月にある場合は重力が小さくなるので、この値はもっと小さくなり、リンゴはゆっくり落ちる。グレンの宇宙船は、地球から遠ざかっていく際のこの値の変化を追う必要があった。

今、リンゴを手に取って、そのまま宙に投げ上げてみる。たとえば野球の投手なら秒速四〇メートルを超える速度で投げられるのだから、リンゴを毎秒二五メートルの速度で投げるとしてもそう無理はない。このとき、リンゴ——というか球——がわたしの手からどの位の高さまで上がるかは、$25t-5t^2$という式によって示される。

この式を使うと、いつ球が再びわたしの手に戻ってくるのかを計算できる。戻ってきた瞬間には、球とわたしの手との高さの差である$25t-5t^2$は再度0になっているはずだ。ここで$t=5$を式に入れてみると、式の値は0になる。ということは、リンゴが手から上がって落ちてくるまでに、五秒かかるわけだ。

だがニュートンにすれば、リンゴがその軌跡の各瞬間にどれくらいの速度で動いているのかを知りたかった。しかるにリンゴの速度は遅くなってからまた速くなるわけで、絶えず変わっている。

ここではまず、三秒後の速度を計算してみよう。使うのは、(移動した距離)÷(移動に必要な時間)＝速度という式だ。すると、三秒後から四秒後までのあいだにリンゴが移動した距離は、

$$[25 \times 4 - 5 \times 4^2] - [25 \times 3 - 5 \times 3^2] = 20 - 30 = -10 \text{ メートル}$$

になる。マイナスになっているということは、わたしが投げたのとは逆の方向に移動しているわけだ。つまり、すでに下に向かっている。かくしてこの間の平均速度は、毎秒一〇メートルになる。

ただしこれはこの一秒間の平均速度であって、三秒後の時点での実際の速度ではない。だったら時間幅をもっと小さくしたらどうだろう。そこで区間をどんどん小さくしていくと、速度はどんどん秒速五メートルに近づくことがわかる。だがニュートンが知りたかったのは瞬間速度、つまり時間幅がゼロになったときの速度だ。ニュートンはさらに分析を続けた結果、三秒後の瞬間速度が秒速五メートルでなければならない理由を理解する方法を見いだした。

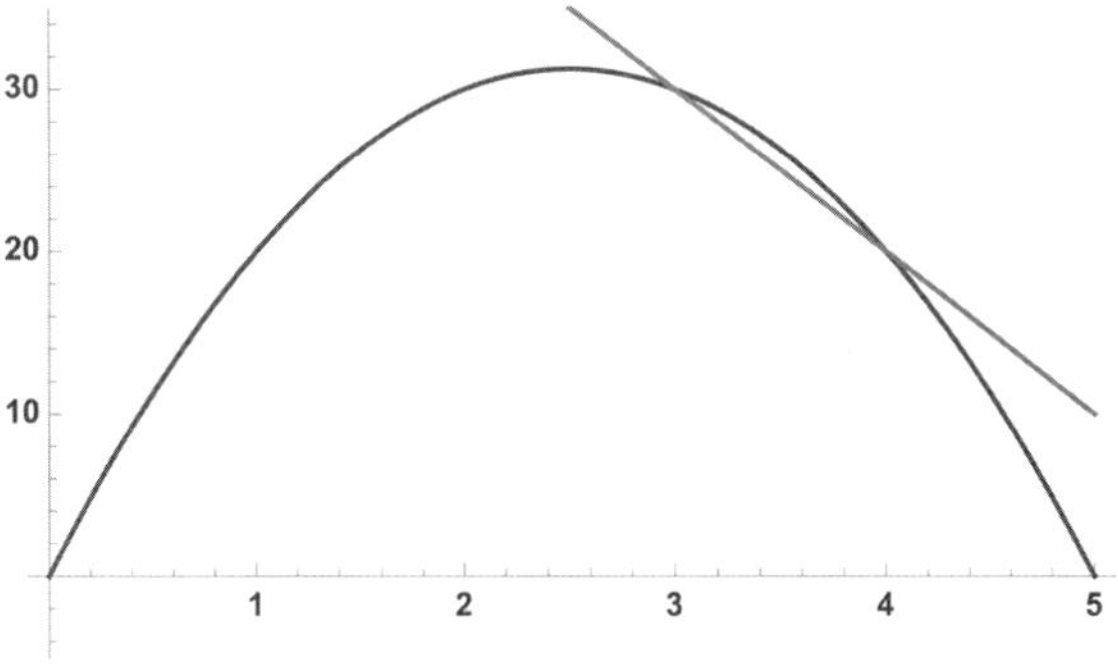

6.2　時間に対するリンゴの高さのグラフ。時間の二点間のリンゴの平均速度は、グラフのこれらの点を結んだ線の傾きになる

じつはこの速度を、距離を時間で割ったグラフを使って解釈することができる。実際、三秒から四秒までの平均速度は、グラフの三秒の点と四秒の点を結んだ線の傾きになっていて、時間幅をどんどん小さくしていくと、二点を結ぶ線は $t=3$ だけでグラフと接する線にどんどん近づいていく。ニュートンの微分積分学で計算されているのは、一点で曲線に触れているこの直線——接線と呼ばれる線——の傾きなのだ。微分積分学によると、一般に時間 t での速度と傾きは、

$$25-10t$$

で与えられる。

なぜそうなるのか。今、時間 t での速度を計算するとし

て、tから始まる小さな時間幅、たとえば時間tから時間$t+d$までの間にリンゴがどれだけ移動するかを見てみる。

$$[25(t+d)-5(t+d)^2]-[25t-5t^2]=25t+25d-5t^2-10td-5d^2-25t+5t^2$$
$$=25d-10td-5d^2$$

次に、これを時間幅dで割ると、

$$(25d-10td-5d^2)/d=25-10t-5d$$

となる。そこでdを思いっきり小さくすると、速度は、

$$25-10t$$

になる。

これは、$25t-5t^2$という式の微分と呼ばれるものだ。この賢いアルゴリズムは、時間に対する移動距離の式を取り込んで、任意の時間における速度を算出する新たな式を生み出す。このツールキットのすごいところは、リンゴや宇宙船に限らずさまざまなことに適用できる点で、変化するすべてのものを分析する手段を与えてくれる。

もしもみなさんが製造業者だったら、製造コストを知ることが重要だ。コストがわかれば、利益

を乗せて価格を設定することができる。最初の製品を作るための経費は、工場を立ち上げたり、労働者を雇ったりする費用が必要だから、かなり高くなるだろう。しかし製造する品が増えると、増えた製品一つあたりの限界費用は変わってくる。はじめは、製品を作る効率がどんどん上がるから、限界費用は下がるはずだ。ところがやり過ぎると、再び経費が上がる可能性が出てくる。生産量をどんどん増やしていくと、やがて時間外労働が発生し、古い非効率なプラントを使うことになり、乏しい原材料の奪い合いが起きる。その結果、追加の製品一つあたりの経費が上がるのだ。

これには宙に球を放り上げるのと少し似たところがあって、はじめのうちは球も速く移動しているが、一秒ごとに遅くなっていって、移動距離が短くなる。微分積分学を使えば、製造者は製造量を変えたときに製品の経費がどう変わるかを理解することができ、製品をどれくらい作れば限界費用を最小にできるのか、そのスイートスポットを見つけられる。

ニュートンが生みだしたこの変化する世界を扱うための近道は、近代科学の始まりを画するものとなった。わたしとしては、ニュートンをガウスと並ぶ空前の大近道発見者の一人に位置づけたいところで、じつは、ウールズソープのニュートン家に詣でたこともある。ニュートンが庭のリンゴの木の下に座って、ひらめきとともにみごとな近道を作り出したとされている、あの荘園だ。すると、なんと驚いたことに、今もその木が立っていた！　案内してくれた人の許しを得て、その実を二つもいで帰り、今では我が家の庭でその片方の種から芽吹いたリンゴの木が育っている。そしてわたしはその木の下で、今取り組んでいる問題の向こう側に抜ける近道が見つかりますように、と祈りながら長い時間を過ごしている。

ガウスもわたしと同じように、ニュートンが成し遂げたことにすっかり夢中だった。「これまでに、時代を画してきた数学者はたったの三人しかいない」とガウスは記している。「アルキメデスと、ニュートンと、アイゼンシュタインだ」最後の名前は、決して印刷の間違いではない。自分に解けなかった二つの問題をプロシアの若き数論学者、ゴットホルト・アイゼンシュタインが解いたことに、ガウスはすっかり感じ入っていたのだ。

ガウスは一貫して、リンゴがニュートンの発見の鍵になったという物語に疑念を抱いていた。「あのリンゴの話は、ひどく馬鹿げてる。リンゴが落ちるか落ちないかで、あのような発見が速くなったり遅くなったりするとは信じがたい。たぶん起きたのはこんなことだったのだろう。愚かでしつこい人物がニュートンの所にやってきて、どのようにしてあの偉大な発見にたどり着いたのか、と尋ねた。ニュートンは、目の前の男がいかにも愚かであることを見て取ると、その人物を追い払うために、鼻の上にリンゴが落ちてきた、といったのだ。その男にすればそれですべてがはっきりしたから、満足して立ち去った」

ニュートンに自分の着想を公表する暇が無いに等しかったことは事実だった。ニュートンにすれば、微分積分学は解を最適化するための装置ではなく、自分が科学的な結論に達するのを助けてくれる個人的なツールだった。ニュートンはそうやって得られた結論を、一六八七年に『自然哲学の数学的諸原理』(*Principia Mathematica*) として発表した。この偉大なる著作には、重力と運動の法則に関するニュートンの考えが述べられている。ニュートンによると、微分積分学はこの著作に収められた科学的な発見の鍵となるものだった。「ニュートン氏は、新しい解析学《アナリシス》（アナリシスは分析の意で、微分積分学は基礎の解析学）の助けを借りて、プリンキピアのほぼすべての主張を発見した」のだった。

ニュートンは自分のことを、もったいを付けて「彼」と呼ぶことを好んだ。しかし「新しいアナリシス」のことはいっさい公にしなかった。友人の間に密かに伝わってはいたものの、ニュートン自身には、ほかの人々にもわかるように発表しなければ、という気持ちがまるでなかった。自分の考えを周知しない、というこの決断は見苦しい結果をもたらすことになった。というのも、ニュートンが微分積分学を発見した数年後に、もう一人別の数学者が微分積分学の数学を考え出したからだ。その名はゴットフリート・ライプニッツ。このツールが持つ最適化の力が強調されることになったのは、彼のアプローチのおかげだった。

ピークに達する

ニュートンが、自分の周囲の変化する物理世界を理解するために微分積分学を必要としたのに対して、ゴットフリート・ライプニッツは、より数学的、哲学的な方面からこの着想に到達した。ライプニッツは言語や論理に魅了されており、変化しつつあるあらゆる種類の事柄を把握する、という考えに突き動かされていた。その野心は大きく、この世界に対してごく主知主義（意志や感情よりも理知を重く見る立場）的にアプローチできるはずだ、と信じていた。あらゆる事柄を数学の言語に帰することができれば、すべてがきわめて明瞭に表現され、それによって、人間同士の争いにも終止符を打てるはずだ。「われわれの推論を正すには、それらの推論を数学者の推論のように確実なものにするしかない。そうすれば一目で過ちが見つかり、人々が言い争っているときも、『さあ、これ以上騒ぎ立てずに、計算をしよう。そうすれば誰が正しいかがわかる』といえば済む」

問題解決のための普遍的言語というライプニッツの夢は実現しなかったが、それでもライプニッツは、変動する物事を把握するという課題を解決するための独自の言語を作ることに成功した。その新たな理論の中心にあったのは、コンピュータプログラムに似たアルゴリズム、つまり機械的に運用できる一揃いの規則だった。それらの規則を実行することで、きわめて広範な未解決の問題を解決することができる。ライプニッツは自分の発明にいたく喜び、次のように述べている。「わが微分積分学の何がいちばん気に入ったかというと、そのおかげでアルキメデスの幾何学において古代人の優位に立てるという点だ。ちょうど、ヴィエトやデカルトがわたしたちを、ユークリッドやアポロニウスの幾何学の想像力を要する作業から解放して優位に立たせてくれたように」デカルトの座標という着想が図形を数に変えたように、ライプニッツの微分積分学は、変化する世界を明確に捉えてマスターするための新しい言語を提供した。

微分積分学が現在のような学校で教えられる強力なテーマになったのは、ニュートンやライプニッツの大発見のおかげだとされているが、微分積分学を使うと問題の最適解への近道が見つかる、という事実に気づいたのは、じつは最終定理で有名なあのピエール・ド・フェルマーだった。

フェルマーは、次のような問題を解く方法を探していた。ある王様が信頼できる助言者に向かって、よく働いてくれた礼に海辺の土地——海に面した、三方を一〇キロメートルの柵で囲えるだけの長方形の土地を遣わそう、といった。助言者にすれば当然、土地の面積をなるべく大きくしたい。この場合、どのように柵を立てればよいのか。

助言者が変えられる長さは、本質的に海と直交して延びる長方形の辺の長さだけだ。そこで今、これをxとする。xが大きくなると、海沿いの辺の長さは短くなる。では、柵で囲まれた土地の面積を最大にするには、この二つの長さの割合をどうすればよいのか。はじめは直感的に、正方形を選びたくなる。対象物をなるべく対称《シンメトリー》にするというのは、解への近道を見つける良い戦略である場合が多い。たとえば泡は、シンメトリーな球になりたがる。なぜなら球は、最小の表面積で最大の空気を囲めるから。それにしてもこの信頼できる助言者にとって、正方形のシンメトリーは正しい答えになっているのか。

変わっていく辺の長さをxとすると、それによって囲われる土地の面積は、ごく簡単な式で表される。実際、海岸線に平行な辺の長さは$10-2x$になるから、面積は、

$$x \times (10-2x) = 10x - 2x^2$$

になるはずだ。

では、この値を最大にする x の値は何か。一つのやり方として、面積が最大になりそうな x の見当がつくまで、とにかくいろいろな値を試してみるという方法がある。これは、この問題解決への迂遠な道だ。ところがフェルマーは、もっと楽な道があることに気がついた。

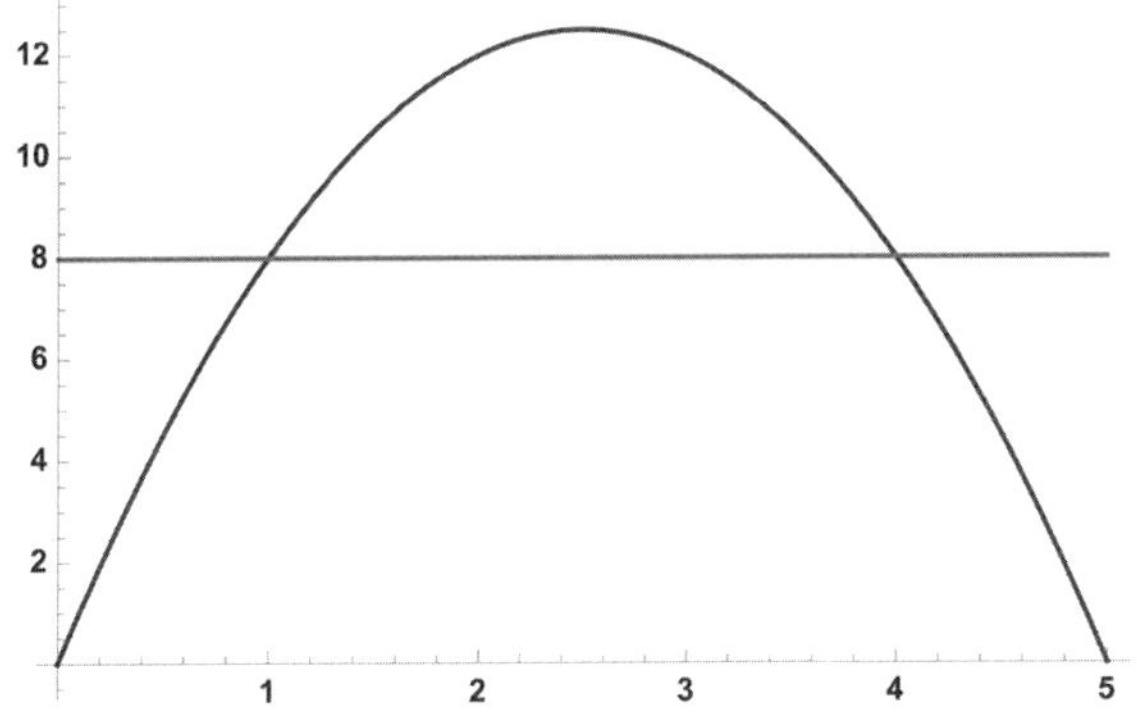

6.3 片方の辺の長さに対する土地の面積のグラフ。面積は、水平方向の線がグラフと二点ではなく一点で交わるところで最大になる

面積の式を図に変えることが、近道になる。今、$10x-2x^2$ という式のグラフを描いてみよう。この近道は最終的に図を書く手間も省いてくれるのだが、近道を見つけるには、とりあえず回り道をしなければならないこともある。このグラフは曲線で、$x=0$ の時の面積ゼロから始まって、あるピークに達してからまた減り始め、$x=5$ で再び面積ゼロになる。このときに重要なのは、ピークがどこにあるかを突き止めることで、面積はそこで最大になる。では、そのピークの x の値は何なのか。

まず、グラフを横切るように水平線を描いてみる。水平線は一般に、グラフの曲線と二点で交わる。ただしてっぺんの点だけは例外で、そこではグラフのてっぺんに触れるだけで、一点で交わる。これが、求めていた点で、面積は、グラフの頂点で最大になる。フェルマーは、グラフを書かずにこの点を見つける戦略を思いついた。そのやり方に従うと、土地の面積は $x = 2.5$ で最大になる。このとき、問題の土地の形は正方形ではなく、長辺が短辺の二倍の長方形になる。少しばかり代数をする勇気がある方のために、ここでフェルマーの考えの詳細を紹介しておく。

$x = a$ として、この点を通る水平線がグラフと交わるもう一つの点を $x = b$ とする。この点の上のグラフの高さは、$x = a$ の上のグラフの高さと同じである。したがってこの点では、

$$10a - 2a^2 = 10b - 2b^2$$

が成り立つ。

そこで、代数の小技をいくつか使ってこの式を整理する。二乗の項を片方に集めて

$$2a^2 - 2b^2 = 10a - 10b$$

ところが二乗の項、つまり平方がある左辺は因数分解できるから、

$$2(a - b)(a + b) = 10(a - b)$$

となる。式を因数分解するには、その代数的な表現をより単純な二つの表現の積に書き直せる、ということに気づく必要がある。この場合は、二つの平方の差がじつは $(a - b)$ と $(a + b)$ の積になっている。ところがこうしてみると、この新たな式の両辺には $(a - b)$ がかかって

いる。だから両辺をこれで割ってさらに2で割ると、

$$(a+b)=5$$

となる。ところがフェルマーが知りたかったのは、じつはaとbが同じになる瞬間だった。なぜならそれが曲線のてっぺんになるからで、そこでは$b=a$になるから、これを式に放り込むと、

$$2a=5$$

となる。つまり、グラフが一番高くなる点は、aが2・5の点なのだ。これが、土地の面積が最大になる長方形の辺の長さであって、結果としては2・5かける5の長方形を得ることになる。

ここでの計算には、ある興味深い瞬間がある。それは$(a-b)$で割る瞬間で、$a=b$でなければまったく問題ないのだが、$a=b$になると、0で割ることになってしまうので許されない。でも、ちょっと待ってくれ。フェルマーが求めていたのは、$a=b$となる点じゃなかったっけ。ということは、一切合切おじゃんということか?

これが微分積分学のポイントで、微分積分学は、ゼロによる割り算に意味を与える。

ここには確かに計算が存在するが、では、微分積分学はどこに行ったのか。微分積分学を使うと、曲線の各点での接線の傾きがわかる。フェルマーは、接線が水平になる点で面積が最大になること

をつきとめた。その点では、傾き——つまり微分係数がゼロになる。これが、微分積分学を使って方程式の出力の最適解を見つける戦略なのだ。その式の微分係数がゼロになる点を探せ！

土地の面積を記述する曲線は、リンゴの高さを追跡するためにニュートンが描いた曲線と実によく似ている。土地の面積を表す式 $10x-2x^2$ と手からリンゴまでの距離を表す式 $25t-5t^2$ は本質的に同じ方程式であって、二つ目の式は単に一つ目の式に2.5をかけたものでしかない。これは数学の偉大な近道の一つで、同じ方程式でじつにさまざまな筋書きをカバーすることができる。リンゴの場合は、速度がゼロになる点で空中での高さが最大になり、そこからリンゴは逆向きに動き出す。

だがこのタイプの方程式は、他にもエネルギー消費や建築資材の量や目的地までの時間といった多くの事柄を表すことができる。これらの多様な量を最大、または最小にする最良の方法を見つけるためのツールを手にしたことで、大きな変化が生じた。さまざまな要素をいじることによって企業の利益を表す式の値が変わるのなら、誰だって、それらの要素のどの値で利益が最大になるのかを知るためのツールがほしくなる。微分積分学は、収益性を最大にするための近道なのだ。

数学の足場

微分積分学は、主として時とともに変わるこの世界を分析するために作られたものだが、時間枠を超えた変化を分析するのにも役立つ。とくに、建物のさまざまな設計方法を探って、エネルギー効率や音響の質や建築経費を最適にしながら、それでいて時の流れに耐えられる構造を作りたいときには、きわめて強力なツールとなる。

このような建物の一つに、一七一〇年に完成して、今もロンドンのわたしの自宅にほど近い場所に誇らしげに建っているセントポール寺院がある。わたしはこの建物に特別な愛着がある。なぜなら一つには、この寺院を設計したのが、わたしも学部生として所属したことがあるオクスフォードのカレッジの数学科に所属していた人物だからで、クリストファー・レンは、イギリス一の建築家になる前はウォドム・カレッジで数学の腕を磨いていた。学生時代に広範な技法を身につけたからこそ、国中の偉大な建物を設計するための近道を見つけることができたのだ。

レンの最初の偉大な業績のひとつに、オクスフォードの学生たちの学位授与が行われる建物、シェルドニアン・シアターがある。この建物の美しさは、巨大な屋根を支える柱がいっさいないところから来ている。なぜこのような設計になったかというと、学位を授かる愛する子どもの姿を両親がきちんと見られるようにするためではなく、このシアターが主にダンス会場として使われるはずだったからだ。レンは、目に見える柱を一本も使わずに広大な屋根を支えるために、梁を格子状の構造にした。そうすることで、屋根の重みを周囲の壁に載せてある屋根の端に分散させたのだが、重みがうまく分散するような配置を見つけるには、二十五本の連立一次方程式を解かなくてはならなかった。レンは数学者としての訓練を受けていたにもかかわらず、この問題に躓いて、とうとう幾何学のサヴィル教授だったジョン・ウォリスに助けを求めた。人に助けを求めることも、重要な近道である場合が多い！

いずれにしても、レンの数学がその真価を発揮したのは、セントポール寺院のドームを作ったときのことだった。あのドームは、寺院に近づいていく人の目にはまん丸に見える。球は完璧で美しく、遠くから見ると特に魅力的だ。球という形は、教会が宇宙の形を表している、という考えとも相性がよい。ところがいざ建物にしようとすると、この形の致命的な欠陥が露わになる。球体は、自立できないのだ。事実、曲り具合が浅すぎて自分自身を支えることができず、支柱なしでは寺院の中央に崩れ落ちてしまう。このためセントポール寺院には、一つではなく、三つのドームがある。

みなさんが寺院のなかに入ったときに見上げるのは、外側のドームの内側ではなく、じつは二つ目のドームの内側だ。このドームの基になっているのは、懸垂線と呼ばれる新たな曲線だ。後にライプニッツをはじめとする人々が微分積分学を使って確認したところによると、この曲線は支えなしで自立できる。じつはこれは二点間に渡した鎖が描く曲線であって、山の斜面を転がるにまかされたボールがもっともエネルギーの低い点を見つけてそこに留まるように、吊された鎖も、自分の持っている位置エネルギーを最小にするためにこの形を取る。自然は、このようなエネルギーの低い状態を見つけるのがじつに得意だ。もっともレンのような建築家にとっては、エネルギーの低いこの解をひっくり返すと自重を支えられる形になる、という事実のほうが重要だった。

では、この曲線はいったいどのような形をしているのか。ライプニッツはあれこれ形を変えて、それぞれの形に含まれる位置エネルギーを表す式を作ってみた。それから微分積分学を使って、エネルギーが最小になる曲線を突き止めた。それは、鎖を吊したときにできるはずの形だった。いったん自立するということが確認されてしまえば、それに続く建築家たちは、自分たちが設計する空間に鎖を吊しておいてそれを拡大するまでもなく、この形を使ってドームを作ることができた。とりわけレンは、懸垂線の形のドームを好んだ。なぜかというと、見上げたときにある種の錯視——強制視点——が生じて、ドームが実際より高く感じられるからだ。このように数学を使って視覚的な錯覚を起こさせることは、バロック時代の建築の大きなテーマだった。

それでもまだ、外側のドームが寺院の内部に向かって崩壊して内側の美しいドームを壊す可能性をいかにしてゼロにするか、という問題は残っていた。そこでレンは、内外から見える二つのドームの間に第三のドームを潜ませた。わたしは最近セントポール寺院を訪れた際に二つのドームの間に入り、外側の球形のドームを支えている三つ目のドームをこの目で見ることができた。この隠れたドームにも懸垂線が使われているのだが、実はこのアーチは、外側のドームを支えるという仕事を一手に引き受けている。鎖に錘をぶら下げると、その鎖は引っ張られる。そこで微分積分学を使うと、このエネルギーを最小にする新たな形を数学的に記述することができる。ところが賢いことに、この新たな形を反転させたアーチは、ぶら下げた錘と同じ重さの物体を支えることができる。こうしてレンは、外側から見える半球状のドームのてっぺんを支えるための内部のドームの形をはじき出したのだった。

錘を付けた鎖を用いたこのようなドーム設計のもっとも非凡な例を見たい方は、バルセロナのサグラダファミリア、聖家族教会の地下に行ってみるとよい。アントニ・ガウディは、現在も建設途上にあるその礼拝堂の天井をデザインする際に、この原理を使った。紐で作られた網に無数の砂を入れた袋を取り付けて、それらの袋が懸垂線を描いてぶら下がっている様子を見さえすれば、支えるべき構造の負荷がわかる。このひもの網が成す形をそっくりそのままひっくり返せば、それが崩落を心配せずに作れる屋根の形になる。ガウディにすれば、砂袋を付け足したり移動させたりすることで、自分が望む礼拝堂の屋根の形を作り出すことができ、しかも、実際に建築する際も決して崩れ落ちることはないと確信できた。そうはいっても、建築業者たちに渡すためにこれらの曲線を数学的に記述するとなると、微分積分学の近道が必要だ。今日の建築家たちは、実際に鎖や砂袋をいじり回す代りに、コンピュータで方程式や微分積分学を使って、わたしたちが暮らす都市のスカイラインをいっそう美しくする曲線的な建物を生みだしている。

そうはいっても微分積分学は、大聖堂や摩天楼の設計に役立つだけではない。ライプニッツが見つけた最適な性質を持つ曲線のなかに、じつはジェットコースターを作るのにうってつけのものがあったのだ！

ジェットコースター

わたしはジェットコースターに乗るのが大好きだ。単に、スリルがあるからではない。わたしのようなオタクの数学者は、とことんスリルを追い求めながら車両が脱線しないような乗り物を設計するために注入される幾何学と微分積分学に、もうぞくぞくしてしまう。ヨーロッパ中のどのジェットコースターよりもわたしの数学的な血をたぎらせるジェットコースター、それが、ブラックプールにあるグランド・ナショナルという乗り物だ。このコースターに乗ると、微分積分学の威力もさることながら、数学者が収集してきた珍品のなかでももっともわくわくする図形、メビウスの輪を実地に体験できる。

グランド・ナショナルといえば、競馬の英国一の障害競走のことだが、このコースターではその名の通り、二台の車両が競い合う。みなさんの乗っている車両がコースのてっぺんに上がると、平行する二つのコースがあるのが見える。二つの車両は乗っている人々が手を伸ばせば互いに触れられるくらいの距離を保ったままで、くねったり回転したりしながら、次々にあのレースの有名な障害の名前の付いた仕掛けを通過していく。ところが勝利をかけて最後のダッシュをしている間に、ひどく奇妙なことが起きる。二台の車両がともに、出発したときと逆のプラットフォームに到着するのである。コースは一度も合流せず、交叉もしていないのに……じつに奇妙な話だ。設計者は、一体全体どうやってこんなコースを作ったのか。

なぜこんなことが起きるかというと、あのレースの悪名高い障害にちなんで「ビーチャーズ・ブルックのジャンプ」と名付けられた仕掛けがあるからで、ここで片方のコースがもう片方のコースの上を越えるため、その先では位置が入れ替わって、結局車両は逆のプラットフォームに着くことになる。

このビーチャーズ・ブルックの単純なひねりこそが、このコースの設計を支える美しい数学図形──メビウスの輪──の鍵なのだ。自分でメビウスの輪を作るには、まず幅が二センチくらいの細長い紙を用意する。次に輪っかを作るわけだが、両端をくっつける前に、片方を半回転分ひねる。グランド・ナショナルの二本のコースの間に紙が一枚走っているとすると、ビーチャーズ・ブルックのコースが上下に重なってから離れるところでその紙が一八〇度分ねじれる。

メビウスの輪はひどく奇妙な性質を持っていて、縁が一つしかない。縁に指を当ててそのままずっと動かしていくと、縁のどの点にでもたどり着ける。つまりブラックプールのジェットコースターは、じつは二つの平行なコースではなく、連続する一本のコースなのだ。それにしても、ああいったジェットコースターに本当に求められるのは、やはりスピードだろう！

最速のジェットコースターを作りたければ、微分積分学を使って目的地までの最速の経路を設計することができる。じつはこれが、この章の冒頭で紹介した問題だ。垂直な面のうえにAとBの二点があって、受ける力が重力だけだとすると、A地点からB地点まで最短時間で到達する経路はどのような曲線になるのか。

この問題を最初に提起したのは、テーマパークの設計者ではなく、スイスの数学者ヨハン・ベルヌーイだった。ベルヌーイは一六九六年に、当時の二人の偉人、友人のライプニッツとロンドンにいるその敵ニュートンに出題する問題として、この難題を選んだ。

不肖ヨハン・ベルヌーイは、世界でもっとも聡明な数学者たちに宛てて、ここに認《したた》めます。知的な人々にとって、誠実な難問ほど魅力的なものはありません。その解は名誉をもたらし、何時までも残る記念碑となるでしょう。パスカルやフェルマーらの例に倣い、当代最良の数学者の前にその手法と知性の強さを試す問題を提示することで、科学界全体の感謝を得られ

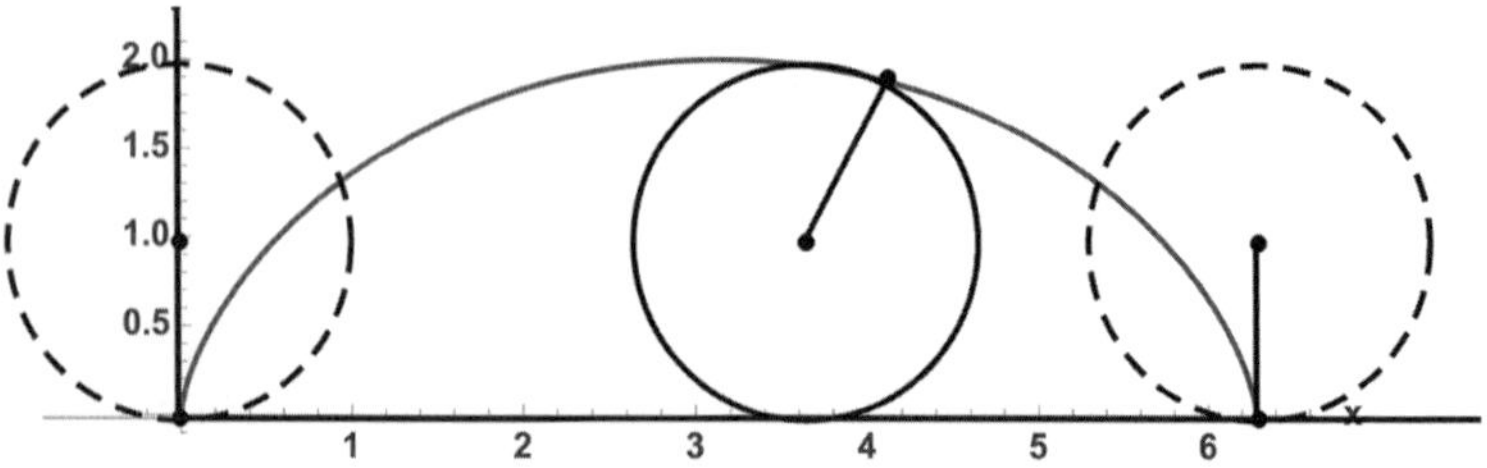

6.4　サイクロイド：円が直線の上を転がる時に、円上の一点がなぞる曲線

るとよいのですが。ここに示した問題の答えをわたくしにお知らせいただければ、その方こそが賞賛に値する人物である、と公に断言するつもりです。

それは、球が上の点Aからいちばん下の点Bまで達する時間が最短であるような斜面を設計する、という問題だった。みなさんは、まっすぐな斜面がいちばん速いはずだと思われるかもしれない。あるいは、投げ上げたボールが辿る放物線をそのままひっくり返した斜面だろう、と。だが、じつはそのどちらでもない。もっとも速く下に達する経路は、じつはサイクロイドと呼ばれる形をしている。サイクロイドとは、走っている自転車のホイールのリム上のある一点の位置を記録しつづけたときに現れる曲線のことだ。

この曲線をひっくり返すと、それがA地点からB地点までの最速の経路になる。この曲線に沿って進むと、いったん目的地よりも低いところまで降りて余分な速度をつけてから、その余勢を駆って最後の上りをクリアし、他のどの曲線よりも速く目的地に到着できる。

微分積分学を使うと、具体的な制約があるなかでの最大や最小を見つけることができるので、AからBまでの曲線が無数にあったとしても関係ない。方程式から常に最速の曲線が見つかる。

ニュートンとライプニッツは、さまざまな問題の最適解を見つけるためのすばらしい近道をどちらが先に発見したのか、という問題を巡って激しく争うことになった。長い間辛辣に非難しあったあげく、一七一二年に二人の主張を裁定するようロンドンのロイヤル・ソサエティーに求めた。果たしてニュートンの流率法——当時はそう呼ばれていた——が発見されたのが先で、ライプニッツはそれらの着想を剽窃して微分法を発明したのか。ロイヤル・ソサエティーは一七一四年に公式に、ニュートンが微分積分学を発見したことを認めた。そして、最初に発表したのがライプニッツであることを認めながら、あれは剽窃だったといって責めた。もっとも、実はその報告書を書いたのは会長のアイザック・ニュートン卿だったからロイヤル・ソサエティーの報告書はあまり公平とはいえなかった。

ライプニッツはひどく傷ついた。ニュートンに敬服しており、その傷が真の意味で癒えることはなかった。なんとも皮肉なことに、最後に勝利したのはニュートン流ではなく、ライプニッツ流の微分積分学の記述だったのだが……。

ライプニッツの着想の底流にある考え方とニュートンが展開した微分積分学にはかなり通じるものがあったが、一つ大きな違いがあった。ライプニッツのほうが、より言語学的でかつ数学的な方向から微分積分学に到達していたのだ。ライプニッツにとっては、落ちるリンゴであろうと時間毎の速度であろうと、そんなことはどうでもよく、より一般的な状況を考えていた。ライプニッツの微分積分学は、何かの振る舞いを決める要素が複数あったとして、それらの要素を変えたときにその振る舞いがどう変わるかを調べるためのものだった。

ニュートンは根っからの物理学者だったから、たぶん物理世界を記述する、という目的がハンデになっていたのだろう。ライプニッツが導入した言葉や記法のほうがはるかに柔軟で、さまざまな状況を扱うことができた。そしてライプニッツの記法はその後も時の試練に耐え、学校や大学で教えられるようになった。

じつのところ、ライプニッツやニュートンは、微分積分学の発展という過程の第一歩を踏み出したにすぎなかった。二人の論文や分析にはいろいろな不備があった。微分積分学のしっかりした論理的基礎を作る作業は、次の世代に託されることとなった。そうはいっても次の世代が前進できたのは、ひとえにライプニッツとニュートンによる大発見のおかげであって、この事実は否定できない。かつてニュートン自身が述べたように、「わたしに遠くが見えたとすれば、それはひとえに巨人たちの肩に乗ったから」なのだ。

犬は微分積分学をするのか?

どちらにしても、ニュートンもライプニッツも微分積分学の発見に関しては、もう一人の敵に先を越されていたらしい。人間が微分積分学という近道を考え出すずっと前から、動物の世界では最善の経路を経て目的地に至る方法が知られていたという証拠がある。

ここでもう一度、くだんの信頼できる助言者に登場してもらおう。微分積分学を使って最大限の土地をもらうことができた助言者は、今、浜辺でくつろいでいる。ところが突然、溺れそうになっている人がいるのに気づく。そこで浜辺のライフガードに向かって、無力なスイマーを助けてくれ! と叫ぶ。

ライフガードの走る速さが泳ぐ速さの二倍だとすると、溺れている人を最速で救助するには、どこで水に入ればよいのか。

ライフガードが移動する距離を最小にしたいのなら、出発点と到着点を結ぶ直線を引けばよい。しかし、水中で移動する速度は陸上での速度より遅いから、実際には、水中にいる時間が短い経路にしたい。だが水中での時間を最小にする地点に向かうとなると、ひとつ問題が生じる。その場合は陸を移動する距離が長くなって、結果として必要な時間全体が増える可能性がある。どうやら最適な経路は、中央よりは水難者寄りだが、彼と海岸を直角に結んだ線まで行かないあたりにあるらしい。では、どこで水に入れば水難者までの真の近道を行くことになるのか。

フェルマーは、この問題についても考えをめぐらしていた。これもまた最適化問題といえるのだが、フェルマーがこの問題に出くわしたのは、最速の経路を探すライフガードではなく、光線の経路について考えていたときのことだった。

みなさんも、次のようなかなり奇妙な錯覚を経験したことがおありだろう。プールの水に棒を突っ込むと、水に入ったとたんに曲がったように見える。曲がっているのは棒ではなくて、棒から目に届く光なのだが……。第四章でも述べたように、近道が大好きな光は、棒から目までの最速の経路を見つけようとする。ところが、光が進む速度は水中のほうが空中より遅いので、ちょうど我らがライフガードのように、なるべく水中にいる時間を短くしつつ、空中を進む時間が長くなりすぎないようにバランスを取ろうとする。砂漠で蜃気楼が見えるという奇妙な経験でも、これと同じ説明が鍵になる。空の一部から届く光が、近道をするために地面近くの温かい空気を通ってそこからみなさんの目に届く。そのため砂漠の中に空が割り込んで、それが水たまりのように見えるのだ。

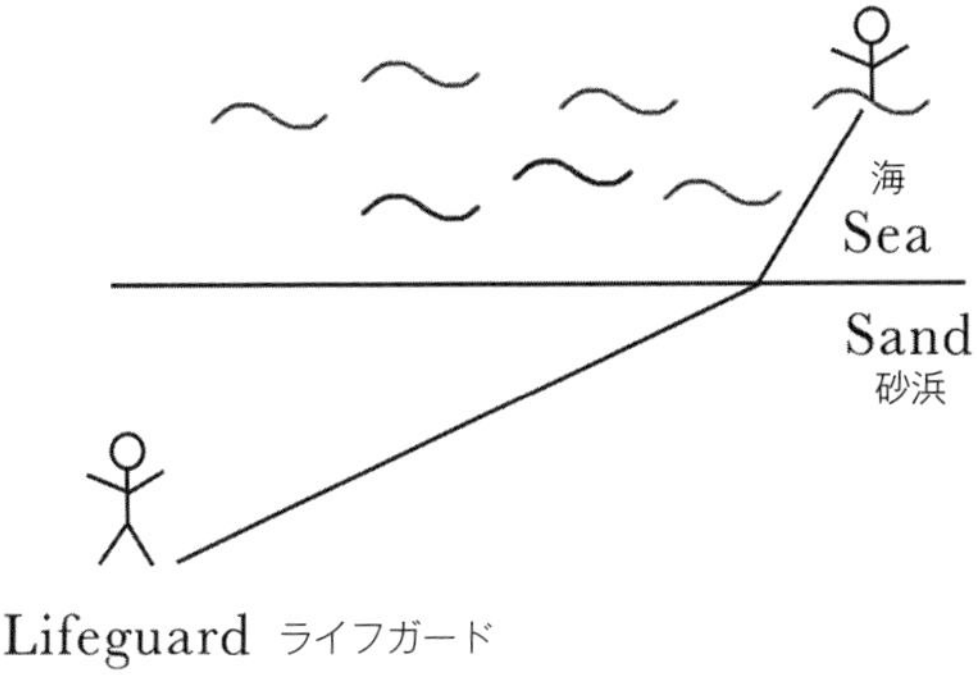

6.5　ライフガードが溺れそうになっている人へと向かういちばん速い経路はどれか

かの助言者が土地を囲う柵を作るときに行ったように、ライフガードも出発点から海に入るまでの距離xを使って水難者にたどり着くまでに必要な時間を表す方程式を作る必要がある。そのうえで微分積分学のツールを使って、その時間を最小にするxの値を求める。でも、紙と鉛筆がなかったらどうだろう？　まだ代数も微分積分学も発明されていなかったとしたら？　本能と感覚しか頼れないとしたら？　もしもみなさんが犬だったらどうか？　犬は水に入るべき場所の判断を、どれくらいじょうずにしているのだろう。

ミシガン州にあるホープ大学の数学科教授のティム・ペニングスは、自分の飼い犬にこの微分積分学の問題を解く能力があるかどうかを調べるために、いくつか実験をすることにした。ペニングスが飼っているウェルシュ・コーギーのエルヴィスは、ご多分に漏れず、ボールを追いかけるのが大好きだ。そこでペニングスは、溺れている人を助けるのではなく、ミシガン湖に投げ込んだボールを取りに行かせることにした。散歩の途中で湖に寄って、エルヴィスがどんな経路でボールを取りに行くかを調べてみよう。

もちろんエルヴィスにすれば、ボールを取りに行くのに要するエネルギー量を最小にすることが主な目的になるかもしれない。その場合は、水中にいる時間を最小にして、水中の経路と湖岸の線が直角を成す所まで陸を走るのが、スマートな解になる。だがペニングスは、ボールが自分の手を離れたとたんに、犬がひどく興奮して目をキラキラさせるのを見て、なるべく早くボールを持ち帰ることが主な目的になるはずだ、と確信した。こうして実験の舞台の準備は調った。エルヴィスの直観は、微分積分学をどれくらい把握しているのか。

ペニングスは、ミシガン湖の波が低く、水面に落ちたボールがあまり動かない日を狙って、エルヴィスを連れて散歩に出た。友人の力を借りて、ボールを水中に放っては犬の後を追い、エルヴィスが湖に入っていった場所にネジ回しを押し込む。さらにそのうえで、エルヴィスがボールの所までどれくらい泳いだのかを、セットしておいた巻き尺で測る。

エルヴィスがはじめから水に飛び込んで泳ぎ出す、というとうてい最適解とはいえない経路を取ることも多かったが、これらのデータは分析から外すことにした。ペニングス曰く、「A評価の学生だって、調子の悪い時はあるからね」それでも波が高くなるまでに、この問題に対するエルヴィスの解として、三十五個のデータを集めることができた。それで、犬の成績はどうだったのか。じつは、きわめて優秀だった！　エルヴィスはほとんどの場合、最適解に近い場所で湖に入っていた。実験結果には明らかにむらがあったが、それは、エルヴィスの見積りのむらとして説明できる。

ということはつまり、エルヴィスは微分積分学という近道を知っていたのか。もちろんそうではない。それにしても、動物の脳が、正式な数学言語の力を借りずにこれらの近道を見つけられるように進化してきたというのは、じつに驚くべきことだ。自然は、最適解を出せる者をひいきにする。だから、これらの問題を直感的に解ける脳の持ち主は、間違う者よりうまく生き延びられる。だからジョン・グレンはケープ・カナベラルの発射台に据えられたロケットの中で、地球に帰還するための最良の経路を知るために、自分の直観を信じるのではなく、人類が展開してきた微分積分学という高等なツールに数字を放り込むよういったのだ。

動物たちは犬のエルヴィスが取り組んだような問題を、時にはチームワークで解決する。実際、ライフガードの例と似た問題に直面した蟻のコロニーが、エルヴィスと同じくらいじょうずに最適経路を見つけ出すという証拠がある。この場合はボールではなく食べ物、つまりゴキブリが目的地になる。ドイツ、フランス、中国の研究者チームがヒアリを使って実験を行ったところ、蟻たちは、異なる二つの領域を横切って食料をコロニーに持ち帰るための最適経路を見つけることに成功した。この場合は、多数の蟻が出て行って、さまざまな経路を試すことができた。蟻たちは、他の蟻たちがついてこられるように踏み跡にフェロモンを残すが、最適解を通って帰還する蟻が多ければ多いほど、その経路の匂いの跡は強くなる。

蟻たちが行っていることは、じつは光が最適経路を見つけるやり方とされるものとよく似ている。

一つの光子が最適の経路を見つける術を知っているというのは、いったいどういうことなのか。量子力学の主張によると、光子は同時にすべての経路を試し、観察されたとたんに崩壊して、最適な経路に落ち着くという。蟻もこれと同じ戦略を使っていて、たくさんの蟻を使ってあらゆる可能性を試したうえで、最適な経路を見つける。

自然は最適解を見つけるのがじつにうまい。光は、目的地までの最速の経路を見つける。現代物理学における重力は、物体が時空間の幾何学の中を最速の経路を辿って落ちる様子と結びつけて解釈される。ぶら下げられた鎖は、安定したドームを作るというレンの問題を解決した。泡は、球のエネルギーが最小であることを活用している。さらに最近のこととして、フライ・オットーは一九七二年にミュンヘンオリンピックのスタジアムを作る際に、石けん膜を利用した。あの奇妙に波打ったスタジアムの屋根が構造的に安定しているのは、オットーが、金属枠に張られた石けんの泡の形を分析したおかげなのだ。

一八世紀前半に、エネルギーが低い最適解を見つける、という自然の奇妙な性質を初めて数学的に捉えたのは、ピエール・ルイ・モーペルテュイだった。自身が提唱した「最小作用の原理」における説明によると、その数学は「自然は、あらゆる作用において倹約する」という教義で表される。それにしても、なぜ自然がそんなにしみったれなのかは、今もわかっていない。だが時には、自分たちの求める答えを見つけるのに使えそうな犬や蟻や石けん膜が見つからないことがある。そんなときは、ニュートンやライプニッツが生みだした驚くべきツールを使えばよい。微分積分学はこれまでも、そしてこれからも、わたしたちが直面する問題の最適解へのもっともすばらしい近道でありつづけるはずだ。

究極の近道製造人たるガウス自身も、微分積分学について「このような概念が、いうなれば、無数の問題を一つの有機的な全体にまとめる。これなくしては、それらの問題はバラバラで、多かれ少なかれ発明の才を応用する別々の解が必要だったはずだ」と述べている。

近道への近道

微分積分学は、もっともすばらしい近道の一つだが、このツールを使えるようになるには、ある程度技術に熟練する必要がある。ほとんどの人にとって、微分積分学の特訓コースを受けることは論外だとしても、この技術が最適解を見つけるためのものであることは、知っておいたほうがいい。だかなり微妙な領域を進む助けとなる近道を使うには、技術的な手引きが必要になる場合が多い。だからみなさんが変動するパラメータに出くわして、それらの変数の最適な設定を知りたいときは、微分積分学の専門家に連絡を取るのがいちばんの近道かもしれない。ニュートンも気付いていたように、巨人の肩に立つことは、常に賢い近道だ。そして時にはその技術の導き手が、地元の数学者でなく自然であることが判明するかもしれない。だから、すでに自然が自分の問題への最適解を使って目的地に到達していないかどうか、確認してみるのもよいだろう。石けん膜が工学的な問題の低エネルギーの解を明らかにしてくれるかもしれず、光の経路が近道の方向を指し示してくれるかもしれない。あるいは蟻のコロニーを追うだけで、多すぎる選択肢をいちいち試さなくてすむかもしれない。

ちょっと一息

美術

数学の重要な教訓の一つに、アルゴリズムを使えば辛い仕事を端折れる、という事実がある。アルゴリズムは、個別の問題にケース・バイ・ケースで対応するのではなく、すべての問題に通じるものを明確にして、その具体的な状況が何であろうと誰でも適用可能な処方箋を示す。微分積分学も、そのようなアルゴリズムの一つなのだ。手元にある方程式の表すものが利ざやであろうと、宇宙船の速度であろうと、エネルギー消費であろうと、微分積分学というアルゴリズムを使えば、それぞれの状況での最適解を見つける作業を始められる。

驚いたことに、じつは芸術作品を作るときにも、アルゴリズムが役立つらしい。これは、最近ロンドンのサーペンタイン・ギャラリーのキュレーター、ハンス・ウルリッヒ・オブリストと話していて知ったことなのだが、なぜわたしがこの話にひどく興味をそそられたかというと、昔から真っ白なキャンバスが恐ろしくてしかたなかったからだ。もしも近道があるのなら、自分の創造的なアイデアに何か形を与えられるかもしれない、と思ったのだ。

オブリストのアイデアは、アート市場のグローバル化という課題から生まれた。オブリストがキュレーターとして仕事を始めた頃、アートの世界はまだ西を向いていた。展覧会といえば、まずケルンかニューヨークで開かれ、それからロンドンやチューリッヒを巡回するものだった。ところが世界中にアート・ギャラリーができたことから、オブリストとしては、南米やアジアで新たな展覧会を開くにはどうすればよいか、という課題に応えたいと思うようになった。ぜひうちが主催したい、と言い始めたすべての場所に大規模な展覧会を持っていくことは、輸送の面では難しい。オブリストは、現代アートのクリスチャン・ボルタンスキーやベルトラン・

ラヴィエと組んで、この問題を克服する方法を編み出した。ドゥー・イット《Do it》（やってごらん）。つまり、ある芸術作品を作るための一連の指示書――レシピを作り、誰かほかの人が自分のいる場所でその指示書を使えるようにする。場所は、中国でも、メキシコでも、オーストラリアでもよい。

オブリストにとって、「ドゥー・イット」は、グローバリゼーションが突きつけた課題に応えるための近道だった。現物を大きな木枠に入れて運ぶことは考えなくてよい。単に、どこででも同じような時間枠で実際に行える指示書を作ればよいだけの話。つまりこれは生成的な展覧会、芸術的なアルゴリズムなのだ。そしてその指示が、近道になる。ドゥー・イットのこれらの指示書はいわば楽譜のようなもので、オペラや交響曲のように、指示が実行されて他の人々に解釈されることによって、無数の現実化が遂行される。

指示的な芸術という着想は、決して新しいものではない。その起源は、マルセル・デュシャンのある作品とされている。実際デュシャンは一九一九年にアルゼンチンから、妹のシュザンヌとジャン・クロッティに二人の結婚を祝う自分の贈り物を作るための指示書を送っている。このカップルは「不幸なレディ・メイド *Unhappy Ready-Made*」という奇妙な名前の結婚祝いを作るために、アパルトマンのバルコニーから『幾何学概論』を吊して、風が「その本の間を通って、それ自身の問題を選べるようにする」よう指示された。このような指示による芸術は、ジョン・ケージやオノ・ヨーコの作品に後押しされて、一九六〇年代の終わりに爆発的に広がることになる。だが、指示というのが単なる面白い概念的な発想ではなく、グローバルなアート世界における輸送の問題を回避するための真の近道であることに気づいたのは、オブリストだった。

ドゥー・イットのわくわくする副産物の一つとして、このプロジェクトがなければ恐ろしくてとうてい芸術作品を作ることなどできなかったはずの人々が自信を持った、という事実がある。わたしがハンス・ウルリッヒ・オブリストと話をした二〇二〇年のときには、ヨーロッパでは新型コロナウィルスが蔓延し、ロックダウンが行われていたのだが、彼は、地球全体が困難に直面しているこの時期にドゥー・イットの指示が果たした新たな役割にすっかり気持ちを高ぶらせていた。

「近道が、スポンジになったんだ。指示書は行く先々で新しい指示を学び、受け入れる。そのため、成長するアーカイブになった。はじめは中国語版から。次に、中近東版。するとここ数ヶ月の間に、まず中国から、そしてイタリアから、さらにはスペインから、これだけのメッセージが届いた。あちこちでロックダウンが始まると、人々はそこら中で少しずつ、本棚から自分のドゥー・イットの本を取り出して、それらの芸術家の指示のいくつかを家で実行し始めた」

わたしはオブリストに、何か、ドゥー・イットの指示の例を見せてくれないだろうか、とたのんでみた。するとオブリストはドゥー・イットの概要——荘厳で大部なオレンジ色の本だった——を取り出して、オーストリアのアーティスト、フランツ・ヴェストのドゥー・イットのページを開いた。

ヴェスト、フランツ
家庭でのドゥー・イット（一九八九）

箒を一本取ってきて、持ち手と毛先とを綿ガーゼできっちりとくるみ、穂先がピンと立つようにする。

漆喰を三五〇グラム取ってきて、適切な量の水と混ぜる。ガーゼを巻いた表面全体に漆喰を広げる。漆喰の上から、別のガーゼをさらに巻いていく。さらにもう一度漆喰を、今度は作品全体を覆うように塗る。

この手順をもう一度繰り返してから、「パスシュティッケ（Passstücke）」（ドイツ語では、付属部品、アダプターの意）を完全に乾かす。

この手順で得られたものは、一人でも、鏡の前でも、お客の前でも、「パスシュティッケ」として使うことができる。自分が適切と感じるように扱うこと。

お客には、「パスシュティッケ」をどんなふうに使うことができるか、直感に従って考えることを促すように。

「適応性」を意味するPassstückeは、ヴェストが一九七〇年代に始めたプロジェクトの名前である。このプロジェクトでは、小さな物を持ってきて、それを漆喰の層で覆い、何か異質だがぼんやりと識別できるものに変える。ヴェストのドゥー・イットは、他の人々が自分自身の例を作るための近道になっている。オブリストがいうように、「これは、単にフランツ・ヴェストの指示に従って、自分の箒をあれこれいじる、というだけのことではない。それは同時に、ほかの誰かとともに何かをすることでもある」。たとえばルイーズ・ブルジョワのドゥー・イットの指示には、「歩いているときに、立ち止まって、見知らぬ人に微笑みかけなさい」と書かれている。

わたし自身の仕事における経験からいっても、近道は、長い旅の後にはじめて現れる場合が多い。オブリストにとっても状況は同じで、「アートでは回り道しなければならないことが多く、展覧会では回り道が必要だ。でも回り道は、ある意味で逆の近道なんだ。前にデイヴィッド・ホックニーと話をしたことがあるんだが、彼は、まず小説を書かないとか、映画を作らないとか、透視画法に関する論文を書かないと、という。あるいはiPadをいじりまわして、iPadでデッサンをするとか。そのあげく、常に絵を描くことになる。まるで、絵を描くにはこういった回り道が欠かせないといったふうに」

「人々が近道ととれる十二個の指示をまとめて小冊子を作った時点では、あのプロジェクトはじつに単純明快に見えた。ところが実際には、かつて手がけたことがないくらい複雑で、脇道や回り道がたくさんあるプロジェクトであることがわかった。いうなれば、ある種の学習体系になったんだ。ほんとうにすばらしいのはそこだ。なぜなら極端な近道だと考えていたから。ドゥー・イットは基本的に、通常より直接的なルートを取る、という着想なんだ。指示書が存在することでアーティストとそれを実現する人が直接繋がり、間に誰も挟まらない。ただ、それをする《ドゥー・イット》だけでいい。より早くできて、より直接的な結果が出る。そのくせこのプロジェクトは、わたしにとって最長のプロジェクトになることがわかってきた。だからその意味では、近道は最大の回り道という、奇妙なパラドックスなんだ」

　オブリストにとって、それらの指示は良いウィルスのようなものだ。ウィルスがあんなに効率的に広がるのは、宿主の細胞にある素材で自己複製する方法を記した一連の指示書があるからだ。面白いことにウィルスは、近道の一つとしてシンメトリーの概念を使っている。ウィルスはシンメトリーなサイコロ状の形にまとまることが多いが、これはそのような形なら、同じ指示書で異なる領域を作ることができるからだ。いいかえれば、あらかじめ別々の領域に関するさまざまな指示を用意しなくてすむ。

　シンメトリーはまた、もう一人のアーティストが作品を作る際の近道にもなっている。世界的に有名な彫刻家コンラッド・ショークロスがその人で、アートと科学との境界面を探ることを好む彼は、二〇一三年に格式あるロイヤル・アカデミー・オブ・アーツの会員に推挙された。

ショークロスのアトリエは、ロンドン東部のわたしの家から自転車ですぐの所にあるので、わたしは直接会ってみようと思った。国際的に有名なアーティストになるための近道があったかどうか、尋ねてみよう！　ショークロスはわたしの問いに対して、近道というのは野心的な作品の製作を手に負えるようにするための方策なんだと思う、といった。

「自分の製作過程に関しては、きわめて効率的かつスマートでないと、不可能を可能にすることができない。それには、テンプレートというか、策略というか、反復されているのに集めれば複雑にできるような部分を作り出すことが重要なんだ」

ショークロスは、規則に基づくタイプのアーティストたちの仕事に刺激を受けることが多い。ショークロスが敬服する作家のひとりにアメリカのアーティスト、カール・アンドレがいて、アンドレの場合は、レンガという要素を繰り返す。さらにクロード・モネの場合は、変化の様子を描くために、毎日同じ時間に戻ってきて同じ睡蓮の葉を描いていた。ショークロスの場合、初期の作品の多くが三角形を集めて作ったピラミッド型を元に作られていた。四面体と呼ばれる重要な数学的図形だ。

四面体の魅力の一つに、この図形が古代ギリシャで実際に宇宙そのものの構成要素とされてきた、という事実がある。ギリシャの人々は、物体は土と風と火と水からできていて、各要素は独自のシンメトリーな形になっていると考えていた。四面体は、火の形なのだ。ショークロスがアートの構成要素としての四面体の可能性を初めて探ったのは、二〇〇六年にスードリー城に何か構造物を作ってほしい、といわれたときのことだった。まずオーク製の四面体を二千個作り、二週間かけて、それらをまとめて一つの構造物にしようとした。その手順は不確かで気まぐれだった。「すきまなくぴったりと組み合わさるのではなく、決して互いに交り合わない炎のような巻き蔓の形になった。こちらが作品を制御するのではなく、作品がぼくを制御していたんだ。ちょっとフラストレーションを感じたけれど、ある種、覚醒した感じもあった。ぼくはあの失敗に多くを学び、それがぼくのさまざまなテーマの始まりになった」

ショークロスにすれば、美しくて構造が安定した作品を作る方法を見つけなければならなかった。そしてそのために欠かせない洞察は、結局あるひとりの数学者によってもたらされることとなった。その人物によると、四面体が三つあるときに、これらを組み合わせる方法は一通りしかないという。

これは、近道を生み出すうえでのシンメトリーの威力を示す完璧な例といえる。三つの四面体の別の組み合わせ方をいくら探ってみても、出来た組み合わせ方をくるっと回すだけで、必ず最初の組み合わせ方になる。ショークロスは、二千個の構成要素を使わなくても、三つの四面体を合体させたもっと大きな構成要素を使えばよいことに気がついた。

「その瞬間に、ぼくの問題の大きさは三分の一になった。急に、作業を完結させることがぐんと容易になったんだ」この近道があるからには、三つの四面体を組み合わせたユニットを六六七個集めて作品にする方法を見つけさえすればよい。その程度の作業なら、締め切りまでの時間で作品を完成させることも簡単だ。

ところがショークロスとアトリエで話すうちに、ある種の近道は彫刻家やアーティストにとってやりすぎになることがわかった。ショークロスの作品の一つに、「エイダ（ADA）」と呼ばれる動く彫刻がある。この驚くべき彫刻は、一連のギアを使ってプログラムされており、空中に複雑な幾何学模様を映し出すように設計された。そして、ロンドンのロイヤル・オペラ・ハウスでダンス作品の一部としてお披露目されることになっていたのだが、ショークロスはいつものようにぎりぎりまで作業をしていて、このインスタレーションが夕方のパフォーマンスに間に合うかどうか、かなりきわどくなってきた。

みんなでADAを塗っていると、誰かが、彫刻の後ろ側は塗る必要がない、といいだした。なぜなら後ろ側は観客に見えないのだから。みなさんは、これは賢い近道だと思われるかもしれないが、ショークロスにすれば、そんなふうに観客を欺くことはできなかった。あらゆる部分を――たとえ人目に触れない部分であったとしても――目に見える部分のように扱うことが重要だった。作品の後ろ側は観客に見えないかもしれない。でも、ショークロスのような彫刻家にすれば、それはやはり端折りすぎなのだ。

ここでさらにいくつかドゥー・イットの芸術アルゴリズム、つまりみなさんが家でアートを作るための近道を紹介しておこう。

アル＝マリア、ソフィア（二〇一二）

衛星放送のチャンネルがたくさんあるテレビを設置する。フィボナッチ数列を使って、チャンネルを順に選んでいく。0, 1, 1, 2, 3, 5, 8, 13, 21, 34, 55, 89, 144, 233, 377, 610, 987という具合に。あるいは、フィボナッチ計算機を使ってもよい。
デジタル機器を使って各チャンネルの写真を撮っていく。
黄金比が指定するチャンネルの選択肢の終わりまで来たら、データを集めた時とは逆の順序で画像を集めてモザイクのように組み合わせる。
こうして得られた画像は、多岐にわたるメディアマトリックスの一端の極端に単純化された代表となる。

われわれ人間が作った驚異のとんでもない凡庸さにあきれる。

エミン、トレイシー
トレイシーは何をするか（二〇〇七）

テーブルを用意する。その上に、大きさも色もすべて異なる二十七本の瓶を置く。赤い木綿を一巻き持ってきて、それを瓶のまわりに巻き付け、全体をつなぐ奇妙な網を作る。お望みなら、余った木綿はテーブルの下に置いてもよい。

ノウルズ、アリソン
それぞれの赤い物に敬意を表して（一九九六）

展覧会場の床を適当なサイズの正方形に区切る。
各正方形に一つ、赤い物を置く。たとえば、
・果物を一つ
・赤い帽子をかぶった人形を一つ
・靴を片方
そうやって床全体を覆う。

ヨーコ、オノ
願いのかけら（一九九六）

一つ願い事をする。
それを紙切れに書く。
紙切れを折って、願い事の木の枝に結びつける。友達にも同じことをしてもらう。
枝が願いで覆われるそのときまで、
願い続ける。

第七章　データを使った近道

みなさんはクイズ番組に招待されました。今、箱が二十一個あって、それぞれの中に賞金が入っていて、一度に開けられるのは一つの箱、と決まっています。自分が開けた最後の箱に入っていた金をもらうことができるのですが、新しい箱を開けてから、前の箱に戻ってそのなかの金をもらうことはできない。やっかいなことに、どれくらいの賞金が入っているのかはまったくわからず、百万ポンド入っている箱があるかもしれないし、どの箱にも一ポンド足らずの金しか入っていないかもしれない。そこで、問題です。すべての箱に入っている賞金のうちでもっとも高額な賞金を得る可能性を最大にするには、箱をいくつ開ければよいでしょう。

わたしたちは日々データを生み出しながらデジタル世界をぶらぶら歩いて、その世界の拡大にさらに拍車をかけている。今や人類は二日間で、文明の夜明けから二〇〇三年までに生みだされたのと同じ量のデータを生みだすようになった。探索すべきデジタルの地はきわめて広大で、しかもそれらのデータのなかには企業にとっての宝物が潜んでいる。その企業が、みなさんのデジタル世界での次の動きを予測するのに役立つパターンを拾えれば、の話だが。このデータの密林を進んでいくのは容易でないが、数学者たちはいくつかの賢い近道を見つけた。それらを使うと、領域全体を調べなくても、宝物の所在が明らかになる。

一七世紀に科学革命が勃発すると、人類はすぐに自分たちが生み出すデータに圧倒されるようになった。最初期の人口学者の一人であるジョン・グラントは、当時ヨーロッパを席巻していた腺ペストの研究の結果にどっぷり首まで漬かることになって、一六六三年に「圧倒的な量の情報」について文句を言っている。パンデミックに対処するには、それらの数字が欠かせない。だからこそ、世界保健機関のテドロス・アダノム・ゲブレイェスス事務局長はジュネーブでの記者会見で、二〇二〇年の新型コロナウィルスの大流行を生き延びる鍵は「検査、検査、検査」だと述べたのだ。データなしでは、どの資源をどこに配置すればよいのか、まるで見当が付かない。

それにしても、雑音《ノイズ》に紛れている信号を見つけ出す術がなければ、データも役に立たない。合衆国の国勢調査局の前身である国勢調査委員会は一八八〇年に、集めたデータが多すぎて、これらの数字を分析するには十年以上かかるが、その頃には一八九〇年の国勢調査のデータが押し寄せてくるはずだ、と泣き言をいっている。自分たちが作り出し収集したこれらの数字の大波から、手っ取り早くメッセージを拾い上げるツールが必要だった。

わが英雄、カール・フリードリッヒ・ガウスはいつだって、データが大好きだった。たとえば十五歳の誕生日に、対数表が載っていて末尾に素数の表がついている数で一杯の本をもらうと、その本にどっぷりと漬かった。「対数表がどれほどの詩情を湛えているか、きみにはわからないだろう」とガウスは記している。そして長い時間をかけて、一見ランダムな素数のなかに潜むパターンを探り出そうと試みた末に、ついに素数がその本の冒頭の対数と繋がっていることに気がついた。この発見は、やがて無作為に選んだ数が素数である確率を予測するための素数定理へとつながる。

ガウスは、小惑星ケレスが太陽の後ろに消える前に天文学者たちが集めていた観測データから、夜空をいくケレスの軌道をみごとに予測してみせた。さらに、ハノーファー政府による国勢調査のデータの分析に名乗りをあげたときは、「わたくしは、国勢調査の編集、つまり地方における誕生

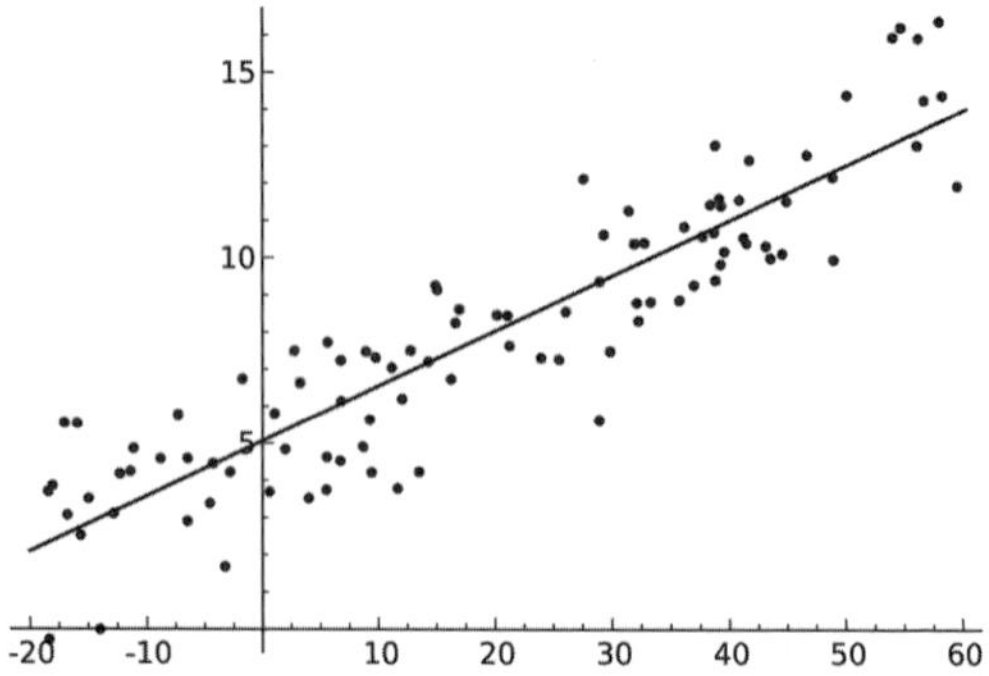

7.1　ガウスの最小二乗法

と死亡の一覧作りを仕事としてではなく、わが喜びと満足のために引き受けたいと思っています」と言い切っている。そのうえわざわざ時間を割いて、ゲッチンゲン大学の教授の未亡人のための年金の仕組みを分析し、ほかの人々の懸念は杞憂であって年金基金は申し分のない状態にあり、未亡人たちにもっと年金を支給できるはずだ、という結論を出した。

夜空のノイズのなかからケレスを再発見できたのは、ガウスが開発した最小二乗法という戦略のおかげだった。ガウスは、ノイズの多いデータがあったとして、そのデータを貫く直線や曲線の候補としてもっとも可能性の高いものを描きたいのなら、各データとその曲線との距離を調べて、それらの距離を二乗したものの総和が最小になるような曲線を選ぶべきだということを示してみせた。

一八〇九年に発表した論文で、ガウスはこの方法の概略を紹介すると同時に、データそのものが今日ガウス分布と呼ばれている形で分布していることを示した。人々の背丈や血圧、試験の結果、天文学や測量における測定誤差といった多数の異なるデータの組をプロットすると、どのデータも基本的に同じような散らばり方をしていて、大部分は真ん中に集まり、孤立した少数の値は縁のほうに散らばっている。この曲線は、鐘の形をしていることから、しばしば鐘形曲線《ベル・カーブ》と呼ばれている。

ガウスを始めとする人々が考案した統計的なツールは、データだらけの現代世界を漕ぎ渡ろうとするすべての人にとって、強力な頼れる近道となっている。

十四中八匹の猫が

わたしは幼い頃、テレビで定期的に流れるキャットフードの広告に興味津々だった。その広告によると、十四匹の猫のうち八匹がウィスカスを好むという。ウィスカスというのは、そのブランドのキャットフードだ。変だなあ、とわたしは考えた。うちを訪ねて来て、どのキャットフードが好きですか、と猫に質問した人なんかいないはずだけど。あんなに大胆な主張をするなんて、一体何匹の猫にたずねたのかな。

みなさんは、このような主張を正当に行うには膨大な作業が必要だと思われるかもしれない。イギリスには、猫を飼っている人が推定で七〇〇万人いるが、ウィスカスの製造元が七〇〇万軒の家の扉をノックして回ったわけでないことは確かだ。じつは統計の数学が、国内の猫に人気のキャットフードを突き止めるためのすばらしい近道を提供してくれるのだ。ほんの少しだけ不確かさが残るのに目をつぶれば、尋ねて回る必要がある猫の数はがくんと減る。今、ウィスカスを好むとされる猫の割合について、五パーセントの誤差なら喜んで受け入れるとする。これだけの誤差を許すということは、五パーセントの猫には尋ねなくてよいということだ。なるほど。だとしても、七〇〇万匹の五パーセントは三五万匹だから、尋ねる相手はまだたくさん残っている。

ここでのポイントは、聞きそびれた三五万匹が全員ウィスカスを嫌っているというのはきわめて不運な場合に限られる、ということだ。三五万匹の中の好き嫌いは、たいてい全体とほぼ同じような比率になる。というわけで、ここに賢い近道がある。もしもわたしが、調査の規模は、調査でわかったウィスカス大好き猫の割合が、二十回のうちの十九回まではすべての猫を調べて得られる割合から五パーセントずれている程度でかまわない、といったらどうなるか。その場合、何匹くらいの猫に当たる必要があるのだろう。なんと驚いたことに、二四六匹の猫に好みを尋ねさえすれば、その程度の確かさで正しく全英七〇〇〇万匹の猫の好みを表しているといえる。あきれるほど少ない数だが、これが数理統計の威力なのだ。こんなに少数の猫に尋ねただけで、全英の猫について自信を持って主張できるなんて。わたしは数理統計の講座を受講し終えたときにはじめて、なぜ誰もうちの猫の好みを尋ねに来なかったのかを理解したのだった。

古代ギリシャの人々も、わずかな事実から多くの事柄を推定することの威力に気付いていた。紀元前四七九年に都市国家連合がプラタイアの町を攻撃することを決めると（プラタイアの戦い。ペルシャ戦争中期の、ギリシャとペルシャ残存勢力との戦いで、これによりペルシャ勢力はギリシャから一掃される）、町の城壁を越えるために、はしごの長さを知る必要があった。そこで兵士を出して、壁を作るのに使われているレンガの大きさを測らせた。それらのデータからレンガの平均の大きさを割り出して、その値と目視で得た壁のレンガの数をかけることで、みごと壁の高さを見積もったのだ。

だが、より洗練されたアプローチが登場したのは、一七世紀に入ってからのことだった。ジョン・グラントは一六六二年にはじめて、ロンドンで行われた葬式の総数のデータを用いて都市の人口を見積もった。教区の記録から集めたデータに基づいて、毎年十一家族に対して三人がなくなり、一家族は平均八人と推定することにした。そのうえで、記録に残っている一年間の葬式の数が一万三〇〇〇件であることから、ロンドンの人口を三八万四〇〇〇人と見積もったのだ。フランスの数学者ピエール＝シモン・ラプラスは一八〇二年にさらに歩を進め、計三十の教区の洗礼記録に基づいて、フランス全体の人口を見積もった。そのデータ分析によると、各教区に暮らす人々の二八・三五人に対して一件の洗礼が行われていた。したがってこの年にフランス全土で記録された洗礼の総数から、フランスの人口は二八三〇万と推定された。

イギリス国内に猫が何匹いるかを知る場合にも、小さいサンプルから大きな全体へと至るある種の統計の近道が必要になる。国内で飼われている猫の数に関しては、ギリシャの兵士の場合と同じ戦略が使える。少数の標本を調べておいて、それを拡大すればよい。小さなサンプルで国民一人あたり何匹の猫が飼われているのかがわかれば、あとは国全体の人口をかけるだけで総数を見積もれる。だが、国内の野生のアナグマの総数を見積もる場合はどうか。アナグマは人に飼われているわけではないので、猫のように人間の数を利用することはできない。

生態学者たちはその代わりに、「再捕獲法」という賢い近道を使っている。これは、人口を見積もるときにラプラスが使った手法の核になっていた戦術だ。今、グロスターシャーに棲息するアナグマの頭数を見積もるとしよう。その場合、生態学者たちはまず一定の期間、アナグマを捕まえるトラップを多数仕掛ける。捕まえるのはいいとして、どうすれば自分たちの捕まえたアナグマが全体のどれくらいの割合にあたるのかがわかるのか。じつはわからないのだが、それでもここには巧みな工夫がある。捕まえたアナグマにタグを付けてすべて野に放ち、タグ付きのアナグマがアナグマ全体に紛れるのを待つ。そのうえで、対象となっている地域の至る所にカメラを据えて、アナグマの画像を撮る。こうすると、目撃されたアナグマの総数と目撃されたタグを付けられたアナグマの数の二つの値が手に入る。生態学者たちはこれらを使って、目撃されたアナグマに占めるタグのついたアナグマの割合を知ることができ、そうなれば、あとはその規模を拡大すればよい。その地方のタグのついたアナグマの総数がわかっていて、さらに、それらのアナグマが全体のどれくらいの割合を占めているのかがわかっているのだから、その地域のアナグマの総数を見積もることができる。

たとえば最初の捕獲で一〇〇匹のアナグマが捕まってタグを付けられ、その後のビデオ観察で、十四中一匹にタグがついていたとすると、全体がカメラに映っているのと同じ比率であるためには、アナグマの総数が一〇〇〇匹でなければならない。ラプラスの場合は、総人口（その値は不明）のなかの生まれた子ども（の数はわかっている）がタグのついたサンプルで、さらに計三十の教区での赤ん坊の数（どちらもわかっている）を数えることが再捕獲に対応していた。

この戦略は、現在英国で奴隷扱いを受けている人の数から、ドイツ人が第二次大戦中に作った戦車の数まで、あらゆる事柄の推定に使われてきた。

ただし近道にも時には問題があって、常に正しい知識が得られるとは限らない。近道のせいで彷徨う羽目に陥ったり、近道によって導かれた先がじつは望みの場所とはかけ離れているのに、本人は答えにたどり着いたと思い込んでしまうことがある。統計による近道にはそのような危険もあって、実は本物の近道ではなく手抜きであるかもしれない。

二四六匹の猫に尋ねれば七〇〇万匹の猫の好みに関する知見が得られたとしても、十四の猫に尋ねただけではたいした理解は得られそうにない。ところが科学文献のなかには、このようなひどく小さなサンプルに基づく「発見」なるものの例がたくさんある。実際その手の研究は、大手学術雑誌に投稿される大量の精神物理学や神経生理学の論文によく見られるが、これは、そのような研究に多くの人々を関わらせることがひじょうに難しいからだ。それにしても、二匹のアカゲザルや四匹のラットに関する研究から、本当に何かを推論することができるのだろうか?

残念ながら、「十中八のXはYを好む」といった発見に関する見出し記事では、対象となった標本の数にはいっさい触れない場合が多く、これではその発見が正しい可能性がどれくらいあるのかがわからない。

有意義な発見を正しく報告する際の黄金律は、先ほどのキャットフードの調査における適切な標本の規模を確定するために設定したパラメータで与えられる。あの場合は、二十回のうちの十九回で猫全体の餌の好みが正しく表される規模であればよかった。

科学的な発見とそれが持ちうる意義に関していうと、たとえばある病状に対する新薬では、薬を使わなくてもそのような改善が見られた可能性が二十に一つ未満なら、その薬は有意義だと見なせる。今、みなさんがコインを表に向けるおまじないを考え出したとする。たいていの人がそんなことは眉唾だと感じるはずだが、では一体どうすればみんなを納得させられるのか。みなさんが呪文を唱えたうえで二十回コインを投げると、十五回表が出た。はたしてこれは、みなさんが何かを達成したという証になるのか。じつは、偏りのないコインをでたらめに落とした場合、(呪文をかけていないのに)二十回中十五回表が出る可能性は二十に一つもない。ということは、呪文をかけたら表が十五回出たという事実から、呪文には効き目があると考えてよいわけだ。

一九二〇年代以降、この「二十に一つの無作為な可能性」は、みなさんの発見が「統計的に有意」であるとするためにクリアしなければならない閾値になってきた。この閾値をクリアできれば、その発見は受理されて発表され、「P値は0・05未満である」といわれる。「二十に一つ」が、何かがでたらめに起きるかもしれない五パーセントの可能性を表しているのだ。

やっかいなことに、研究グループが二十もあれば、そのうちの一つがこの無作為な結果を得る可能性はきわめて高い。残り十九のグループは、そこから別の着想を検討することになるが、二十番目のグループは、閾値をクリアしたのだから有意な結果を発表できる、というのでひどく奮いたつ。というわけでみなさんにも、このような閾値に頼るとどうしてじつに多くの馬鹿げた仮説が文献に登場することになるのか、その理由がおわかりだと思う。だからこそ、これまでに統計的有意を巡るこの試練を通過したことを根拠として発表されてきた多くの結果を、あらためて再現させてみなければならない、という声があがっているのだ。

逆に、何かのP値が0・06だと(つまり、無作為に生じる可能性が六パーセントなら)、その結果は弱すぎて統計的に有意でないとして棄却される場合が多い。だが、この値に基づいて仮説を棄却するのも、やはり危険だ。そうはいっても、否定的な結果はあまり良いニュース記事にならないから、残り十九の研究グループは、関係がないということに気づいたとしてもその事実を発表しない。

これらの閾値の扱いには、ごく慎重であるべきだ。あるコインが公正か否かを確認したいのなら、この閾値で問題ない。しかし、ある医師の事故率が医療過誤のせいで高いのかどうかを調べる場合はどうだろう。調査のために二十人につき一人の医師を召喚したくはないだろう。だとしても、どのあたりで気にし始めるべきなのか。

たとえば一九九八年九月に、尊敬されるかかりつけ医だったハロルド・シップマンが、少なくとも二一五人の患者に致死量の医療用薬物を注射したとして逮捕された。その後、デイビッド・シュピーゲルハルター率いる統計学者のチームは、元来第二次大戦下で軍需品の品質維持管理のために導入されていた検査をもっと早くに行っていれば、ずっと前にシップマンのデータが奇妙であることがわかり、一七五名の命を救えたはずだという結論に達した。

結果が有意か否かを定める閾値は、慎重に扱う必要がある。二〇一九年三月には八五〇名の科学者が、科学的な発見のベンチマークとしてのP値に執着する科学者共同体への反撃として、「ネイチャー」誌に一通の手紙を送っている。「わたしたちはP値の禁止を要求しているわけではない。また、P値をある種の特別な目的のための応用（たとえば、生産過程がある種の品質管理の基準に合致しているか否かを決定する場合）における決定基準として使えない、といっているわけでもない。さらに、弱い証拠が突然信頼できるものになるというような、何でもありの状況を擁護しているわけでもない……わたしたちは、P値を従来のような二分法的なやり方で使って、ある結果が科学的な仮説を支持しているのか、誤りを示しているのかを判断することをやめるよう求めている」

群衆の知恵

統計学者のフランシス・ゴルトン卿が考案した賢い近道のひとつに、大勢のごく普通の人に助言を求める、という方法がある。辛い作業はすべて彼らにまかせておいて、それから鋭い数学を少しばかり使って仕事を完成させる。今日、ゴルトンが優生思想に基づく非倫理的人種差別理論を主張したとして批判の対象となっているのはまったく正しいが、彼の群衆知の理論は、今もビッグデータの解析における貴重なツールになっている。じつはゴルトンは、この理論の逆が成り立つことを証明しようとして、たまたまこの事実を発見した。ゴルトン自身は、社会を構成する平均的なメンバーの集合知をほとんど信じておらず、大衆の政治への口出しにきわめて批判的だった。「多くの男女がじつに愚かで間違った考えを持っていて、ほとんど信用できない」

この見解を裏付けるべく、ゴルトンは地元プリマスの郡主催の品評会である実験を行うことにした。その品評会では、雄牛を屠って捌いた後の重さを当てるコンテストが行われていて、この問いに惹きつけられた八〇〇人が、六ペンスを払って見積もりを出していた。なかには農夫も二、三人混じっていたが、大半は何も知識を持たない見物客だった。「コンテストの平均的な参加者が捌いた雄牛の重量を見積もる能力は、平均的な投票者がその投票で取り上げられている政治問題の大半の価値判断を行う能力と似たりよったりだと思われた」ゴルトンはそっけなく記している。

ところがそれらの見積もりを持ち帰って統計的に分析したゴルトンは、衝撃を受けることになる。ひどく軽く見積もったり、ひどく重く見積もったり、まったく的外れな見積もりも多かったが、すべての値の平均を取ってみると、びっくりするほど実際の値に近かった。（ゴルトンはじつは分析の手始めに、あらゆる推測値を順に並べて真ん中の値をとったのだが、メディアンと呼ばれるこの値もきわめて正確だった）一般人の集団全体から得られた雄牛の重さの平均推測値が一一九七ポンドだったのに対して、真の値は一一九八ポンドで、たったの一ポンドしかずれていなかった。ゴルトンはあっけにとられ、「この結果は、民主的な判断が思っていたよりもずっと信頼できることを裏付けているようだった」と記している。ゴルトンは、推定するという大仕事はすべて群衆にやらせたうえで、数学を使って解への近道を辿った。これはまさに、「群衆の知恵」である。

最近、ある一般の方から一通の礼状が届いた。その人によると、この一件に関するわたしの話を聞いて、地元の品評会でまさにそのとおりの戦略を使ってみたという。その品評会で出されたのは、壺に入っているゼリービーンズの数を見積もるという問題だった。そこで、申し込みが締め切られるギリギリまで待って、来場した人々の推定値をどんどんエクセルに放り込み、その平均を取って自分の推定値とした。結果は、群衆の知恵を利用したその推定値がもっとも近く、実際の個数である四五三二との差はたったの五個だったという。その人物からの手紙には、いくつかのゼリービーンズが同封されていた。この巧みな近道を教えてくれたお礼にお裾分けをどうぞ、というわけだ。

これとは別の群衆の知恵としては、たとえばあの有名なクイズ番組、「クイズ$ミリオネア」がある。たいていは自分一人で質問に答え、一五回正解を出して百万ポンドの賞金をゲットしようとするのだが、じつは二本の命綱が用意されていて、皆目見当がつかない場合はそれらに頼ることができる。一つ目は友達に電話をする権利で、もう一つは観客に尋ねる権利だ。スイスの学者チームがこの番組のドイツ版でデータを集めたところ、集まったサンプルの中で観客に尋ねたのは一三三七回で、そのうちの不正解はたったの一四七回だった。つまり正答率は、八九パーセントというすばらしい値だったわけで、これを友人への電話の正答率と比べると、電話の場合は四六パーセントが不正解になっている。

聴衆の力を借りる場合は、答えに関する自分自身の見解を悟られないようにすることが肝心だ。人間は、きわめて惑わされやすい種なのだ。今、出場者が次のような問いに正解すれば、百万ポンドの四分の一が手に入るとしよう。

ノルウェーの探検家、ロアール・アムンゼンは十二月十四日に南極に着きました。では、その年は以下のどれでしょう。

A、一八九一年　B、一九〇一年　C、一九一一年　D、一九二一年

その出場者は、南極点到達の先陣争いでアムンゼンに負けたロバート・スコットがヴィクトリア朝の人だったことは確かだと思っていて、CとDは絶対に間違いだと判断した。しかしAとBのどちらなのかがわからない。そこで聴衆に尋ねることにした。その結果を見てみると、

A、28パーセント　B、48パーセント　C、24パーセント　D、0パーセント

となっている。

こうなると、直感的にはBにしたくなる。ところがCの答えを見ると……。出場者自身はこの答えが間違いだと確信していたにもかかわらず、なぜこんなにたくさんの人々がこの答えを選んだのだろう。なぜなら、出場者のほうが間違っていたからだ。おそらくこの出場者が自分の考えを口にしたせいで多くの人が迷うことになって、ほんとうなら正解のCに投票したはずの人がBに投票したのだろう。

もっとも、聴衆を信じるという戦術が成功するか否かは、クイズが行われている国によっても違ってくるらしい。ロシアの聴衆は出場者を惑わすことで悪名高く、どうやらわざと間違った答えを

選ぶ。もちろんみなさんはいつでも、チャールズ・イングラム少佐が百万ポンドを手に入れるために活用したけしからん近道を使うことができる。そう、インチキをするのだ。イングラムは聴衆のなかにサクラを仕込み、司会者が正解を読み上げるたびに、その人物が咳払いをしたという。数学を知っていれば、咳をする助手などいなくても大丈夫だったのに。そのときの百万ポンドがかかった最後の質問は、1の後にゼロが一〇〇個続く数の名前を問う問題だった。それは（A）グーゴルか、（B）メガトロンか、（C）ギガビットか（D）ナノモルか。もしも助けがほしいのなら、わたしがAで咳をしましょうか？

群衆がそんなに賢いのなら、専門家なんて不要だろうに。いやそれは……その作業がどんなものかによって違ってくる。保守党の政治家マイケル・ゴーヴはブレグジットの大失敗の渦中で、「もう専門家なんかたくさんだ」と言い放ったが、わたし自身は、乗客がよってたかって操縦する飛行機には乗りたくない。それに、世界中のアマチュアが束になってチェスのグランドマスターであるマグヌス・カールセンと対戦したとしても、どちらの勝ちに賭けるべきかははっきりしている。いったいどういう場合は群衆が近道となり、どういう場合は群衆が迷い道になるのか。一つ重要なのが、確実にその集団の一人一人がバラバラに答えるようにしておくことだ。極地探検家のスコットがヴィクトリア朝の人であるという「クイズ$ミリオネア」の出場者の思い込みが聴衆に及ぼした影響を思いだしてほしい。

心理学者のソロモン・アッシュは、群衆は、影響力のある人が自分たちの直観と異なることをいったときにとくに説得されやすい、ということを突き止めた。一九五〇年代に行った実験で、アッシュは図7・2の右側の三本の線のうちのどれが左の線と同じ長さなのかを七人の人に問いかけた。じつはこの実験にはひねりが加えられていて、最初の六人はサクラだった。六人とも、Bと答えるよう指示されていたのだが、何度やっても七番目の人物は、自分の目を信じてCと答えようとはしなかった。集団の選択に同調したいという気持ちが自分が見ていることを圧倒し、最初の六人と同じ答えを選んでしまう。

ソーシャルメディアの時代には、このような同調欲求によって、ほかの人と異なる選択をする力が著しく損なわれる可能性がある。ソーシャルメディアのせいで、群衆の一人一人にとって独立を保つことがきわめて困難になるのだ。

だがその一方で、賢い群衆を作るうえで完全な独立性が常に大きな役割を果たすわけではない、という証拠もある。実際アルゼンチンを拠点とするあるチームのすばらしい研究では、結果を集約する前に群衆のメンバー同士が協議してもかまわないことにしたところ、完全に独立した群衆より良い答えが得られた。

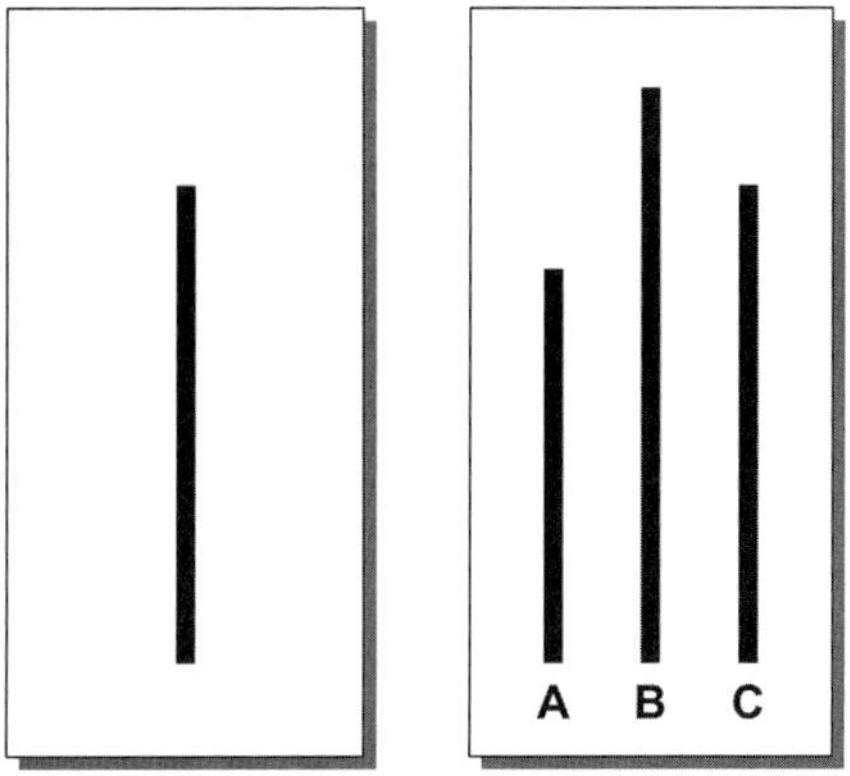

7.2 アッシュの実験。左の線と同じ長さの線はどれか

件の研究チームは、ブエノスアイレスのライブイベントの計五一八〇人の観客に対して、まず、人とはいっさい話をせずに八つの問いに答えるよう依頼した。たとえばエッフェル塔の高さはどれくらいか、二〇一〇年のワールドカップでは何本のシュートが成功したか、といった問題を出して、それらの答えを集め、平均を計算する。次に、これらの聴衆を五人ずつのグループに分けて、各グループでそれらの問題について話し合い、自分の答えを見直してもらう。するとそれらの答えの平均は、前の答えよりはるかに正確だった。

このときにポイントとなるのが、その少人数の中に専門知識のある人が混じっていて、皆目見当が付かない人々の判断を助けるという点だ。つまりその集団は、専門的な知識の恩恵に浴することができる。みなさんがサッカーについてまったく知らなければ、ワールドカップで何本のシュートが成功したかと問われても、完全に当てずっぽうで答えるしかない。だが五人組のなかに多少はサッカーのことを知っている人がいて、一試合で平均二から三本のシュートが成功することや、ワールドカップでは計六十四試合が戦われることを教えてくれれば、推測の基になる素材が手に入り、たとえば2・5×64＝160ゴールという数を出すことができる。ほんとうの答えは、一四五ゴールなのだが。この場合に重要なのは、話し合ったことに基づいて改めて答えを出すときに、グループのメンバーが提供してくれたかなり説得力のある専門知識を考えに入れられる、という点だ。

もちろん、なかには自分は専門家だと思い込んで、実は人々を惑わせる人物もいるわけで、それを思えば、群衆全体がたった一人の自信家のリーダーに影響されるのは避けたい。それでもなお、このような小さなチームからなる群衆のほうが、バラバラな個人が集まった群衆より力があるように見える。

さらにもう一つ、その群衆が多様な意見を持っているようにできるかどうかも、群衆のパフォーマンスを大きく左右する。ブエノスアイレスのイベントに参加した聴衆の場合は、そのようなイベントに参加したがるある特定の社会階層から来ているかもしれず、そうなると、社会のより多様な領域が含まれていない可能性がある。この点を浮き彫りにした例として、いくつかの興味深いケースを見てみよう。それらすべての事例で行政は、予算に関する決定に力を貸してくれるよう一般の人に依頼した。政治家任せにしない直接参加型の予算というこのアイデアは、まず一九八九年にブラジルのポルト・アレグレで検討された。二〇〇八年にアイスランドの財政が破綻して経済が落ち込むと、政府は予算設定に力を貸してくれるよう一般市民に呼びかけた。だがこの試みは、一般には成功とされていない。人々に参加を呼びかけたために、政治に関心がある人だけが名乗りを上げたようなのだ。そのためできあがったグループには初めから偏りがあって、政府が活用したいと思っていた多様性に欠けていた。

そこで、カナダのブリティッシュコロンビアでこれと同じ試みが行われたときには、ちょうど陪審員を決めるときのように、一般の人々を無作為に選んで参加の依頼書を送ることにした。すると、人々を自薦ではなく無作為に選んだおかげでグループに含まれる意見の幅がぐんと広がって、参加型予算の狙いがはるかにうまく実現された。

科学者になりたい人はいませんか

群衆を科学的な発見の近道にするという着想は、ここ数年間わたしたちが目にしている市民科学プロジェクトの大波の鍵になっている。そのようなプロジェクトの中でももっとも早くに始まってもっとも成功したもののひとつに、わがオクスフォード大学の運営する「銀河動物園《ギャラクシー・ズー》」がある。オクスフォード大学の天文学科はこのプロジェクトを利用して、この宇宙に存在するさまざまな種類の銀河を分類してきた。世界中のじつに多様な望遠鏡がすばらしい銀河の写真を撮ったとしても、研究科の学生だけですべての画像をチェックすることは不可能だ。それに、このプロジェクトが始まった時点では、コンピュータ・ビジョン（人間の視覚システムが行うことのコンピュータによる自動化。二五一ページ以降を参照）はまだ始まったばかりで、渦巻き銀河と球状銀河を区別できなかった。

だが人間なら、この二つを至極簡単に区別できる。実際オクスフォードのチームは、別に天文物理学の博士号を持っている人でなくても戦力になる、ということに気がついた。データを点検する目がたくさんありさえすればよい。一般の人々がプロジェクトに参加するには、まず簡単なオンラインの個人指導を受けて、自分たちが何を探すのか、渦巻き銀河と球状銀河はどこが違うのかを教わる。そして、世界中の望遠鏡が捉えた膨大な未分類の画像を相手に、自由に作業を始める。
大学の天文学科は、群衆を利用することで、すべてのデータを分類するという膨大な作業を端折ることができた。これには、罰として柵に水漆喰を塗るよう命じられたトム・ソーヤーが友達をうまく使った、という逸話に通じるところがある。トムが仕事を遊びに変えたので、急に友達全員が柵を塗るのを手伝うために順番待ちの列を作ったのだ。

だがギャラクシー・ズーに参加した人々は、さらにその一歩先を行った。データの山に隠れていた、まったく新しいタイプの銀河を発見したのだ。画像のなかには、データ分類のために示されたどのカテゴリーにも当てはまらないものがあったのだが、専門家たちはそのような画像に出くわすと、特異な例として退けて、おしまいにしていた。ところがギャラクシー・ズーの人々が出くわすそのタイプの画像はどんどん増える一方だった。真っ暗な宇宙空間にちんと座った、グリーンピースのような銀河の姿。やがてギャラクシー・ズーのブログに「お豆にチャンスを《ギブ・ピーズ・ア・チャンス》」というスレッドが立った。これらの緑色の粒を見捨てないで！ というのだ。ジョン・レノンの歌（「平和を我等に（Give Peace a Chance）というメッセージソング）をもじったユーモアたっぷりのこの言葉遊びにちなんで、このタイプの銀河はグリーンピース銀河と呼ばれるようになった。

市民科学者たちのこの発見から、結局は「ギャラクシー・ズーのグリーンピース：コンパクトで極端な星形成銀河の発見」という論文が生まれ、「王立天文学会月報」に掲載された。

群衆の力が科学的な発見の近道として使われたのは、決して新しいことではない。一七一五年には天文学者のエドモンド・ハレーが、二〇〇人のボランティアを集めて、その年の五月三日の日食の間に月の影がどれくらいの速さでイギリスを横切るかを算出することにした。国中のさまざまな地点に陣取った一般市民のメンバーたちに、皆既食になった時間とその継続時間を記録するよう依頼したのだ。残念ながらオクスフォードの空は雲に覆われていて、ボランティアはまったくデータを取ることができなかった。天気に関してはケンブリッジ・チームのほうが幸運だったが、彼らは集中し損なって、日食を見逃してしまった！　ケンブリッジ・チームの責任者だったコーツ牧師のハレー宛ての手紙によると、「あまりに多くの人々が集まっていたために、残念ながら、圧力を感じてしまったのです」彼らは訪れた人々にお茶をふるまい、よし、これで観察ができるぞ、と思ったときには、すでに日食は終わっていた。

それでもハレーは、十分なデータを得ることができた。そして、月の影が地上を、なんとまあ、時速二八〇〇キロメートルという猛烈な速さで移動したことを突き止めると、その結果を自身もフェローであるロイヤル・ソサエティーの雑誌に発表した。

ハレーの成功に勇気づけられたもう一人のロイヤル・ソサエティーのフェロー、ベンジャミン・ロビンズは、市民の協力を募って、花火がどれくらいの高さまで上がるのかを突き止めることにした。この試みにうってつけのチャンスが訪れたのは、一七四九年四月二十七日の夜のことだった。ジョージ二世が、その晩にオーストリア継承戦争（オーストリアの王位継承を発端にしたヨーロッパ主要国間の戦争一七四〇―一七四八）の終結を祝う花火を打ち上げることにしたのだ。お気に入りの作曲家ゲオルク・フリードリヒ・ヘンデルにこのときのために作らせた曲を流しながら。

ロビンズは「ジェントルマンズ・マガジン」に広告を出して、読者に、自分のいるところからみて花火がどの高さまで上がったかを記録するよう呼びかけた。

ロンドンから一五～五〇マイルの所におられる好奇心に満ちた方々は、これらの花火が打ち上げられる夜に、あらゆる状況を適切にしたうえで、注意深くあたりを見渡していただきたい。これによって、ロケット花火が見える最大の距離がわかるはずです。観察者の状況と夕方の天気が適切であれば、その距離は四〇マイル以上になると思われます。さらに、花火が打ち上げられる地点から一、二、三マイルのところにお住まいの創意工夫に富む紳士が、ロケットがもっとも高く上がった地点においてロケットと水平線がなす角度をなるべく正確に観察してくだされば、その値から、これらのロケットの垂直上昇距離をかなり正確に決定できるはずです。

これは決して無駄なお遊びプロジェクトではなかった。軍にとってロケットは重要なので、花火が見える範囲に関する情報は、兵器を開発するうえでひじょうに有益だった。残念ながら、「ジェントルマンズ・マガジン」に掲載されたロビンズの指示はひどく曖昧だったので、参加する気を起こした人はほとんどいなかった。このプロジェクトに参加したただ一人の紳士は、ロンドンから一八〇マイル離れたウェールズのカーマーゼンに住んでいて、丘の上で辛抱強く待った末に、水平線から一五度のところで何かが二回光った、と断言したが、途中にブレコンビーコンズ山があることと地球の曲率を考え合わせると、その紳士が打ち上げられた六千発の花火を実際に目にしたということはまずあり得なかった。この花火に大勢の人々が動員されていたのにウェールズにはなんの影響もなかったことを知ると、そのボランティアの紳士は、この催し全体が膨大な公金の無駄遣いだ、と考えるようになった。

今では科学的な調査への群衆の助力は、失敗に終わったロビンズの試みよりもはるかにみごとな成功を収めている。ビデオで撮った南極大陸の画像に写っているペンギンの数を数えることから、変性疾患の鍵となる事実を見つけるためにタンパク質を折りたたむことまで、群衆を組織することは、新たな知見へのじつに巧みな近道でありつづけている。

実業界もまた、知識への近道としての群衆の力を決して見過ごしてきたわけではない。実際フェイスブックやグーグルが成功できたのは、そのサービスと引き換えに、群衆がただで重要なデータを渡してくれるおかげなのだ。

機械学習

ギャラクシー・ズーが始まった二〇〇七年当時、コンピュータ・ビジョンはきわめて貧弱だった。しかしここ数年で、画像に含まれるものを判別するコンピュータの能力は大きく変わった。それというのも、機械学習と呼ばれる新たなコードの書き方が登場したからで、この手法では、データとの相互作用を通してコード自体が変化したり変質したりする。トップダウン式にコードを作るのではなく、コード自体がボトムアップで学べるようにすることで、強力なアルゴリズムを書くためのすばらしい近道が生まれたのだ。コード自体はそれほど巧みでも効率的でもないのかもしれないが、今日のコンピュータの計算能力をもってすれば、そんなことは問題にならない。

機械学習の大きな成功の一つに、コンピュータ・ビジョンがある。この革命の鍵になったのは、データを統計的に分析することでものを見ることへの近道が得られる、という事実だ。コンピュータが絶対に間違えないというわけではないが、それはそれでけっこう。ほとんどの場合に正しい答えを出せればよい。これは、わたしたちが最初に取り上げた十匹中八匹の猫を巡る近道のポイントでもあった。猫と犬を九九パーセントの確率で区別できるようにするには、当然データに触れさせる必要があるわけだが、いったいどれくらいのデータに曝せばよいのだろう。オンライン上にある猫と犬の写真をすべてコンピュータに入れるなんて、そんなのはごめんだ。いくらなんでも枚数が多すぎる！

あるアルゴリズムにさまざまな画像のカテゴリーを判別するための訓練を施す場合、原則として、各カテゴリーを代表する画像が一千枚は必要だ。猫を認識するアルゴリズムを作るのなら、猫の画像を一千枚用意して、それらをコードに学習させる。標準的な機械学習のアルゴリズムでは、データをさらに増やしたからといって成功率が上がるわけではない。どうやらアルゴリズムがプラトー（学習曲線が平坦となり、努力してもほとんど進歩が見られない段階）に入るようなのだ。しかしより洗練された深層学習モデルの場合は、さらにデータを与えると、判別能力が対数的に向上する。

たとえばどの変数が売り上げに影響しているのかを知りたい場合、いくつくらいのデータで済むかが重要だ。ひょっとするとみなさんは曜日が影響すると思っているかもしれず、あるいは天気が関係しているとか、良いニュースがあったかどうかが関係すると考えているかもしれない。そこで、何が売り上げに影響するのかを知るために、まずデータを集める。売り上げに影響しそうな変数に注目して、それらすべての変数のそれぞれの値に対する売り上げを記録する。

事実に基づいて推論を行うためにどれくらいのデータが必要なのかは、回帰分析と「十に一つの法則」を見ればわかる。今、追っている変数が五つだとすると、これらのパラメータの変化が売り上げに及ぼす影響を読み取るには、ざっと10×5＝50個のデータがあればよい。

そうはいっても、この手の近道には注意が必要だ。なぜなら惑わされる可能性があるからで、群衆を近道にするときに多様性が重要になるように、知恵を拾い集めたいのなら、データが多様であるようにしておく必要がある。アマゾン・ドットコムは、従業員募集に対する応募書類をふるいにかけるのに役立つ人工知能を開発しようと考えて、そのロールモデルとして現在の従業員のプロフィールを使うことにした。アマゾンがその時点での従業員の質に満足しているのであれば、これは理にかなった決断だ、とみなさんも思われるだろう。ところが人工知能が二十歳の白人男性以外の出願書類を片っ端からはじき始めたので、アマゾンも、そのアルゴリズムが職を求めて応募してくる膨大な人々に対して不公正な差別を行っていることに気づいたのだった。

ジョイ・ブォロムウィニが立ち上げた「アルゴリズムの正義連盟《アルゴリズム・ジャスティス・リーグ》」は、このようなアルゴリズムを使った近道がわたしたちを新しい方向に導くのではなく古い偏見へと引き戻す場合があることに警鐘を鳴らしている。

もう一つ重要なのが、一度にあまり多くの変数を追いすぎないことだ。なぜなら、追う変数が多くなればなるほど、そこにパターンが見える可能性が高まるからだ。追う変数が多すぎるとどのようなことが生じるのかは、次のような実験を見るとわかる。fMRI（機能的磁気共鳴画像法）スキャナーで脳の八〇六四箇所の領域を調べて、被験者にさまざまな人間の表情の画像を見せたときにどの領域に反応が出るかを突き止める実験を行ったところ、十六の領域で確かに統計的に有意な反応が見られた。問題は、その実験でスキャンした脳が、死んだ大きなアトランティック・サーモンの脳だったという点だ。研究者たちは偽陽性（この場合は、脳の活性化が起きていないのに起きているように見えてしまうこと）を修正するために、死んだ対象として件の鮭を用いた実験を行ったのだが、この実験を見ると、とにかく多くの要素を測定してパターンを拾おうとすることがいかに危険かがよくわかる。このチームは、「まず人々を笑わせて、それから考えさせる」その偉業に対して、その年のイグノーベル賞を受賞した。

そのチームの研究者の一人であるクレイグ・ベネットがいうように、「ダーツを投げて真ん中に命中する可能性が一パーセントだったとして、ダーツを一本投げたら、的の真ん中に命中する可能性は一パーセント。ではダーツが三万本あったとしたら？ そうだなあ、少なくとも数回は的の真ん中に命中するといえる。結果を見つける機会がたくさんあれば、たとえそれが偶然だとしても、その結果を見つける可能性は高くなる」のだ。

決断するまでには、いくつデータが必要なのか

この章の冒頭で紹介したクイズ番組は、わたしたちが人生で直面するさまざまな難題の良いモデ

ルになっている。一人目のボーイフレンドやガールフレンドがほんとうにすてきな人だったとして、その人と結婚すべきなのか、それとも、もっと上手にやれたのに、という感じにしつこくつきまとわれることになるのか。海にはもっとたくさんの魚がいて、そのうちのどれかが「運命の人」なのかもしれない。でも、今のパートナーをふったら、普通は元の鞘に収まれない。となると、どの時点で見切りをつけて、手元にあるものでよしとするのか。

部屋捜しも、古典的な例といえるだろう。最初にすばらしい部屋を見つけたのに、もっと見てから決めなくてはと考えて、結局最初のすばらしい部屋を借りそこなう、というのはよくあることだ。最高のものを手に入れる可能性を最大にするための鍵になる数、それは、数学では二番目に人気の $e = 2.71828\ldots$ という数である。数学で一番人気の数 π と同様、e も小数で表すと決して繰り返しが起きず、しかも、ありとあらゆる状況に顔を出す。第二章で紹介した、数学のもっとも重要な五つの数を結びつけるオイラーの美しい等式にも登場するし、みなさんの銀行口座の利子が増える様子とも密接な関係がある。

しかるに e は、じつはわたしたちの架空のクイズ番組で一等の箱を引き当てるチャンスを最大にする近道でもある。数学を使うと、箱が N 個ある場合、賞金の額の見当を付けるには N/e 個の箱からデータを集める必要がある、ということがわかる。$1/e = 0.37\ldots$ だから、これは全体の約三七パーセントに相当する。つまり全体の三七パーセントの箱を開けたうえで、それまでに開けた箱の最高額を超える賞金が入っている箱を引き当てたところで、箱を開けるのをやめる。こうすれば必ず一等の賞金が手に入る、という保証はないが、三回に一回は手に入れられる中では最高額の賞金を得ることができる。ちなみに決断する前に開ける箱の数を増やしたり減らしたりすると、最高金額を得る可能性は減る。三七パーセントというのは、クイズ番組での箱であろうと貸部屋であろうと、レストランであろうと生涯の伴侶であろうと、思い切って決断する前に集めるデータの量としては最良の値なのだ。ただしこと愛情に関しては、パートナーにはこの計算のことを話さないのがいちばんだと思う。

近道への近道

新しいプロジェクトのために自分のアイデアをどの方向に展開するかを決める際には、人々の好みを調査するとよい結果に繋がることが多い。すでにさんざん売り込まれているように、データは新しい石油だが、それにしても、自分の着想を強化するのにどれくらいのデータが必要かを知っておくことは重要だ。データが多すぎると溺れかねず、少なすぎるとプロジェクトを始めることすらできなくなる。統計を用いた近道を使うと、びっくりするほど少ないサンプルでぐんと前進できる場合が多い。さらに、データを集めるための賢い近道を見つけることも重要だ。マーク・トゥエインの例にもあるように、一人で柵を塗ると長い時間がかかるが、人手が多ければすぐにすむ。ツイッターで世論調査を行うにしろ、オンラインゲームでデータを収集するにしろ、グーグルの分析を使って自分のウェブサイトとの関係を理解するにしろ、知識を拾い集めたいのであれば、群衆の知恵を活用するのも一つの方法だ。

ちょっと一息

セラピー

妻のシャニに「近道」に関する本を書いていると話すと、妻はあきれかえった。シャニは心理学者で、脳の配線を組み替えるためのセラピーには深くゆっくりした作業が不可欠で、それに代わるものはない場合が多いと信じている。それでも、セラピーにおいても社会が直面する巨大な精神衛生の問題に取り組むための近道が見つかっていることは認めた。

従来は、セラピーを受けるというのは何年も何年も長椅子に横になって自分の幼少期の話をしつづけることだ、というイメージだったが、時には、何年もかかるセラピーを端折れるきわめて強力なテクニックが存在することがある。シャニはわたしに、フィオナ・ケネディ博士と話しをしてみたら？　といった。博士は長年心理学者として実践を積み重ね、集中的なセラピーの分野でセラピストの訓練に携わっている。これらのセラピーは、精神衛生の問題に取り組むために開発されたもので、それによって、長い治療をしなくても、病的な恐怖や不安や憂鬱や心的外傷後ストレス障害を抱えた患者を助けることができる。

ケネディによると、これらのセラピーが成功したのは、一つにはより科学的なアプローチを取っているからだという。「外科医の所で心臓の手術を受けることになり、執刀する医師の候補が二人いたとします。一人目は、『わたしの心臓手術歴はここにあります。これこれこのようなテクニックを使っており、成功率はこれだけです』といい、もう一人は『いやあ、じつはデータはまったく集めていないんですがね。でもひじょうに創造性があって、みなさんじつに勇気づけられるといっています。手術はたくさんやっていますし、それを大いに楽しんできました』といったとして、あなたはどちらの医師に執刀してもらいますか。心理療法の世界に証拠に基づく科学的な思考が入ってきたのはごく最近のことですが、そのおかげで、これらの方法が世界中の公共医療サービスにうまく導入されるようになりました」

心理学の近道のなかでももっともよく知られているのは、おそらくCBT、認知行動療法だろう。一九六〇年代末から一九七〇年代はじめにかけて精神科医のアーロン・ベックによって導入されたCBTは、人々の考えや信念や態度が感情や振る舞いにどう影響するかに焦点を当てて、さまざまな問題に対処するための技術を教える。

ケネディは、学生時代に自身も参加した、ラットや学生にさまざまな作業をさせる実験のことを話してくれた。「ラットは学生に楽勝しました。わたしたちはみな、何が起きているのかを考えすぎたんです」それは、成功へと至る道筋に認知がどう干渉するかを調べる実験で、ベックらにすれば、認知を変える方法を見つけることが重要だった。

ケネディは何がどうなっているのかを、きわめて数学的に語った。「問題は、ネットワークなんです。ひじょうに複雑な関係のネットワークがいくつもあって、それがあなたという存在を決めている。でもそれと同時に、あなたが世界にどう反応するかも決めている。だから、そのネットワークを変えることが重要になります」

ベックの最初のCBTモデルでは、わたしたちの振る舞いをきわめてアルゴリズム的に把握していた。ある動因が入力として働き、それが処理されて、考えや感情や振る舞いを生みだし、さらにそれらが引き金となって、行動という出力が生み出される。ベックは、このアルゴリズムを小さな部分に分割し、プログラムのバグ――つまり誤った認知――を見つけるための手法として、CBTを提案した。セラピーの行動的な部分は課題で構成されており、セラピストはそれらの課題をクライアントに投げかけることで、アルゴリズムのある部分が誤っていることを示してみせる。たとえば蜘蛛に対する恐怖を正すには、少しずつ蜘蛛に曝される経験を繰り返していって、患者が恐れているような結果にならないことをはっきりさせる。

驚いたことに、誤った認知を意識するとすぐに行動が良い方向に変化する場合がある。よりよく考えることで、より健康で安心な生活を送れるようになるのだ。各一時間のセッションを計八回行えばこのような効果が得られることから、CBTを始めとするセラピーは人々を職場復帰させるための近道として爆発的に流行することとなった。このセラピーにはきわめて明確な構造があるので、多くの場合、グループや自己啓発書や携帯のアプリといった多様なフォーマットで提供できる。

この近道は、きわめて効果的だということで、イギリス政府の「心理療法アクセス改善(IAPT)」という新たな取り組みのバックボーンになった。二〇〇八年に始まったこの取り組みによって、英国における成人の不安症やうつ病の治療は一変した。経済学の教授であるリチャード・レイヤード卿は、人々を職場に復帰させれば金を節約できるのだから、この制度の採算は十分取れる、といって当時の労働党政府を説得した。政府は二〇〇九年に、今後三年間に三千人以上のセラピストを訓練するための資金として三億ポンドを拠出した。今日IAPTは、世界一野心的な対話型《トーキング》セラピーのプログラムとして広く認められており、二〇一九年現在、百万人を超える人々がIAPTのサービスを使って鬱や不安を克服しようとしている。

時にはごく短期間のセラピーしかできない場合もあるが、それでもケネディはわたしに、たった三回のセッションでもCBTモデルが有効だったことを示すデータを見せてくれた。臨床心理学の教授マイケル・バーカムが最初に提案したそのセラピーは、「ツープラスワン」と呼ばれている。クライアントが各一時間のセッションに、一週間の間隔をあけて二回参加し、さらに三ヶ月置いて三回目のセッションに参加するからだ。研究が進むにつれて、このようなきわめて短い近道も有効であることがわかってきた。たとえば二〇二〇年に「ランセット」誌に発表されたデータによると、このような集中的なツープラスワンモデルによって、南スーダンからウガンダに逃げてきた女性難民の心理的な苦痛が有意に減ったという。その論文の著者たちが強調しているように、人道的な資源の乏しい状況では、精神衛生の大規模な支援を行うための革新的な解決法が求められている。

ケネディのアプローチにはもう一つ、わたしの心に響く側面があった。それは、図というツールを使って新たな物の見方を探っていることで、そのような図の一つに、認知トライアングルがある。これは、セラピストや患者が、考えや感情や振る舞いが統合されたものであることを理解する助けとなる図で、時には正方形を書いて、感情を、情緒と身体感覚の二つに分けたりする。その図形を巡る流れを放置しておくと、考えが感情の引き金となって、そこから患者が直したいと考えている無駄な振る舞い――外出への恐怖や、蜘蛛恐怖など――が出てくる、というのだ。ところがこのサイクルを理解して意識すれば、この流れに早く割り込んで行動を変えることができる。この場合の図は、患者の精神領域の地図のようなもので、患者を思考のネットワークの外に連れ出すことによって、自分にはほかにも取り得る道がある、ということを理解できるようにする。

ケネディは、患者ではなくセラピストにセッションのなかで考えるようにといって渡している別の図について説明してくれた。「あなたがセラピストで、わたしがクライアントだとします。わたしたちはロープの上でバランスを取っているシーソーの両端に乗っていて、しかもそのロープはグランド・キャニオンの上に張られています。わたしたち二人にとって、そのバランスを取ることがひじょうに重要です。ある日、セラピーにやってきたわたしはひどく機嫌がいい。なぜなら宿題をやって、これこれこのような変化を成し遂げてきたからです。そこで、シーソーの上であなたのほうに動く。するとひじょうに熱心で親身なセラピストであるあなたは、ごく自然にシーソーの上でわたしのほうに動きます」

「ところが次の週にセラピーにやってきたわたしは、もうこんなことはできない、と思っている。ひどい一週間で、何もかもうまくいかず、とにかくお手上げという気分なのです。そこで、シーソーの上であなたから遠ざかろうとする。するとあなたは本能的に、わたしに近づこうとする。でもそうすると、二人ともグランド・キャニオンに落ちてしまう。あなたが頑張れば頑張るほど、わたしは逆らおうとする。だからあなたは、わたしから遠ざかるべきなんです」

それは、じつに魅力的なイメージだった。なぜならケネディは、セラピーをシーソーのように釣り合いをとり続けなければならない等式に変えたのだから。

ケネディをはじめとするセラピストにすれば、これらの近道が有効であることはデータで裏付けられている。その証拠の多くは、オクスフォード大学の心理学の教授デヴィッド・クラークが集めたもので、クラークは十年にわたって、何万人ものセラピストから毎週届くクライアントのデータを収集してきた。彼はそれらのデータをすべてパブリック・ドメインに置くことで、精神衛生への介入の結果を巡る透明性を高めようとしている。

しかし時には、認知だけでは足りない場合もある。脳の配線をやり直すためのセラピーを行うのに不可欠な、深くゆっくりした作業に代わる近道がいっさい存在しないのだ。ケネディは、型どおりのセラピーに欠点があることを認めている。

「CBTはすべて論理に基づいていますが、実はセラピーには別の側面もある。自己受容や愛情、家族の一員であることやグループの一部であること、良い薫陶を十分に伴った世界の一部であること、そういった点をなんとかしたい場合は、八回のセッションでは無理です」

そのため時としてCBTは、ぱっくりと口を開けた傷に貼る絆創膏と見なされることがある。血はすぐに止まっても、傷の原因はそのままだから、しばらくするとまた傷口が開く、というのだ。各一時間のセッションが八回きりでは、脳の配線を直せるはずがない。セラピストの中にも、CBTも本物の近道ではなくズルなのではないか、という懸念を口にする者がいる。

思うに、セラピストのパートナーはいつだって、閉ざされた扉の向こうで行われているセッションが正確にはどのようなものなのかを知りたくてたまらない。一つにはそれもあって、わたしはシャニの本棚から精神分析学者スージー・オーバックの『セラピーで（*In Therapy*）』という著書を取り出した。ところが、オーバックがその本をまとめることになったのは、まさにこのようなパートナーの気持ちに応えるためだった。実際、冒頭には「診療室のなかで何が起きているのかを常に知りたがっていた」オーバック自身のパートナー、ジャネット・ウィンターソンへ、という献辞がある。

オーバックは、ダイアナ妃の摂食障害の治療で名をあげた。本人がこの本で述べているように、セラピーは、単に精神と身体に何か新しいことをさせるための訓練ではない。チェロを習ったり、ロシア語を習ったりするのと違って、何かを捨て去る、というはるかに難しい作業から始めなければならない。

セラピーにひじょうに長い時間がかかる場合があるのは、自分の頭がこの世界を理解している、その基本的なやり方を正す必要があるからだ。オーバック自身の言葉によると、「セラピーでは、単に新しい言語を習って自分のレパートリーに加えるだけではなく、母語の役に立たない部分を破棄して、それらを新しい文法の知識で編み上げなければならない」。

オーバックに連絡を入れて、この考え方についてもっと教えてほしいというと、彼女はその点をしきりと強調した。しかしその一方で、自分も患者とのセッションで近道を使っていることを認めた。オーバックとのやりとりでわたしが興味深く感じたのは、パターンにも果たせる役割があるという点だ。セラピストは新たな患者の行動の中にそれまでの事例研究に対応するパターンを見出し、その助けを借りて、目の前の患者のための行動方針を作る。もっともここでは、それぞれの事例が唯一無二のものだという認識とバランスを取る必要がある。

「わたしが行っているようなセラピーでは、一人の人間を深く研究して、そこから教訓を引き出すことになります」とオーバックは語る。「それが、フロイトの遺産なのです。事例研究はそういうもので、ぴったり当てはまるわけではなく、ひょっとすると半分は当てはまるかもしれない。ですからそれがセラピストとしてのあなたの思考や認知や感情のレパートリーに埋め込まれているのであれば、ある意味それは近道です」

これもまた、心理学における魅力的な拮抗といえる。一方では、事例研究のようなものがあって患者が個々の悩みを持ってくるわけだから、ぎりぎりで科学の範疇に入っている。医師には先立つ事例研究に合った症状が見えるからこそ、患者をそれらの事前の歴史に基づく疾患への対処法に導くことができる。同様に行動のパターンも、セラピストに患者を理解するための近道をもたらし得る。ちょうど、数学者であるわたしが従来の方法論を使って一見新しそうな事例を解決するときに、パターンが役立つのと同じことだ。それでも、一人一人の心理は唯一無二だから、決して反復はない。各事例に、その個人だけに向けた処置が必要だ。セラピストという存在は、科学ではなく芸術なのだ。

「セラピーはカスタマイズされた専門技能であって、二人ないしグループでの治療の一回一回で対応すべき新たな環境が生まれます。一つの真実から別の真実が開かれて、最初に理解したことはその影に覆われるかもしれない。セラピーが進むうちに、人間精神の複雑な構造が変わっていくのです。その場に参加しつつ、内側の構造や感情の広がりの変化の観察者となることは、じつに満足のいくことです。防御がどのように使われ、どう対処されて時とともに消えていくのか、それを理解することには、数学者や物理学者がエレガントな式を見つける経験に通じる美しさがあります」

オーバックは、一人一人の新しい患者に対する自分のアプローチは、数学者であるわたしの個々の新しい問題へのアプローチとそれほど違っていない、といった。

「患者になるかもしれない人の評価を行うことによって、わたしは身体的な何かを感じます。患者の内側の対象同士の関係や防御機構やさまざまな感情の、ある種幾何学的な図が脳裏に浮かぶことがあるくらいです。じつにたくさんのことが進行するのですが、すべてを書き出す必要が生じるまでは、進行していることに気づかない。そしてそれが近道になるわけですが、やはりその近道は、自分が四十年もの間この仕事に苦労して取り組んできた、という事実から生じたものなのです」

毎度お馴染みの、近道を手に入れるには辛く長い仕事が必要である、というテーゼの登場だ。オーバック自身は、CBTがセラピーの近道として使われていることをどう思っているのだろう。わたしがその点を尋ねると、セラピーへのこのほぼアルゴリズム的アプローチには、じつは疑念を持っている、という答えが返ってきた。

「わたしは、マニュアル化されたセラピーを信じていません。ではそれは役立たずなのか。決してそうではありません。何もないよりは、何かがあったほうがましです。それにしても、あなたは八週間、あるいは八回のセッションで良くなるはずなのでしょうか。やっかいなことに多くの場合、実はセラピーはセラピストによって行われておらず、けれどもこれは高度な熟練を要する仕事なのです」。実際にCBTの治療のなかには、人工知能のセラピストが行うものもある。オーバックは、セラピーをただの従うべき形式にしてしまうことはできない、と考えている。「人間の主観は、決して些細なことではありません。果てしなく複雑で、美しい」

CBTを行うことである枠組みができて、患者がある種の思考のパターンを知り、自分の来歴を理解できるようになるかもしれない。そのような自覚を得ることで、患者は自動的な負の思考をショートさせられるようになる。だがそこでは、オーバックにとって本質的なセラピーの性質は失われている。それらのパターンが思考のレベルで機能することが多く、感情のレベルで機能するわけではないからだ。これこそが、CBTがセラピーの真の意味での近道になり得ない、とオーバックが信じる所以だ。感情は、高度な認識や意識において決定的な役割を果たす。感情レベルの事柄に向き合うことなしに認識や意識を変えることはできない。感情が認識構造を作りだし、それが何十年もかけて発展していく。たとえばオーバックによれば、「あなたは防御構造を持っているから、理解できるでしょうが、わたしがこの特定の振る舞いを再び行っているのは、それが確かにわたしの中に埋め込まれていて、たとえばわたしが『愛は憎しみを意味する』とか『愛は殴打を意味する』といったことをそのように理解しているからです。そのことを理解はしているのですが、その感情的な構成要素は信じられないほど複雑です。ですからもちろんそれは役には立つのですが……」そういうとオーバックは大きな吐息をもらして……続けた。「決して、簡単ではありません」

みなさんは、次のどれにお金を賭けますか。
1、サイコロを六個投げて、少なくとも一つは6の目が出る。
2、サイコロを十二個投げて、少なくとも二つは6の目が出る。
3、サイコロを十八個投げて、少なくとも三つは6の目が出る。

現代生活では絶えず、あり得るさまざまな結果を次々に評価して決断を下し続ける必要がある。リスク分析なしでは、一日をうまく切り抜けることもできない。今日の降水確率が二八パーセントということは、傘を持って出るべきなのか。新聞には、ベーコンを食べると大腸ガンになる確率が二〇パーセント上がるとある。だったらあのベーコンサンドイッチは食べないでおくべきか。事故が起きる危険性からいうと、わたしの自動車保険は高すぎるのか。宝くじを買うことに意味はあるのか。ボードゲームをしているときに、サイコロの次の一振りではしごのマス目に行く可能性はどれくらいあるのか（欧米に古くからあるボードゲーム「蛇と梯子」のこと。はしごのあるマス目へ行くと上に進むことができる）。

多くの職業で、重要な決定を下すために確率の計算と向き合うことになる。株価が上がったり下がったりする確率はどれくらいか？　示されたDNAの証拠からして、あの被告は有罪なのか。患者たちは検査の結果が陽性なのか偽陽性なのかを気にするべきなのか。サッカー選手はペナルティーキックでどこを狙うべきなのか。不確かなこの世界に対処するのは難しい。だがその霧を抜ける道を見つけることは、決して不可能ではない。数学は、ゲームから健康まで、ギャンブルから金融投資まで、ありとあらゆる不確かなものに対処するのに役立つ強力な近道を開発してきた。それが、確率の数学だ。

たとえばサイコロ投げは、この近道の威力を探る最善の方法の一つである。この章の冒頭で紹介したのは、一七世紀の有名な日記の著者サミュエル・ピープスが取り組んだ問題だ。ピープスはこのような運任せのゲームに夢中だったが、それでも、一生懸命稼いだ金をサイコロに賭けることにはかなり慎重だった。一六六八年一月一日の日記には、芝居を見た後の出来事が記されている。たまたま「汚い徒弟職人と、怠惰な人々が賭けをしている」のに出くわしたピープスは、幼い頃に召使いの一人に連れられて、人々がサイコロを振って大金を得ようとしているのを見にいったときのことを思い出したという。改めて、知人の案内で賭け事の様子を見物することになったピープスは、「じつにてんでんばらばらで、一人は負けた分を別の男から取り返し、別の一人は悪態をついたり罵ったりしていて、かと思えばブツブツと独り言を言っているだけの男もいて、まったく不平不満がなさそうな男も三分の一はいた」ことに気づく。友人のブリスバンドはピープスに、硬貨を十枚貸してあげるから試しに賭けてみれば、といった。「はじめは誰も負けたりしないものだ。悪魔はずる賢いから、ばくち打ちの気をそぐようなことはしない」というのだ。しかしピープスはその申し出を断り、そのまま自宅に向かったという。

ピープスが幼い頃に賭けを目撃した時点では、賭けで有利になれる近道はまったく存在しなかった。だが彼が成長して大人になる頃には、すべてが変わっていた。というのも、英仏海峡の向こう側の二人の数学者、ピエール・ド・フェルマーとブレーズ・パスカルが、博打打ちにとって、金を儲けるか、少なくともあまり負けを込ませないでおくための近道になる新たな思考法を提案したからだ。ピープス自身はこの時、悪魔の手からサイコロをもぎ取って数学者たちに手渡すこととなったフェルマーとパスカルのこの大発見について知らなかったのかもしれない。しかし今では、彼らが始めた確率の数学がラスベガスからマカオに至る世界中のカジノが「怠惰な遊び人」を食い物にして事業を成立させるための鍵になっている。

見込みはどれくらいあるのか？

フェルマーとパスカルがその近道を考案することになったのは、ピープスが考えを巡らしていたのとよく似た問題の存在を知ったからだった。二人の共通の知人シュヴァリエ・ド・メレが、次の二つの場合のどちらに賭けたほうがよいのかを知りたくなったのだ。

A、サイコロを四回振ったときに、一回だけ6の目が出る

B、二つのサイコロを二十四回振ったときに、二つ揃って6の目が出る

シュヴァリエ（フランス語で騎士の意）といっても、その知人はじつは騎士ではなく、アントワーヌ・ゴンボーという学者だった。対話篇を書くのが好きで、そのなかで自分の意見を代表させるために騎士《シュヴァリエ》という称号を使ったところ、その呼び名が定着して、友人たちにシュヴァリエと呼ばれるようになったのだ。シュヴァリエは、このサイコロを巡る難問を地道に解決しようと繰り返し実験を行い、サイコロを何度も投げてみたが、決定的な結果は得られなかった。

そこでシュヴァリエはこの問題を、ミニミ会（ローマカソリックの修道会）の修道士、マラン・メルセンヌが主宰するサロンに持ち込んだ。メルセンヌは当時のパリの知的活動の車軸《ハブ》のような存在で、興味深い問題を受け取ると、その問題に関して深い見識がありそうな別の通信相手に送るようにしていた。こ

のシュヴァリエ・ド・メレの問題を転送する相手に関するメルセンヌの選択眼は、たしかに優れていた。なにしろフェルマーとパスカルの返書のおかげで、この章で取り上げる近道――つまり確率論――が打ち立てられることになったのだから。

シュヴァリエがいくら長く地道な道を進んでも二つの選択肢のどちらが良いのか判然としなかったのは当然といえば当然で、フェルマーとパスカルが確率の近道をサイコロに適用してみると、Aの状況が全体の五二パーセントで生じるのに対して、Bの状況は全体の四九パーセントで生じることがわかった。この程度の誤差は、たとえ百回ゲームをしたところで、無作為なサイコロゲームに忍び込む誤差に簡単に紛れてしまう。このゲームの真のパターンは、約一千回やったときに初めて浮かびあがる。だからこそこの近道はかくも強力なのであって、この近道があれば、面倒な反復実験を延々とする必要はなくなる。しかもたとえ実験を行ったとしても、得られる感触は間違っている可能性がある。

フェルマーとパスカルの考案になるこの近道には面白い性質があって、じつは長期的なスパンでしか役に立たない。この近道は、一回毎のゲームで博打打ちを助けてくれるわけではないのだ。一回毎の結果はやはり運次第だが、長い目で見ると、大きな違いが出てくる。だからこそこの近道は、カジノにとってはすばらしいニュースだが、賭けで一発当てて手っ取り早く儲けたい怠惰な人間にとってはあまり良いニュースでない。

話をロンドンに戻すと、劇場からの帰路で賭博を見学したピープスは、二つのサイコロの目の和を7にしようと頑張る人々を見てわくわくした、と記している。「彼らが無駄に罵り、悪態をつくなかで、一人の男がなんとしても7にしようとするのだが、何度やっても7にならずにすっかり落ち込んで、この先もずっと7になんかなるものか、と喚いているのに対して、他の連中は運を味方につけて、ほぼ毎回7を出していた」という。

その男がいっこうに7を出せなかったのは、特に不運だったからなのか。フェルマーやパスカルが考案した戦略では、二つのサイコロを投げたときに目の和が7という特定の数になる確率を計算するために、サイコロの目の出方をすべて分析したうえで、目の和が7になる場合が全体に占める割合に注目する。最初のサイコロが落ちたときの目の出方は六通りあって、それを二つ目のサイコロの目の出方である六通りと組み合わせると、計三十六通りの組み合わせができる。和が7になるのは、そのうちの1+6, 2+5, 3+4, 4+3, 5+2, 6+1の六つの場合だ。これらすべての組み合わせが、どれも同じくらいの確かさで生じるとすると、三十六回中六回はサイコロの目の和が7になる、というのが二人の主張だった。実はこれは、二つのサイコロを投げたときにもっとも出やすい目の和なのだが、それでも和が7にならない可能性は、まだ六回中五回も残っている。このことを考えに入れておいて、ピープスが目撃した紳士——サイコロを何度振っても目の和が7にならない、といってやけを起こしている人物——がじつはどれくらい不運だったのかを考えてみよう。

その紳士が四回サイコロを振っても一回も7が出ない確率はどれくらいなのか。何しろ36^4＝1,679,616通りの結果があり得るのだから、あり得る筋書きをすべて調べるのはかなり面倒だ。ここで、フェルマーとパスカルが救いの手を差し伸べる。なぜなら近道があるからで、サイコロを四回投げて目の和が決して7にならない確率を得るには、単純に、毎回の目の和が7にならない確率をかければよい。つまり5/6×5/6×5/6×5/6＝0.48で、これはつまり、四回連続で和が7にならない確率は約半分しかない、ということだ。

この結果を逆から見ると、二つのサイコロを四回投げたときに7が出る確率はほぼ五分五分。同じような分析から、一つのサイコロを四回投げたときに6が一回出る確率も五分五分だということがわかる。したがって、ピープスが見かけた紳士が四回投げても7を出せなかったのはそれほど意外なことではなく、コインを一回投げたが表が出なかった、というのと同じようなものなのだ。

7というのがもっとも出やすい目の和であることを知っていると、バックギャモンやモノポリーのようなサイコロを使ったゲームで有利に立つことができる。たとえば、モノポリーのボードのなかでもっともひんぱんに訪問者があるのは牢獄なのだが、この事実とサイコロを二つ振ったときの目の和の出方についての分析を組み合わせると、牢獄に入った人の多くが最も高い確率で次に資産を産みやすいオレンジのマスを訪れることがわかる。だからそのオレンジ色の土地を取得してホテルをたくさん作れば、ゲームで決定的に優位に立てる。

巧みな近道 逆を考える

フェルマーとパスカルの計算にはもう一つ、数学者たちがよく使う独創的な近道が潜んでいる。今、四回サイコロを投げて目の和が一回は7になる確率を計算したいとする。この場合は明らかに、7が出る確率を四回かけてもうまくいかない。それでは、四回とも7が出る、という稀な例の確率を求めることになってしまう。そうではなく、7が少なくとも一つは含まれる組み合わせをすべてさらう必要がある。一回目に7になって、後はずっと7にならないか、あるいは最初の二回は7にならず、後の二回が7になるか……。これまたたいへんな作業になりそうだ。ところがここに、強力な近道がある。じつは今、まったく興味がない状況が一つだけある。それは、一度も7にならない場合だ。ところがその確率なら、簡単に計算できる。そこで、この問題に正面から立ち向かうのではなく、逆を考える。

わたし自身は、どのような問題であろうと、これはきわめて効果的な近道だと思っている。複雑すぎて正面から取り組めなかったら、逆側に着目する。たとえば、科学にとって意識を理解するというのはかなり手強い問題だが、意識がない状態を分析することで、より直接的な課題についての新たな知見が得られる場合がある。深く眠り込んでいたり昏睡状態にある患者を分析することで、脳を覚醒させているものの理解が進むのは、このためなのだ。

逆を考えるという近道は、次のような問題を解く場合にも鍵となる。英国のサッカー・プレミアリーグでは、毎週末に十の試合が行われる。では、同じピッチに上がっている二人の誕生日が一致する可能性はどれくらいあるのか。

二人の誕生日が一致するというのは、一見かなり稀な出来事のように思える。ひょっとして、十に一つくらいかな？ この問題を巡る直観には、おそらくバイアスがかかりやすい。なぜならこの問いを、「今週末にわたしがサッカーをするとして、わたしといっしょにピッチに立つ誰かがわたしと同じ誕生日である確率はどれだけか」という問いと混同しがちだからで、ちなみにわたしと誰かの誕生日が同じになる確率は、約六パーセントだ。

しかしそれでは、自分自身とピッチにいる各選手の組合せしか考えていないわけで、そのほかの組合せがどこかにいってしまったことになる。別に、自分自身と同じ誕生日でなくてもかまわないのに……。こうして話はだんだんややこしくなり、なるほどペアを作るやり方は他にもたくさんある、ということがわかってくる。

ところが問題の否定に注目するという近道を使うと、この難問をはるかに手っ取り早く解くことができる。つまり、ピッチ上の誰一人として同じ誕生日でない確率はどれくらいか、という問題を考えるのだ。その値を計算できれば、一からその値を引くことで、誕生日が重なっている二人が含まれる確率を得られる。

今まさに試合が始まろうとしていて、両チームの選手が次々にグラウンドに走り出してくる。まずはわたし、そして次の選手が続くわけだが、この次の選手とわたしの誕生日が違う確率はどれくらいかというと、364/365 だ。彼の誕生日が八月二十六日というわたしの誕生日でなければよい。

さらにもう一人、選手が走り出てくる。彼は、ピッチ上のわたしとも、二番手の選手とも違う誕生日でなくてはならない。そのような日はまだ三六三日残っていて、そのどれであってもかまわないから、三番手が前の二人の選手と違う誕生日である確率は $363/365$。したがって三人がピッチに立ったときに、三人とも誕生日が違う確率は $364/365 \times 363/365$ となる。

こうして、二十二名の選手全員が出てくるとして――おっと、レフェリーを忘れないようにしなくては！――さらに考えを進めると、選手が一人ピッチに走り出るたびに、避けるべき誕生日候補の数は一つ増える。そしてレフェリーが登場する頃には、彼または彼女はすでにピッチにいる人々の二十二の誕生日を避けなければならないから、レフェリーの誕生日が条件を満たす確率は $(365-22)/365 = 343/365$ になる。そして最後に、ピッチに立っている二十三人全員の誕生日がまったく重ならない確率を求めるために、

$$364/365 \times 363/365 \times 362/365 \times \ldots \times 344/365 \times 343/365 = 0.4927$$

という計算をする必要がある。

今計算したのは、もともと望んでいた状況の逆が起きる確率だから、あとはこれをひっくり返せばよい。というわけで、選手の誕生日が一組でも重なっている確率は、$1-0.4927 = 0.5073$ になる。驚いたことに、誕生日が重なる可能性はきわめて高く、平均すると、プレミアリーグの各週末に十ある試合のうちの五つで、誕生日が重なる人がピッチにいることになる。

面白いことに、実際の値はたぶん五分五分より大きくなる。なぜなら、サッカー選手は九月か十月に誕生している可能性が高い、という証拠があるからだ。なぜ、九月か十月なのか。学校では、年度初めに生まれた子どものほうが、わたしのように八月に生まれた子どもより身体が発達してい

る可能性が高い（イギリスの学校は、九月が年度初めである）。このため速くて強く、サッカーチームに選ばれる可能性も試合を経験する可能性も高くなる。今でもはっきり覚えているのだが、わたしはずっと、なぜ自分が学校の競走で勝てないんだろうと思っていた。ところがある年の夏に町の品評会の余興で、年齢別の競走に参加することになった。夏だったから、わたしはまだ誕生日を迎えておらず、一方同級生たちはすでに誕生日を迎えていた。つまりわたしは、学齢が一つ下の子どもたちと競うことになったのだ。並み居る敵を置き去りにして、人生で初めてゴールラインを一等で駆け抜けたわたしは、すっかり動揺していた。

それでもひょろひょろした幼いデュ・ソートイ君は、結局、図書館で椅子に腰掛けて、数学小僧になるしかなかったのでした！

カジノへの近道

今や数学者たちは、ラスベガスで引く手あまただ。というのもカジノは常に、胴元に有利になるようにゲームを整える新しい近道を探しているからだ。ピープスが観察したあの博打から発展した、クラップスと呼ばれるサイコロ賭博のテーブルを見てみよう。クラップスでの賭けは、ゲームのダイナミクスからいってひじょうに複雑な行為だが、その中に、次の回でサイコロの目の和が7になるほうに賭ける、というやり方がある。先ほど説明したように、これは平均すると六回に一回起きる事柄だ。ところがみなさんが一ドルを賭けて勝ったとしても、カジノはみなさんに元の一ドルのほかに四ドルしか支払わない。このゲームを公正にするためには、五ドル支払わなければならないはずなのだが……。これは、サイコロ賭博のテーブルで実行し得る最悪の賭け方で、この場合、胴元は一六・六七パーセントも有利になる。そしてこれが、お客が賭けるたびにカジノがさらっていく（平均の）利益になる。

もしもみなさんが断固として7に賭けたいのなら、胴元をそこまで有利にしないもっと良い方法がある。どうするかというと、賭けを三通りに分ける。7が出ることに一点賭けするのではなく、三箇所に賭ける。一口は、1と6の目が出ることに賭けて、もう一口は、2と5が出ることに賭け、もう一口を、3と4が出ることに賭ける。これはホップベットと呼ばれるもので、この三つに賭けると、実は和が7になることに賭けているのと同じになり、しかも、それぞれの賭けに対する払い戻しは7に一点賭けしたときよりよい。このやり方だと、胴元は（平均で）一一・一一パーセントしか利益を上げることができない。

ラスベガスでは、すべてのゲームが慎重に分析されており、長期的には胴元が有利になるように設定されている。しかし賭ける側も、パスカルやフェルマーが開発したツールを使って、自分が損をする速度をもっとも遅くできそうな方法を探ることができる。

たとえばクラップスでいうと、実際には胴元が勝つ確率に応じて支払いを行う賭け方があって、これはカジノの中で唯一、胴元の有利になるような偏りがないゲームといえる。クラップスでは、プレイヤーがサイコロを投げて、目標となる点を設定する。目標となる点は4、5、6、8、9、10のどれかでなければならず、サイコロの目の和が、2、3、7、11、12になると、ゲームはそこで終わる。7と11が出ればプレイヤーの勝ちで、2、3、12が出ると「クラッピング・アウト」といってプレイヤーの負けになる。さらに目指すべき点が設定されると、今度は7が出る前に標的と同じ目を出すことが目標になる。

みなさんが公正な賭けをするには、7が出る前にこの目標の点が出るほうに賭ければよい。たとえば目標値が4に設定されたとして、7が出る前に4が出るほうに一ドルかけると、実際にそうなったときにカジノは元々の一ドルに加えて二ドルを払うから、計三ドルがみなさんの手元に戻る。

これはまさに、このような現象が起きる確率(オッズ)そのものだ。合計が4になる目の出方は三通り、7になる目の出方は六通りあるから、みなさんはこの賭けに三回に一回だけ勝つことになる。この賭け方では、カジノは勝率をあらかじめ自分に有利にゆがめてズルをすることなく、支払いを行う。これは金儲けのための近道とはいえないが、少なくとも確率の近道を使うことによって、自分の金をみすみす手放したりせずにすむ。この筋書きで賭ければ、みなさんの勝率は長期的には五分五分になる。

ここで、ちょっとした問題を考えてみていただきたい。今度はルーレットの台で、みなさんの手元には二〇ドルあり、その金を二倍にすることを目指すとする。赤に賭けると賭け金は二倍になり、二倍の金が戻ってくる。このとき、次のどの戦術が有効か。戦術A:すべての金をまとめて一度に赤に賭ける。B:一回一ドルを赤に賭け続ける。

一見どちらも同じに見えるが、じつはルーレットの台にはちょっとひねりがかかっている。数字は全部で三十六個あって、その半分は赤、半分は黒になっているが、さらにもう一つ、三十七番目の数字、緑色のゼロがあるのだ。もしも球がゼロに落ちたなら、黒に賭けようが赤に賭けようが、みなさんは負けて金を失う。つまりゼロが出ると、プレイヤー全員に対して胴元が勝つ。これはごく無害な仕掛けに見えるが、カジノの計算によると、利益への近道になる。少なくとも、長い目で見たときは。

ということはつまり、赤に賭けたとしても勝ち目は五分五分ではないわけで、実は勝ち目は半々よりわずかに少ない 18/37 になる。今、みなさんが赤に一ドルずつ三十七回賭けたとして、ルーレットの球がたまたまそれぞれの数に一回ずつ落ちたとすると、十八回は一ドル儲かり、十九回は一ドル失うから最後に手元に残るのは三六ドルになる。これはつまり一回賭ける毎に、賭け金一ドルにつき 1/37 = 0.027 ドルを支払っていることになり、胴元は二・七パーセント有利になる。そして、みなさんの賭ける回数が増えれば増えるほど、支払いは増える。

戦略Aでは、一度に二〇ドルを全部賭けてその金を倍にすることができる確率は18/37、つまり四八パーセントで、五分五分よりわずかに少ない。ところが戦略Bに従うと、一ドル毎に胴元に金を支払うことになり、結果としては、手持ちの金を二倍にするという目標からどんどん遠ざかる。実際、この戦略で長期的に手持ちの金が二倍になる確率はたったの二五パーセントしかない。

戦略Aが最良の賭け方だが、それではカジノでの滞在がすぐに終わってしまう。戦略Bのほうが楽しい夕べになりそうだが、楽しみには代価がついてまわる。

ひょっとするとみなさんは、カジノで胴元の優位に立つにはブラックジャックの台にいけばよい、という話を聞いたことがあるかもしれない。数学者のエドワード・ソープは一九六〇年代に、ディーラーや他のプレイヤーの手を研究すれば優位に立てる、ということを突き止めた。それには、カウンティング・カード（カード勘定）と呼ばれる方法を使う。ブラックジャックでは、プレイヤーはディーラーに勝つために、和が21以下のカードを得ようとする。もしも和が21を超えると、ドボン！ で負ける。カード勘定という方法がなぜ有効かというと、ディーラーのカードが16以下だと、ディーラーは必ずもう一枚カードを引くからだ。

一組のカードには、一〇点に相当するカード（一〇、ジャック、クィーン、キング）が十六枚ある。これらのカードがまだたくさん残っていることを知っていれば、ディーラーがさらに一枚カードを抜かなければならない場合はそのままドボンになる可能性が高いので、自分のカードへの賭金をさらに上げるのが理に適っている。カウンティング・カードは、点数の高いカードがそれまでに何枚引かれているか、残りの山に何枚あるかを追うという、ごくシンプルな方法なのだ。カジノは一般に、カウンティングの効果を最小限に留めるべく、一組ではなく、六組とか八組のカードを使っているが、それでもカウンティングを行えば、プレイヤーは優位に立てる可能性がある。ラスベガスでソープの近道を実践したＭＩＴの数学者チームの実話を映画化したのが、「ラスベガスをぶっつぶせ」という映画で、そこではコンピュータオタクの数学者たちがじつにセクシーかつクールに描かれていた。だから大学数学科への出願は、それこそ国中の大学の数学科が一致団結して頑張っても及ばないくらい増えたにちがいない。

これは一見、金持ちになるためのすばらしい近道のようだが、一つ問題がある。実際にこの戦略を使って多額の金を儲けるのにかかる時間を分析したところ、実行に必要な時間を考えに入れると、一時間で稼げる金額が最低賃金未満であることが判明したのだ。ＭＩＴチームの成功には、どうやら幸運の女神が一役買っていたらしい。

参加料

わたしがサイコロを一つ振って、出た目の分だけみなさんに金を払うというゲームがあったとして、みなさんは、参加料がいくらならこのゲームに乗ってもいいと思いますか。この場合、6の目が出てみなさんが六ドル儲ける確率は、六つに一つ。そのほかの目が出る可能性も六回に一回だから、全部で六回サイコロを振ると、みなさんは1＋2＋3＋4＋5＋6＝21ドル儲かることになるはずだ。つまり、一振りで支払われるのは平均すると21÷6＝3.50ドル。ということは、三ドル五〇セント未満でこのゲームをしないかと誘われたら、乗ってみてもよいはずだ。なぜなら、長い目で見ると得をするのはみなさんのほうだから。金を払ってゲームをするときは、支払金額が平均でどれくらいになるかを見積もった上で、ゲームに参加する価値があるか否かを決めるのが賢明だ。

フェルマーとパスカルの文通がきっかけで、運任せのゲームに数学が役立つことが発見されたのは事実だが、「偶然の数学」に明確な形を与えたのは、スイスの数学者ヤコブ・ベルヌーイの『推論術（*Ars Conjectandi*）』という著作だった。ヤコブは、微分積分学を巡る論争でライプニッツを後押ししたこともある名門ベルヌーイ家の一員で、この著作には、さまざまなゲームで支払うべき公正な金額を求める式が載っている。

今、N個の結果があり得るとする。そのうえで、結果その1が起きれば、みなさんは$W_{(1)}$ドル儲かるが、その結果が出る確率は$P_{(1)}$だとする。同様に、結果その2が起きる確率は$P_{(2)}$で、そのときみなさんは$W_{(2)}$ドル儲かる。このゲームでみなさんは、平均すると一回につき$W_{(1)} \times P_{(1)} + \ldots + W_{(N)} \times P_{(N)}$ドル儲かることになる。ということは、これより少ない金額でゲームをしてもよいといわれたら、長期的にはみなさんが得をする。たとえばサイコロゲームなら、結果は六つで、その確率$P_{(1)}$、$P_{(2)}$、$P_{(3)}$、$P_{(4)}$、$P_{(5)}$、$P_{(6)}$はすべて1/6、さらに儲かる金額$W_{(1)} \ldots\ldots W_{(6)}$は一ドルから六ドルまでになる。

この式はいかにも信頼できそうだったが、ヤコブの従兄弟のニコラウスはまるでエディプスコンプレックスに駆り立てられたかのように、次のようなゲームをひねり出してみせた。まずわたしが硬貨を投げて、もしも表が出ればみなさんに二ドル払って、ゲームは終了。裏が出たら、再度硬貨を投げる。こうして投げるたびに支払う額は二倍になっていくから、たとえば六回続けて裏が出てから表が出ると、みなさんは$2 \times 2 \times 2 \times 2 \times 2 \times 2 \times 2 = 2^7 = 128$ドルもらえることになる。ではみなさんはこのニコラウスのゲームを、参加料が何ドルならやってみてもよいと思いますか。四ドルですか、二〇ドルですか、一〇〇ドルですか。

みなさんが二ドルしかもらえない可能性は五〇パーセント。結局の所、一投目で表が出る確率は二分の一なのだから$P_{(1)} = 1/2$で、$W_{(1)} = 2$となる。だがみなさんにすればもらえる金をなるべく多くしたいから、延々と裏が出たあとで表に出てほしい。ちなみに、一回表が出てから裏が出る確率は$1/2 \times 1/2 = 1/4$になるが、このときみなさんがもらえるのは四ドル。ということは、この二番目の結果では$P_{(2)} = 1/4$で、$W_{(2)} = 4$となる。この調子で進めていくと、確率が小さくなる一方で、支払いは大きくなっていく。たとえば六回裏が出てから表が出る確率は$(1/2)^7 = 1/128$だが、得られる金は$2^7 = 128$ドル。

今、七回投げたところでゲームを終えるとしたら、みなさんが負けるのは、七回連続して裏が出た場合に限られる。ヤコブの式でそのときの平均の支払い額を求めると、$W_{(1)} \times P_{(1)} + \ldots + W_{(7)} \times P_{(7)} = (1/2 \times 2) + (1/4 \times 4) + \ldots + (1/128 \times 128) = 1 + 1 + \ldots + 1 = 7$ドルとなる。つまり、7ドル未満でゲームをしてもかまわないといわれたら、その話に乗っていい。

しかし、じつはここには落とし穴がある。ニコラウスには、表が出るまで永遠にゲームを続ける覚悟がある。つまりみなさんは、毎回得をすることになるわけだ。その場合、そのゲームの参加料として、いくら払う気がありますか。こうなると、無限の選択肢が出てくる。先ほどの公式によると、平均の支払額は$1 + 1 + 1 + \ldots$、つまり無限ドルになる！　誰かにこのゲームをしようと誘われたら、参加料がいくらであろうと、話に乗ってよいというわけだ。参加料が二ドルを超えていると、一投目で表が出る五〇パーセントの確率で、みなさんは負けることになる。それでも長期的に見ると、延々とゲームを続ければ最後はみなさんが勝つ、というのが数学の主張なのだ。

でもそれならなぜほとんどの人が、参加料が最大で一〇ドルを超えるとこのような話に乗らなくなるのか。これは「サンクト・ペテルブルクのパラドックス」と呼ばれているもので、なぜサンクト・ペテルブルクなのかというと、この現象を最初に説明したのが、サンクト・ペテルブルクのアカデミーに所属していたニコラウスの従兄弟のダニエルだったからだ。ダニエルは、なぜ合理的な人間が参加料の如何にかかわらずこのようなゲームに乗らないのかを説明してみせた。なぜかというと、億万長者なら誰でも知っていることだが、最初に儲けた百万ドルのほうが、次の百万ドルより価値があるからだ。あの式に入れるべきは、自分が手にする金額そのものではなく、自分にとってのその金額の値打ちなのだ。こうなると、件のゲームをするために支払うべき金額は、その人が結果をどう評価するかによって違ってくる。このダニエルの説明は、珍奇な数学ゲームの説明に留まらず、近代経済学の本質的な基礎となった。

ここでもう一度、この億万長者への近道が見かけとは違うことを説明するために、次のような場面を考えてみよう。今かりにこのゲームを一回するのに一秒かかるとして、2の六〇乗回ゲームをするにはどれくらいかかるのか。これだけの回数ゲームをすれば、参加料が六〇ドルのサンクト・ペテルブルク・ゲームで勝つ可能性は半分を超えるのだが、それに要する時間は三六〇億年を超えてしまう。宇宙が出来てからでもせいぜい一四〇億年しか経っていないのに……。このことからも、たいていのひとが参加料の如何にかかわらずこのゲームをしようとしない理由がわかろうというものだ。

山羊と車

かつて一九九〇年代に、アメリカのクイズ番組「仰天がっぽりクイズ（*Let's Make a Deal*）」で出題されたある問題の最適解を巡って、プロの数学者を含む世界中の人々がカンカンになったことがある。その番組の決勝ラウンドは、ざっと次のように進んでいた。

今、扉が三つあって、二つの扉の裏には山羊がおり、残る一つの裏にはピカピカのスポーツカーがある。ここからは、出場者が山羊ではなく車を勝ち取りたいと思っている、という仮定で話を進めよう。出場者は、どれか一つの扉——たとえば扉A——を選ばねばならない。ここまでは、いいだろう。その扉の裏に車がある可能性は三つに一つ、ですよね？　ところがここでひねりが加わって、どの扉の裏に山羊がいるかを知っている司会者が別の扉を開いて、そこにいる山羊を見せる。

そのうえで出場者に、最初に選んだ扉のままでよいですか？　それとも変えますか？　と尋ねる。さあ、みなさんならどうしますか。

ほとんどの人が直感的に、これで扉は二つになったのだから、最初に選んだ扉の裏に車がある可能性は半々だ、と考える。だったらこの時点で扉を変えても勝つ確率は変わらないわけで、それに、もしほんとうに最初に選んだ扉が正しかったら、変えてしまった自分を蹴り飛ばしたくなるだろう。ということで、たいていは最初に選んだ扉のままにしておく。

ところが、じつは扉を変えると勝つ可能性が二倍になる。なんだか妙な感じだが、これにはちゃんと理由がある。自分が勝つ確率を計算するには、選択を変えたときにありうる筋書きをすべてさらう必要がある。そのうえで、自分が勝つ場合を数えるわけだ。

筋書きA：車は最初に選んだ扉Aの裏にある。扉を変えると、山羊を手に入れることになる。
筋書きB：車は扉Bの裏にある。司会者が扉Cを開けて山羊を見せる。みなさんは扉Bを選び直し、車を手に入れる。
筋書きC：車は扉Cの裏にある。司会者は扉Bを開けて山羊を見せる。みなさんは扉Cを選び直し、車を手に入れる。

これら三つは、どれも同じようにあり得る筋書きで、しかも三つのうちの二つで車が手に入る。これに対して最初の選択にこだわると、三つのうちの一つしか勝てるチャンスがない。選択を変えると、じつは勝つ可能性は倍になる！

今の説明がよくわからなかったり信じられなかったりした方も、どうかご心配なく。ある雑誌がこれと同じ説明を掲載したところ、何百人もの数学者を含む一万人以上の人々が、その説明は間違っている！　という抗議の手紙を寄せたのだから。二〇世紀最大の数学者の一人であるポール・エルデシュですら、じっくり考えてみるまでは間違えていた。

まだ納得できないという方には、こんな説明はどうだろう。今、扉が三つではなく百万あるとする。司会者はどの扉の裏に賞品があるのかを知っていて、みなさんはでたらめにどれか一つの扉を選ぶ。この場合、みなさんが正しい扉を選ぶ確率は百万に一つだ。そこで司会者は、みなさんが選んだ扉を除く扉のなかから九九万九九九八枚を開いてみせて、山羊がいることを確認する。残っているのは、みなさんが選んだ扉と、司会者が開けなかった扉の二つだけ。このときみなさんは、選択を変えますか。

ここで重要なのが、司会者が、ほかの扉を開くことでみなさんに情報を与えているという点だ。司会者は、山羊がどこにいるのかを知っている。ところがこの設定を少し変えると、話が違ってくる。みなさんがもう一人の出場者と対戦しているとして、まず三つの扉のうちの一つを選ぶとしよう。さらに相手が残りの扉の一つを選ぶ。相手が選んだ扉を開いてみると山羊がいた。その場合、みなさんはどうしますか、選択を変えますか？　不思議なことに、扉が二つあって、片方の裏には車がありもう片方の裏には山羊がいるという点では、みなさんが持っている情報は対戦相手がいないときと同じに見えるのに、この場合は、選択を変えなくても車を手に入れる可能性は五分五分になる。何が違うかというと、今回は、考慮すべき筋書きがさらにもう一つある、という点だ。すなわち、もしもみなさんが選んだ扉の裏に山羊がいたのであれば、対戦相手が車のある扉を選ぶという筋書きがあり得た。ところが元々の設定では、司会者は必ず山羊を見せるから（司会者は、どこに山羊がいるかを知っている）、このような筋書きはありえなかった。百万枚の扉で考えると、対戦相手が九九万九九九八枚の扉を開けて、それがすべて山羊だった、ということなのだ。相手が車を引き当てられなかったのはじつに不運なことだが、だからといってみなさんが、相手の不運から残る二つの扉に関する何らかの情報を得たわけではなく、結局は、残る二つの扉の可能性が半々になっただけなのだ。

ベイズ牧師

未来のことを考える場合は、確率がひじょうに大きな意味を持ちそうな気がする。今、二つのサイコロを投げようとしているとき、サイコロの目の和が7になるという筋書きは、六回に一回起こりうる。この確率は、みなさんにとってもわたしにとっても同じだ。なぜならわたしたちは、これから起きることに何らかの値を与えているのだから。

だが、もしもみなさんがサイコロを投げておいて、その結果をわたしに隠したらどうか。つまり、すでに事は終わっていて、過去なのだ。目の和は7か、7でないかのいずれかに確定していて、その中間ではありえない。問題はわたしには答えがわからないという点だが、それでもわたしたちは――議論の余地があるという人もいるが――この出来事に確率を割り振ることができる。みなさんは情報を持っているから、みなさんにとっての確率は違ってくるが、わたしにとっての確率は、状況に関する知識がまったくない、という事実を反映したものになる。確率が、突然自分の持っている情報の量に左右されることになるわけだ。つまりこれは、認識論的な不確かさ――原則は知り得ても、実際には知り得ないもの――の定量化なのだ。

その出来事に関する知識が増えるにつれて、わたしの確率は変わっていく。ところが、新たなデータに基づいてその出来事にどのような値を割り振るかを決める数学を考え出す方法を巡って、いくつかの異なる学派が生まれることになった。

たとえば、みなさんが白いビリヤードボールを一つ、テーブルの上に無作為に投げたとする。そのうえで落ちた位置にこっそり印を付けて、ボールをどけておく。ここでわたしが、どこにボールが落ちたかを推測するために、基準となる線を一本引くとしたら、なにしろまったく情報がないのだから、真ん中に引いてもかまわない。ところがさらに赤いボールを五つ投げて、みなさんから、白いボールの落ちた場所と赤いボールの落ちた場所の関係を教わったとする。たとえば、白いボールの片側には赤いボールが三つ、もう片側には二つのボールが落ちたと知らされれば、わたしは基準線を二つのボールが落ちた側にずらそうとするだろう。それにしても、この新たな知識に基づいて、どれくらい線を動かしたらよいのだろう。

ある学派は、テーブルの五分の二のところに線を引けばよい、と主張する。ところが確率論において論争の種となってきたトーマス・ベイズという人物は、実は七分の三の所に引くべきだ、なぜなら見逃されているプラスアルファの情報があるからだ、と主張した。つまり、何の情報も得られていなかった時は、ランダムに投げたボールが左右どちらの側に落ちたのか、可能性が半々だったという事実が見逃されている、というのだ。線をどこに引くかを決めるにあたって、ベイズはこの二つの可能性も考えにいれた。いわば余分な二つのボールを投げたのだ（事前確率をどうとらえ計算に組み込むかを巡る対立。詳しくはベイズ推定の入門書などを参照されたい）。

ベイズは非国教会の聖職者としてタンブリッジ・ウェルズで説教をする傍ら、アマチュアの数学者のようなことをしていた。一七六一年にベイズが死去すると、後に残された書類の中から、部分的な情報しか与えられていない状況で事実に確率を割り振るための着想を説明した草稿が見つかった。この原稿は後にロイヤル・ソサエティーによって、「偶然論における一問題を解くための試論」という標題で発表された。そしてこの論文で述べられた着想は、限られた情報しかない事実に対する現代的な確率の割り振り方に、大きな影響を及ぼすこととなった。

裁判では法律家たちが、誰かがある犯罪において有罪である可能性に確率を割り振ろうとする。

被告は有罪か無罪なのであって、こうやって確率を割り振るのはひどく奇妙な感じがする。確率は、単にわたしたちの認識論的な不確かさの程度を意味しているだけではないのか？　ところがベイズによるとそれらの確率は、自分たちが集めた新たな情報を加味することで変わっていく。往々にして陪審や判事はベイズの着想の細かい部分を理解できず、そのため判事たちは、法廷ではこのような数学的ツールは容認できない、といって却下しようとしてきた。

不確かさを理解するための近道として出来事に確率を割り振るという方法は、しばしば誤用される。残念ながら偶然に関しては、一般の人々の直観は当てにならない。そのため数学という近道を使わないと迷子になる。たとえば、次のような例を考えてみよう。

今、犯人はロンドンの出身である、と告げられたとする。被告席にいる人物はロンドンの出身だが、これはかなり貧弱な証拠だといえる。その時点では、この人物が犯人である確率は約一千万に一つしかないのだから。

次に陪審員は、現場のDNAは被告のものと一致しており、犯行現場で見つかったDNAと一致する確率は百万に一つだ、と告げられる。確率がたったの百万に一つなのに合致したとなると、かなり確かな感じがする。ほとんどの人は、この証拠だけで有罪判決を出すだろうが、ここでベイズの着想を使うと、被疑者が有罪である蓋然性をどう更新するべきなのかがはっきりする。ロンドンの人口を一千万人とすると、ロンドンじゅうに現場のDNAと一致するDNAを持つ人間が十人はいることになる。ということはつまり、被告席の人物が有罪である確率は十に一つでしかない。というわけで、確実に有罪だと思われたことが、もはやそれほど明快ではなくなる。今のはごく簡単に理解できる例だったが、法廷でベイズの定理が使われるのは、もっとずっと複雑でさまざまなタイプの証拠が含まれ、コンピュータソフト無しでは有罪の確率を分析できない事例である場合が多い。しかも悲しいことに、判事は往々にしてこの数学を理解できず、専門的な証拠を棄却して、その結果、司法はとんでもない過ちを犯すことになる。

医療もまた、確率がよく使われる分野だが、ここでも近道がどのように使われているのかを知っておかないと、目的地とかけ離れたあさっての方向に連れていかれる可能性がある。乳ガンや前立腺ガンの検査でスキャンを受けることになって、スキャンすれば九〇パーセントの精度でガンを探知できると聞かされていたところに陽性という結果が出たら、たいていの人はひどく動揺するはずだ。でもそれはほんとうに、ビクビクしなければならないことなのか。この場合は、スキャン対象者のうちでガンの可能性があるのは百人に一人だけだ、という別のデータを持っていることがポイントになる。つまり、百人に検査を行ったとき、たぶん一人はガンで検査結果も陽性になる。問題は擬陽性で、検査を受けた残りの九十九人は健康であるにもかかわらず、スキャンの精度が九〇パーセントだとすると、十人に対して誤った結果が出る。したがってたとえ検査結果が陽性であったとしても、実際にガンである可能性は十一に一しかない！

これらの数字を理解することが肝要だ。なぜならメディアは好んでこれらの数字を乱用し、恐ろしい物語を作るから。この章の初めの方で紹介した、ベーコンを食べると大腸ガンになる可能性が二〇パーセント上がる、というニュースの場合はどうだろう。ずいぶん恐ろしい話のようだが、これはつまり、わたしは大好きなベーコンサンドイッチを諦めるべきだということなのか。今、大腸ガンになる人の比率を調べると、百人に五人であることがわかる。そしてみんながみんなベーコンを食べると、これの比率が百人に六人になる。こう書いてみると、それほど恐ろしい確率でもなさそうだ。

ピープス氏

では、この章の冒頭の「サイコロで6の目を出す」というピープス氏の問題はどうか。（1）の「サイコロを六回投げて、少なくとも一回6が出る」確率は？　この場合も、逆を考えることが近道になる。六回投げてもまったく6の目が出ない確率は、$(5/6)^6 = 33.49$ パーセント。だから少なくとも一回は6の目が出る確率はたいへん高く、66・51パーセントになる。

では、（2）の「サイコロを十二回投げて、少なくとも二回6の目が出る」確率はどれくらいか。この場合も筋道の候補が多すぎるので、逆を考えるという手を使う。（a）6がまったく出ない、（b）6が一つしか出ない、それぞれの可能性はどうなるかというと、（a）の場合は前と同じ原理で $(5/6)^{12} = 11.216$ パーセントになる。では、（b）の6が一つしか出ない場合はというと、どの回に6が出るかによって、十二通りの筋書きが考えられる。第一投で6が出て、あとは6以外が出る確率は、$(1/6) \times (5/6)^{11}$。この確率は他の筋書きでもすべて同じだから、それらの総和は、$12 \times (1/6) \times (5/6)^{11} = 26.918$ パーセントになる。つまり6の目が二回以上出る確率は、

$$100 - 11.216 - 26.918 = 61.866 \text{ パーセントになる。}$$

したがって、（1）に賭けたほうがよい。（3）についても同様の分析を行うと、（2）より面倒だが、確率はさらに下がって59・73パーセントになることがわかる。

ピープスは、一六九三年の終わりにアイザック・ニュートンに宛てた三通の手紙のなかで、この問題に触れている。ピープスは直観的に（3）がもっともよさそうだと思ったが、ニュートンはフェルマーとパスカルの近道を使って、数学によると逆が正しい、と回答している。ピープスが一〇ポンド、つまり今日の貨幣でいうと一〇〇〇ポンド相当の金額を賭けるつもりだったことを考えると、ニュートンの助言のおかげで貧乏への近道に迷い込まずに済んだのは、じつに幸運なことだっ

た。

近道への近道

わたしたちは人生という旅で一歩毎に分岐点に出くわす。そこからは、さまざまな道が遠くに延びていて、どの道を選んだとしても、目的地にたどり着けるかどうか定かでない。直観を信じて決断したら次善の選択でしかなかった、ということも多い。それらの道を分析して目的地への近道を見つける際に、このような不確かさを数字に変えると大いに有益であることがわかっている。数学的な確率の理論を使えば、リスクが完全に無くなるわけではないが、より効率的に対処できるようになる。このような戦略によってその先に待ち受けるであろう筋道すべてを分析できるようになり、そのうちの何割が成功に、あるいは失敗に繋がるのかを見通せるようになる。そうなれば、よりよい未来の地図を作り、それに基づいてどの道を選ぶかを決めることができる。

ちょっと一息

金融

誰もが、大金持ちへの近道を探している。宝くじを買ってみたり、馬に賭けてみたり、次なるフェイスブックを立ち上げてみたり、次なるハリー・ポッターを書いてみたり、はたまた次なるマイクロソフトに投資してみたり。数学を使ったからといって、富豪への道は保証されないが、富を得るチャンスを最大にする最良の方法は手に入る。

アイザック・ニュートンは最適解を知るための数学的なテクニックを持っていたのだから、投資家としても成功したにちがいない、と思われるかもしれないが、本人は市場の暴落で多額の損失を被り、「わたしには星の動きは計算できても、人間の狂気は計算できない」と断言している。

それでも数学者たちはニュートンの時代から、市場で儲ける賢い近道があることを知っていた。だからこそ、景気の善し悪しにかかわらず常に業績を上げているファンドには、決まって数学の博士号を持つスタッフがいる。自分の預貯金を投資するのに最適のファンドを見つけるための優れた近道、それは、ファンドのスタッフに含まれる数学博士の数を数えることなのだ。それにしても、数がどんなふうに役立つのか。市場を突き動かしているのは、人間の気まぐれや気分だろうに。心理学博士のほうが、もっと役に立つのでは?

フランスの数学者ルイ・バシュリエは二〇世紀初頭に、株式市場への投資はじつはコイン投げへの賭けと同じだ、という説を発表した。それは世界初の、時間とともに株価がどう変わるかを示すモデルだった。市場を知り尽くしていたバシュリエは、株価はランダムに上下すると考えた。このような振る舞いは、酔歩と呼ばれている。なぜならグラフにしたときに、通りを千鳥足で歩いている飲んだくれの足跡のように見えるからだ。確かに、全体としての価格は突発的なパンデミックなどの影響を被るかもしれない。しかしその知識を織り込んでしまえば、その瞬間から先の株価はランダムに上下するといえる。この事実を知ったからといって、実際にみなさんが有利になるわけではない。だが、じつはこのモデルが間違っているということを見抜けば、有利になる。一九六〇年代の数学者たちは、株価がコイン投げのように無作為であるという説が必ずしも正しくないことに気がついた。なぜなら、もしもほんとうに無作為なら、株価もマイナスになるはずだから。そこで新たに、やはり無作為だが株価の最低値に限界があって、しかも最高値はどこまでも高くなり得るモデルが登場した。

市場を出し抜く方法の一つとして、株価に潜む情報を集めるという手がある。これができれば、みなさんは有利に立てる。たとえば、三頭立ての競馬でオッズを割り振る私設馬券業者はみなさんに、三頭の馬すべてに賭けただけでは儲からない、と請け合うだろう。だが何らかの理由でみなさんが、そのうちの一頭は勝てない、ということを知っていたらどうか。その場合は、賭け金を残りの二頭に分けて、確実に儲けることができる。

一九六七年にエドワード・ソープが『市場を出し抜け（*Beat the Markets*）』という著書で提案した着想の起源はここにある。この章の前半で触れたように、すでにソープはブラックジャックでカードを数えて優位に立つ方法を見つけていた。さらに、ルーレットのスピンを解析する装置を使って賢く賭けていたのだが、結局ズルをしているということでカジノからつまみ出されてしまった。だがソープのこの新たな着想から、やがてヘッジファンドという概念が生まれることになった。ポイントは、金融上の二頭の馬に、どちらが勝っても儲かるように投資する方法を見つけることだった。

ソープは、ワラントと呼ばれている金融商品（長期的に株式を一定の価格で購入できる権利証書）に付けられている値が高すぎることに気がついた。これは、ちょうどカジノで胴元の得になるように、わざと賭けに高値が付けられているようなものなのだが、残念なことにカジノでは、自分が負けるほうには賭けられない。だからお客としては、故意に高値が付けられていることを知っていても、その知識を活かす術がない。ところがソープは、空売りと呼ばれる手を使えばワラントの法外な高値をうまく利用できることに気がついた。誰かが所有している高価なワラントを、後で利子を付けて返すという約束で借りる。そのうえでそのワラントを売って、返済期限がやってきたらそのワラントを買い戻して借りていた人に返す。このとき、借りた時点での価格が高すぎたのであれば、一般に買い戻すときの価格は売ったときの価格より低くなる、というのがポイントで、そのためこちらは儲かる。

ただ一つ問題なのが、そうは問屋が卸さない場合があるという点で、ちょうどカジノでたとえ胴元に有利だったとしてもお客が勝つことがあるように、ワラントが時とともに値上がりする場合がある。さらに、ワラントがとんでもない高値になれば、大きな損失を負うことになりかねない。だがそこには、巧みな保険をかけておく。ワラントとは、株を買うためのオプションのことで、ワラントが順調だということは、基になる株が上昇しているということだから、借りたワラントを売ると同時にその株を買っておけば、不運なことにたまたまワラントの値が上がったとしても、ワラントにつぎ込んだ資金は減るが株価は上がり、そこから利益を出すことができる。このやり方なら確実に儲かるとまではいえないが、株価の上下にかかわらずほぼすべての場合に利益が出る、ということにソープは気がついた。

このとき、差し引きしたときに自分の得になるように売買することがポイントになる。ちょうど、三頭目が勝てないことを知っている客が賭け金を二頭に分散するようなもので、要するに、知識を自分の強みにする。カジノも自分に有利な値付けを行っているわけだが、ヘッジファンドの賢いところは、この近道を使えば市場からも利益を上げられる、ということに気づいた点だった。

そうはいっても、投資家の使える近道は数学だけとは限らない。ひじょうに成功した金融アナリストである友人のヘレン・ロドリゲスは、数学ではなく歴史を研究した後にその仕事を始めた。すると、歴史家としての技能ゆえの近道があることが明らかになった。ヘレンは日々その近道を使って、企業の評価が低すぎるか高すぎるかを判断している。

ヘレンの専門は高利回り債、別名ジャンクボンドで、通常これらの債券は、企業を売ったり融資したりするのに使われる。債券を買うということは、一定の割合で利子が付いて満期になれば元金が戻るという約束のもとで、企業に金を貸すということだ。ジャンクボンドは通常のものより債務不履行の可能性が高く、そのぶん利益は大きい。

「まず、企業の信用格付を使うことが、第一の近道になります」とヘレンはいう。「これは、企業の支払い意欲と支払い能力で定義されていて、上はほぼリスクがないトリプルAから、下は利子や元金の回収チャンスがほとんどないCまであります。債券の場合は、等級がトリプルBマイナスに満たないと、高利になります。企業の等級が低いと、利子を高くしなければ投資先としての価値がなくなるからです。そのため、高利回り債と呼ばれているのです」

みなさんは、たとえばムーディーズがどこかの国や銀行の信用格付けを引き下げた、というニュースをよく耳にするだろう。ムーディーズというのはこのような評価を発表する企業の一つで、その等級付けはさまざまな企業から成る多次元世界を対象とし、複雑なその世界を片方の端をC、もう片方の端をトリプルAとする1次元の直線に投影する試みの結果である。

ヘレンは歴史学のさまざまなツールを駆使し、時を遡る形で作業を行う。つまり、信用格付けされたある企業の歴史に注目することで、その債券の評価が過大か過小かを探るのだ。こういった新たな情報を絞り出せれば、有利に立つことができる。そこから、他の人々が見落していた、債券価格を巡る新たな知見が得られるかもしれない。企業史のそのような側面を突き止めるにはまさに手腕が必要で、歴史家は、より大きな図を見通すこの能力に秀でていることが多い。

「これら二五〇〇のドイツの美容院について調べていたんですが、それらの債券は額面価格を上回ったままだったので、わたしは、何という時間の無駄なんだろう、と考えていたんです。

その後、四半期にわたって業績が悪かったのですが、それはドイツにおけるテロのせいだとされて、さらに四半期にわたって悪い業績が続くと、それもまたテロのせいとされた。その時点でわたしは、これはちょっと変だなあと思ったんです。それでもやはり、債券は額面価格を上回ったままでした。そこでちょっと資料を読み込んでみると、アジアの企業がヨーロッパの市場に参入し、インターネットを使ってドイツの美容院で売っているのと同じ化粧品の半年流行遅れの品を半額で売っていることに気づいたのです。これはグレーマーケット（半合法的市場）と呼ばれるものなのですが、そういうことを行って市場を攪乱している会社が二つあり、ドイツの美容市場の息の根を完全に止めようとしていた。そこでわたしたちは債券を一〇三で売り、一年も経たないうちに、その債券の価格は四〇台に落ちました。みんな、この灰色市場に気づかなかったんです」

ヘレンは本質的に、エド・ソープと同じ手を使っている。彼女の場合も人から債券を借りて、それを一〇三で売るのだが、後になってその債券を元の所有者に返還するときには同じ債券を四〇で買い戻すことができるので、巨額の利益を得られる。ヘレンは、まさに債券が値崩れを起こしそうだということを直観的に察知して、それをうまく利用して優位に立った。それには、企業の自社の価値に関する虚勢を見抜けるかどうかがポイントになる。

「企業は、往々にして自分たちが問題を抱えているという事実をオープンにしたがらない。そもそも十代の女の子のことなどまるでわかっていない五十五歳の男性が化粧品会社を経営しているなんて、ばかみたいです。傲慢だったり、うぬぼれていたり、はたまた世間というものがわかっていないだけだったり。小売業におけるそのような例を山のように見てきました。インターネットによって大規模な仲介業者の排除や混乱が起きているんです。経営者はそのことにちっとも気付いていないんですから、まさに衝撃的です」

それだと、ある意味で近道を考え出すのはひじょうに難しいのでは？　とわたしは思った。なぜならそのような知見を得るには、問題の企業のごく内々のことまで知る必要があるからで、そこにはたくさんの物語《ナラティブ》が含まれているはずだ。ヘレンによると、それはちょうど連続もののメロドラマを見るようなものだという。「わたしはこの企業――スペインのゲーム会社をずっと追い続けてきました。リストラに一年半かかったのですが、わたしはそれこそ毎日アルゼンチンの新聞を開いて関連記事を読まなくてはならなかった。なぜならアルゼンチンの元大統領クリスティーナ・キルチネルが、ゲーム業界を政治的な駆け引きの道具に使っていたからです。その物語が、債券を動かしていたんです」

歴史家になるための訓練で身につけた技能があれば、評価したい企業の物語を語るための近道が手に入る、とヘレンは考えている。各企業が繰り広げるメロドラマを見守りながら、次の回に何が起きるのかを放映前に推察する必要がある。メロドラマを見ながら、膨大な情報を統合して何か有益な物にしなければならないわけだが、これは歴史家が得意とするところだ。「これって、パズルを解くのと似ているんです。まさに、歴史学の研究と同じで、ばらばらな十個の情報源に基づいて、何が起きたのか、自分の物語をひねり出さなくてはならない。だから、別の人が同じ情報源を使うと、別の物語が生まれる。市場が存在するには、これが欠かせない。こいつはすごいと思う人と、一方にこれこそこの世の終わりだと思う人がいて、はじめて売買が成立するわけです」

彼女のもう一つの近道は、わたしの数学的近道の一覧のトップに載っている、あの、パターンを読み取る力だという。「企業に何が起こるか、企業の何がうまくいかなくなるかといったことの中には、パターンが見つかります。なぜならどの企業も同じ問題を抱えていますから。とはいえ、それらの企業が売っているもののセグメンテーションは少し違っているかもしれません。わたしは起きようとしていることの中に他の誰よりも早くパターンを見つけて、勧告を行うようにしているんです」

ヘレンは長年、ドイツ銀行やメリルリンチなどの機関の仕事として投資を行ってきたが、今は、投資家に独立した社債の調査――ちょうど自身がスペインのゲーム会社について行ったような分析――を提供する企業で働いている。

だからもしみなさんが、自分の預貯金を投資するための巧みな近道がわかるかもしれないと思ってこの「ちょっと一息」を読んでおられるのなら、わたしとしては、ヘレンのような人物が歴史家としての修練を通して拾い集めてきた知識、つまり市場と呼ばれるメロドラマの次の回を予測することができる深い知識の活用と数学者の技能を組み合わせることをお勧めしたい。ニュートンがはっきり述べているように、時には巨人の肩に立つことが最良の近道なのだから。

第九章　ネットワークを使った近道

次ページの図を、一筆書きで描きなさい。

現代世界におけるわたしたちの旅は、どんどんネットワークに写し取られている。道路網や鉄道網や航空路線網のおかげで、この惑星の片側から別の側へ行くことができる。そしてさまざまなアプリが、この込み入った網を抜けるもっとも効率的な経路を提供する。わたしたちの社会的なふれあいは、フェイスブックやツイッターのような企業によって地元の村の住人をはるかに超える規模に拡張されている。人々が日々何時間も費やして漕ぎ渡る究極のネットワーク、それはインターネットというもう一つの世界だ。グーグルは、ページランクと呼ばれる近道アルゴリズムのおかげで卓越した存在になった。ページランクは、ユーザーが約二〇億ものサイトからなるこのウェブを漕ぎ渡るのを手助けする。インターネットはわりと新しい現象とされているが、このようなネットワークの最初の兆候は、じつは一九世紀にわがお気に入りの近道製造者によって生み出されていた。

数学だけでなく物理学も大好きだったカール・フリードリッヒ・ガウスは、ゲッチンゲンの一流の物理学者ヴィルヘルム・ヴェーバーと協力して、さまざまなプロジェクトを行った。ゲッチンゲンの観測所からヴェーバーの実験室まで歩いて行く際の近道をひねり出したくらいで、さらには実際に顔をあわせる代わりに、この二箇所をつなぐ電線を引いた。電線は、町の家々の屋根の上に三キロにわたって張り渡された。ガウスとヴェーバーは、電磁気を使えば離れていても連絡を取り合えることを知っていた。そして二人は、一文字一文字を正と負の電気パルスに対応させる信号法を考案した。一八三三年にサミュエル・モールスが同じような信号を考え出す数年前のことである。

このアイデアは、ガウスにとっては物珍しいだけだったが、ヴェーバーは、この技術の重要性を理解していた。「地球が鉄道網や電線網で覆われた暁には、これらの網が人体における神経系のような役目を果すはずだ。一つには移動の方法として、一つには考えたことや感じたことを電光の素早さで伝える方法として」電信が急速に広がったことから、ガウスとヴェーバーはインターネットの祖父となり、ゲッチンゲンの町には彼らの協力を永遠に称えるために、二人の銅像が建てられた。

ヴェーバーの予言通り、ゲッチンゲンの甍の上に二人が張り渡したごく短い電線から始まったこのネットワークは、今や猛烈な広がりを見せている。実際、その網があまりに複雑なので、ネットワークを抜ける近道を見つけることが現代数学の主なテーマの一つになったくらいだ。最近わたしがロシアで調べたように、このようなネットワークは電線だけでなく、橋でも作れる。

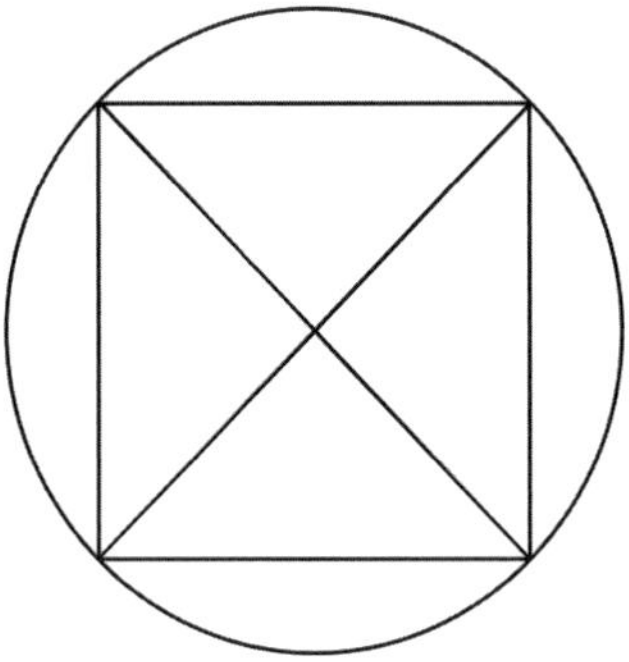

9.1　お絵かき問題

オイラーを読め、オイラーを読め。彼はわれら全員の師匠である

数年前に空路カリーニングラードに向かったわたしは、サンクトペテルブルクからの短いフライトで、なんとしても窓側の席を確保しようとした。わたしが詣でようとしていたその町は、数学者なら誰でも知っているある物語の舞台——数学史上もっとも賢い近道が生みだされた場所だった。

飛行機がリトアニアとポーランドに挟まれたロシア共和国の

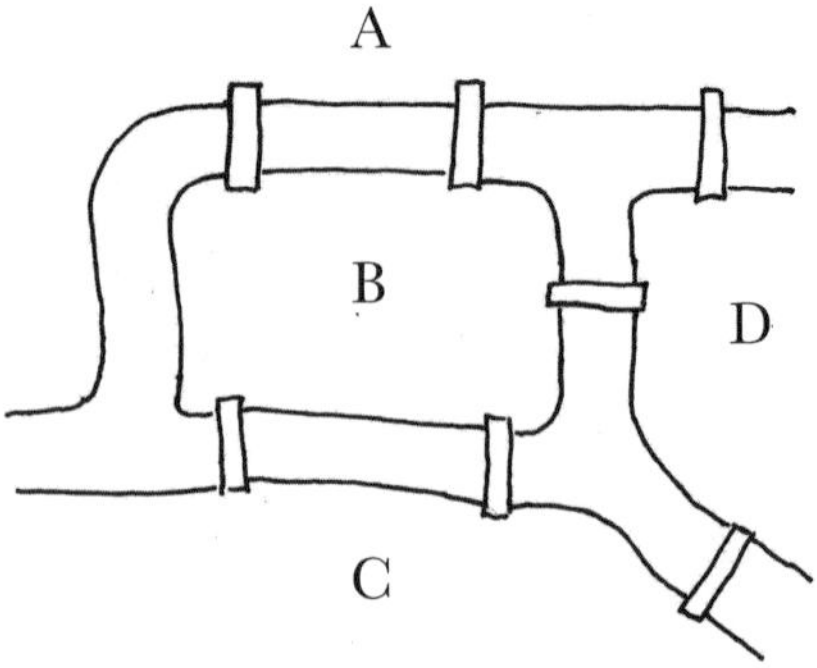

9.2　18世紀のケーニヒスベルクを流れるプレーゲル川にかかる七つの橋

飛び地であるカリーニングラードへ向けて着陸態勢に入ると、町を貫いて流れるプレーゲル川が見えてきた。この川の二つの支流はカリーニングラードで合流し、そこから西に向かってバルト海に注いでいる。町の中央には島が一つあって、そのまわりを二つの支流が流れており、これらの川岸と島とを結ぶいくつかの橋がある数学物語の核となったから、カリーニングラードの名前が知られるようになった。

　それは一八世紀の、この町がまだケーニヒスベルクという名前で呼ばれていた頃のことだった。ケーニヒスベルクはイマヌエル・カントや著名な数学者ダーフィト・ヒルベルトの生誕の地として知られていたが、当時プロシアに属していたこの町には、プレーゲル川を渡る橋が七つあった。そしてこの町の住人たちは日曜の午後の暇つぶしに、これらの橋をそれぞれ一回だけ渡ってすべてを渡りきれるかを試すようになった。だがどんなに頑張ってみても、橋が一つだけ残ってしまう。ほんとうにすべての橋を渡りきることは不可能なのか。それとも自分たちが試したことのないやり方があって、じつはすべての橋を渡りきれるのか。

　ケーニヒスベルクの住人にすれば、思いつく限りのやり方で橋を回ってみてすべての可能性を潰す、という辛い作業を避ける手立てはなさそうだった。それでも常に、この難問はじつは解けるのに、自分たちが何か賢い方法を見逃しているのかもしれない、という嫌な感じが残った。

　この謎を最終的に解決したのは、わが英雄の一人、スイスの数学者レオンハルト・オイラーだった。ケーニヒスベルクのすべての橋をそれぞれ一回だけ渡る形で網羅することは不可能である。この事実をはっきりさせるために、オイラーは橋を巡るすべての経路を試す必要のない近道を見つけ出した。

第二章ではオイラーを、数学にとってもっとも重要な五つの数を結びつけるすばらしい式の存在を明かした人物として紹介した。「オイラーを読め、オイラーを読め。彼はわれら全員の師匠である」フランスの主要な数学者の一人ピエール＝シモン・ラプラスは、数学におけるオイラーの重要性についてこう述べている。これにはほぼすべての数学者が賛成し、ガウスと並ぶ巨人の一人としてその名前を挙げるはずだ。ガウスその人もオイラーのファンで、「オイラーの業績を研究することは、数学の異なる分野を学ぶための最高の学校であり続けるはずで、何ものもそれに代わることはない」と述べている。

オイラーの貢献はじつに幅広く、ケーニヒスベルクの橋の問題の解決もそこに含まれていた。オイラーがはじめてこの問題のことを知ったのは、サンクトペテルブルクにある帝政ロシア科学アカデミーの教授だった頃のことだ。オイラーはロシアで生まれたわけではなく、はるばるサンクトペテルブルクまで旅したのは、故郷のバーゼルで数学の研究者のポストを見つけられなかったからだった。実際、バーゼルの数学のポストはすべて埋まっていた。あんなに小さな町にそんなにたくさんの数学者がいるなんて、なんだか妙な気がするが、さらに奇妙だったのは、それらの数学者が全員同じ一族の出だったことだ。その名は、ベルヌーイ。

ベルヌーイ一族の全員がポストを得るにはバーゼルだけではとうてい足りず、すでにダニエル・ベルヌーイがサンクトペテルブルクに移っていた。オイラーがアカデミーのポストを得ることができたのは、ダニエルの誘いがあったからだ。ダニエルはオイラーがバーゼルを出発する前に、彼の地では入手できないスイスの嗜好品の数々を書き連ねた手紙を送ってよこした。「お願いですから、コーヒーを一五ポンド、上等な緑茶を一ポンド、ブランデーを六本、良質のパイプたばこを十二ダースに、トランプを数ダース、持ってきてください」

これらの品々ですっかり荷重になったオイラーは、それでも船に乗り、徒歩で進み、郵便馬車に乗って、バーゼルからサンクトペテルブルクへの七週間の旅を乗り切った。そして一七二七年五月にアカデミーに到着すると、その職に就いたのだった。

ケーニヒスベルクの橋

オイラーにとって、はじめはケーニヒスベルクの橋の問題も、当時取り組んでいた複雑な計算の息抜きでしかなかった。ウィーンの宮廷天文学者ジョヴァンニ・マリノーニ宛ての一七三六年の手紙では、この問題について次のように述べている。「これはじつに陳腐な問題なのですが、それでも注目に値するような気がするのは、幾何学を使っても、代数を使っても、数え上げを使っても解けないからです。この事実にかんがみて、ひょっとすると位置の幾何学に属するのかもしれない、とひらめいたのです。かつてライプニッツがあれほど熱望していた幾何学に。そこでしばらく熟考した結果、単純ですが完全に確立された規則を得ました。その規則を使うと、このような事例でそういった周回が可能か否かをすぐに判断することができます」

オイラーが成し遂げた重要な概念的飛躍とは、町の物理的な大きさは重要でない、と見切ることだった。橋が互いにどう繋がっているかが重要なのだ。これと同じ原理に則っているのがロンドンの地下鉄の地図で、あの地図は、物理的に正確ではないが駅同士の繋がり具合に関する情報は保たれている。ケーニヒスベルクの地図を分析する際は、ちょうど地下鉄の地図でロンドンのさまざまな場所が点になっているように、橋で繋がっている四つの領域はすべて点に凝縮され、橋はそれらの点を結ぶ線になる。このとき、すべての橋を巡る経路が存在するか否かという問題は、得られた図を一筆書きで描けるか否かという問題と等しくなる。

　では、なぜ周回は不可能だったのか。おそらくオイラーはケーニヒスベルクをグラフで表したこのような図をはっきり描いてはいないはずだが、その分析によると、周回が可能であれば、途中で通過するすべての点で、そこに入る線が一本と出る線が一本あるはずだった。もしもその点をもう一度通ったとすると、そこに入る新しい線があって、さらにそこから出る新たな線もあるはずだ。したがって各点を結ぶ線の数は偶数になる。ただ二つの例外が、旅が始まる点と終わる点で、出発点はそこから出る線が一本しかなく、終着点はそこに入る線が一本しかない。どんなグラフであろうと、周回できるのであれば、二つの点――始点と終点――以外の点から奇数の線が出ることはあり得ない。

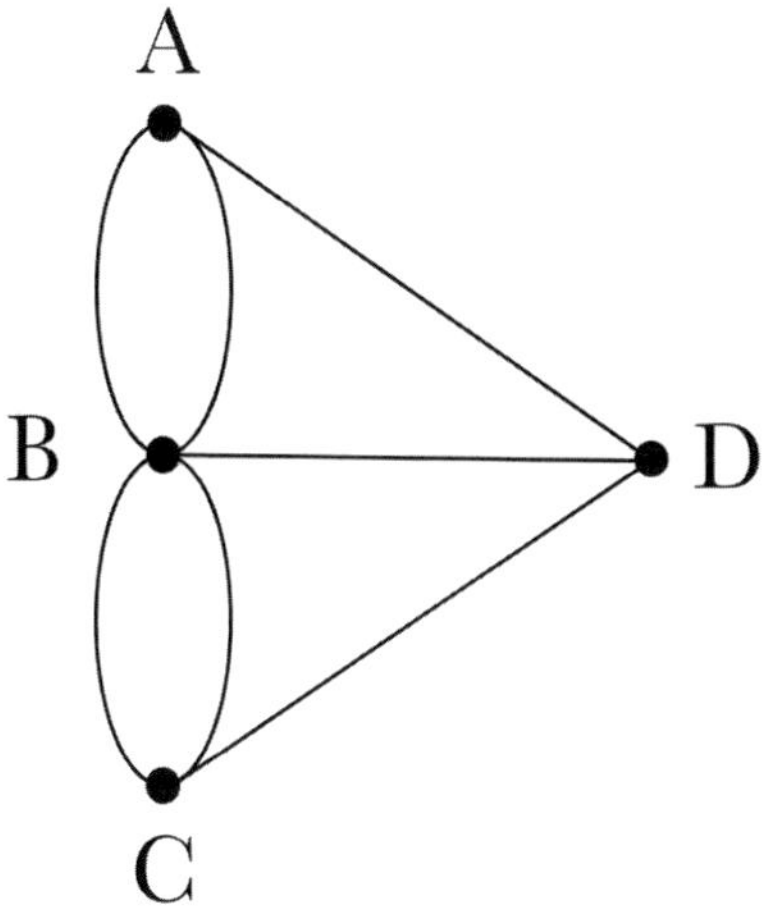

9.3　ケーニヒスベルクの橋のネットワーク図

　ところがケーニヒスベルクの七本の橋の図を見ると、各点から出る橋はすべて奇数である。こんなにたくさんの点から奇数の橋が出ているのでは、それぞれの橋を一回だけ渡って町を完全に周回することはできない。

　これもまた、わたしのお気に入りの近道の一例で、こうすれば、地図の上でさまざまな経路を辿らなくても、奇数本の橋が出ている点の個数を分析するだけで、すぐにそのような経路があり得ないことがわかる。

オイラーの分析の美しいところは、これがケーニヒスベルクの橋だけに適用されるわけではない、という点だ。オイラーは、点と線をつないでできるどんなネットワークを描いたとしても、一点から出ている線の数が常に偶数でありさえすれば、必ずすべての線を一回だけ通る一筆書きのルートが存在することを証明した。さらに、もしも奇数の線が出ている点が二つだけなら、それらの点を始点および終点とする一筆書きが可能になる。その地図がどんなに入り組んでいようと、奇数の線が出ている点の数を数えるという簡単な分析だけで、そのネットワークの一筆書きが可能かどうかを知るための近道が得られる。

ケーニヒスベルクには橋が七本しかないが、ブリストルに住む数学者たちは最近、ブリストル市内を通っている複雑な水路にかかる四十五本の橋にオイラーの近道を応用してみた。ちなみに、ケーニヒスベルクには島が一つしかなかったが、ブリストルにはスパイクアイランドと、セント・フィリップスとレッドクリフの三つの島がある。

はじめは、四十五本の橋をすべて周回できるかどうか、まるでわからなかった。ところがオイラーの近道を使ってみると、橋で結ばれた土地の様子を表わす地図には奇数本の線が出ている点がたくさん含まれているわけではなく、周回路が存在するはずだとわかった。ブリストルの橋歩きの周回ルートは、ブリストル大学の数理工学の元准教授ティロ・グロスによって二〇一三年にはじめて作成された。「答えが見つかったのですから、当然歩かなければならない。一回目の橋歩きには十一時間かかり、距離は五三キロになりました」

わたしはかつて、心理テストでオイラーの近道に助けられたことがある。若い頃にある仕事に応募したところ、テストを受けることになったのだが、そのテストの一つに、いくつかのネットワークをそれぞれ一筆書きでなぞる、という問題があった。ということは、当然一筆書きは可能で、試されるのは、その作業を遂行する能力であるはずだった。ところがじつはその作業は、応募者が正直かどうかを見るためのものだった。なぜなら三つのネットワークのなかに、じつは一筆書きで描けないものが含まれていたからだ。そのネットワークには、ケーニヒスベルクの橋の地図同様、奇数の線が出ている点が三つ以上あった。

わたしは利口ぶってその問題の脇に、その作業が不可能であることのオイラーの近道を使った説明を書いたのだが、どうやらそれはあまり評価されなかったらしく、けっきょくその職を得ることはできなかった。

人間の発見的教授法

オイラーの洞察がすばらしいのは、ケーニヒスベルクの橋を巡る問題を解く際に重要になる本質にしっかり的を絞っていることだ。移動距離や橋の形は、いっさい関係がない。この場合に大事なのは、無関係な情報をすべて放りだして、旅を続けるのに不可欠なその地図の性質を保つことだった。重要でない情報を省くという考えは、さまざまな近道の鍵になっている。じつは、ヒトが発見的方法《ヒューリスティックス》を使うときは、背後にこの着想がある。意識するにしろしないにしろ、わたしたちは手元の作業を単純にして認知負荷を軽くするために、情報を無視したり近似したりする。わたしたち人間はしばしば限られた時間内に限られた精神的資源に基づいて決断する必要に迫られ、そうなると、貴重な精神空間を無駄に浪費しないよう、問題の解決に役立ちそうな側面を拾う効率的な方法を見つける必要が生じる。

心理学者のエイモス・トベルスキーとダニエル・カーネマンはその革新的な仕事のなかで、人間が意思決定の精神的近道として活用する三つの重要な戦略を確認した。わたしたちは、異なる出来事の間ではパターンという概念を使っていて、二人はこれを「代表性」と呼んでいる。確かにわたしも、数学の問題を再考する際は近道としてこの性質を使っている。二つ目の戦略は「係留《アンカリング》」と「調整《アジャストメント》」（固着性とも）と呼ばれるもので、この過程は、自分たちが理解したり知ったりした最初の情報のかけら、すなわちアンカーとともに始まり、それを参照しながら他の状況についての判断を下す。そして最後の戦略となるのが「利用可能性」ヒューリスティックスで、この場合は局所的な知識を用いてより一般的な状況に関する判断を下す。

明らかに、後ろの二つの戦略ではバイアスが生じやすい。なぜなら一般に、わたしたちはきわめて優れたアンカーやごく典型的な局所的知識といったものを持っていないからだ。カーネマンは、人間の発見的方法の限界に関するきわめて強い影響力を持つ著作、『ファスト&スロー』のなかで、質問をする前にある数字に言及しただけで人々の答えがひどくねじ曲げられる例を紹介している。たとえば、一二一五年、一九九二年、という年を出しておいて、それからアルベルト・アインシュタインが最初にアメリカを訪れた年（一九二一年）を尋ねると、正解からのずれが大きくなる。アンカーとなった年は明らかに問いとは無関係なのに、アンカーとなる年抜きで問題を出された被験者と比べて、答えた年が前や後に大きくずれるのだ。

わたしたちが何百年もかけて考案してきた数学の近道は、じつは進化の産物である近道——問いが複雑になると間違える可能性が出てくる近道——を無効にするためのものなのだ。今述べたような発見的方法は、人類の祖先がサバンナで暮らしていた頃なら役に立ったことだろう。サバンナにあるものは、どれも似たり寄ったりだから。だが普遍的な真理を理解しようとするときには、そういうやり方は役に立たない。

すぐれた発見的方法の秘訣は——オイラーがケーニヒスベルクの問題でしたように——橋の性質や距離や町の地理が問題と無関係だと理解することだ。あの問題を解決する際に重要だったのは、土地の塊がどのように繋がっているかということだけだった。

カリーニングラードに到着したわたしは、せっかく現代のこの町を訪れたのだから、七つあった橋がいくつ残っているのか知りたい、と思った。バルト海の重要な港町であるカリーニングラードは、第二次大戦中はドイツの艦隊の重要な戦略拠点とされ、連合軍による猛烈な爆撃を受けることになった。そして、町の中心の島にあったかの有名な大学――カントやヒルベルトが学者としての修業を積んだ場所――をはじめとする歴史ある町のほとんどが灰燼に帰した。では、件の七つの橋はどうなったのか。

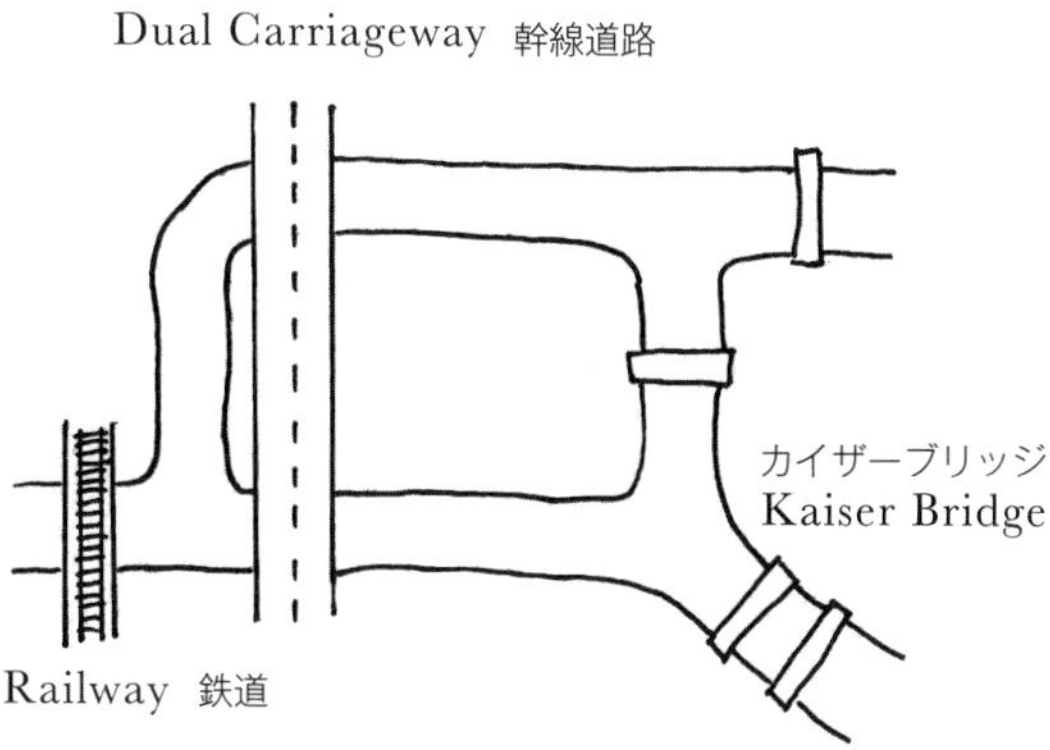

9.4 21世紀のカリーニングラードの七本の橋

戦前からある橋のうちの三本は今も残っているが、二本は影も形もなかった。さらに残りの二本の橋は戦争中に爆撃を受けたが、その後、町を貫く巨大な幹線道路を通すために再建された。ところがさらに、新しい橋が二本作られていた。一本は町の西側のプレーゲル川の二つの岸を結ぶ鉄道橋で、歩行者も渡ることができる。そしてもう一本は歩行者用の橋で、カイザーブリッジと呼ばれている。こうして再び七本の橋が揃ったわけだが、その配置は一八世紀のオイラーが分析した橋と微妙に違っていた。オイラーの近道は、橋の数や配置とは無関係に適用できるからこそすばらしい。というわけで、わたしはすぐに、これらの現代の橋を周回できるかどうか調べることにした。

オイラーの数学的な分析を思い出すと、奇数本の橋が出ている領域が二つだけなら、必ず周回路が作れるはずだった。片方の奇数点から出発して、もう片方の奇数点を終点にすればよい。そこで現在のカリーニングラードの橋の配置を確認すると、そのような経路が存在することがわかった。かくしてわたしは、わくわくしながら町の真ん中の島を出発し、カリーニングラードの現代の七つの橋巡りを始めたのだった。

カリーニングラードの橋の物語とともに、数学のきわめて重要な分野が始まった。ネットワーク理論と呼ばれるその分野は、わたしたちのデジタル世界と密接な関係がある。そして幾人かの数学者は、インターネットのような複雑なネットワークを通り抜ける近道を開発して、大金を手にすることになった。

インターネットの近道

インターネットには、二〇億近くのウェブサイトがある。だがこんなにたくさんのサイトがあるにもかかわらず、グーグルの検索エンジンはみなさんが拾いたい情報をすばやく見つけることができる。みなさんは、それもこれもコンピュータの巨大な計算能力のおかげだと思っているかもしれず、たしかにそれもある。しかしグーグルが必要不可欠なツールとなったのは、その検索方法のおかげだった。

昔の検索エンジンは、みなさんが検索している単語に言及する回数がもっとも多いウェブサイトを探していた。たとえばガウスの一生の伝記的な詳細を知りたい場合、「ガウス　伝記」で検索すると、この二つの単語をもっとも多く含むサイトが列挙された。

ところが、仮にわたしがガウスの伝記の詳細に関する嘘を少しばかり広めたくなったとして、自分のサイトのメタデータに「ガウス」という言葉と「伝記」という言葉のコピーをたくさんアップすると、わたしの偽ニュースサイトは確実に一覧のてっぺんに登場することになる。単語を検索しただけでは、ほしいサイトを見つける強力な方法にならないのだ。

　スタンフォード大学の二人の院生、ラリー・ペイジとセルゲイ・ブリンが自分たちの拠点であるメンローパークの車庫でひねり出した解は、これよりはるかに堅牢だった。そのやり方に従うと、ガウスの伝記に関するどのサイトを検索結果のトップに持ってくればよいのかがわかる。彼らは、どのページがもっとも重要なのかをインターネット自体に語らせる、というじつに独創的な戦術を使うことにした。その着想によると、ウェブサイトがどれくらい適切なのかは、そのサイトにリンクしている他のサイトの数を見ればわかる。ガウスの伝記の詳細を述べた正統なページには、そのトピックに関心があるほかのウェブサイトからもリンクが張られている可能性が高い。

　そうはいっても、ウェブサイトの重要性を他のサイトからのリンクの数だけで判断するとなると、簡単な細工をしただけで、自分の作った偽サイトが一覧の先頭にくるようにできるのでは？　何千ものなりすましサイトを作っておいて、それを自分の「ガウスの伝記」のページにリンクすれば、自分のページがもっとも重要であるように見せかけられるはずだ。

　ところがペイジとブリンには、そのような不正を防ぐ戦略があった。ウェブサイトがランキングの上位にあがるのは、そのウェブサイトと繋がっているほかのウェブサイトも高く評価されている場合に限る、としたのだ。でもちょっと待って！　これってなんだか堂々巡りのような……。これだと、自分が作ったガウスの伝記サイトにリンクしているサイトのどれが高く評価されているのかを知る必要が出てくるわけだが、それらのサイトの価値はそこに繋がっている高評価のサイトに由来するのだから……まるで、無限回帰にはまり込んだみたいだ。

　この問題を解決するには、すべてのサイトが最初はまったく同等な地位にあったと見なせばよい。まずはすべてのサイトに星を一〇ずつ配っておいて、次にこれらの星を再分配していく。あるウェブサイトが五つのサイトにリンクしている場合は、手元の星をそれらのサイトにそれぞれ二つずつ渡す。リンク先が二つだけなら、それぞれのリンク先に五つの星を渡す。これによって問題のサイトは手元の星をすべて譲ることになるが、うまくいけば、リンクしているほかのサイトから星をもらえるかもしれない。

こうやってサイト間で手元の星を次々に再配分していくと、もっとも有力なサイトにどんどん星が集まっていくのがわかる。一千のなりすましサイトにリンクしただけでは、インチキであることがすぐにばれる。星のやり取りが一巡すると、一千のなりすましサイトにはいっさい星がなくなって、もはやわたしが作った偽サイトの価値の維持には役立たなくなる。こうしてわたしのサイトは急激に星を失い、アルゴリズムによるサイトの評価一覧から滑り落ちる。この考えを実行に移すにはさらにもう少し作業が必要だが、これが、グーグルによるウェブサイトのランク付け方法の本質なのだ。

とはいえ、ネットワークのなかを流れる星の様子を分析しようとすると、計算力と時間が必要になる。ところがそこでブリンとペイジは、ランキングへの近道が存在することに気がついた。それは、学部生時代に教わっていた、かなり難解で秘密めいた「行列の固有値」という数学だった。

この数学ツールを使うと、さまざまな動的状況でその系の不動の部分を確定することができる。この概念を最初に使ったのはオイラーで、そのときに問題になっていたのは回転する球だった。今、表面に国を描いた地球儀を持ってきて、その球をひねったり回転させたりしてどんな状態にもっていったとしても、その状態である一組の対蹠点（地球上の互いに一八〇度逆に位置する点）を選んでそのまわりに回転させると、最初の状態に戻すことができる。これはつまり、地球をどんな状態に持っていったとしても、その操作は本質的に、ある軸のまわりの単純な回転によって実現されるということだ。

行列の固有値という概念を使うと、そのような回転軸が必ず存在することを証明でき、さらに、問題の軸を決める二つの不動点を見つける方法もわかる。しかも驚いたことに、この技法のおかげでさまざまな動的状況での不動点を見つけることができる。行列の固有値は、量子系の安定したエネルギーレベルを突き止める際に中心的な役割を果たす。さらにまた、楽器の共振周波数を探る際の鍵にもなる。

ブリンとペイジは、ネットワーク内に星が分配された結果これらの星がどのような状態で安定するのかを突き止める際にも、固有値が鍵になることに気がついた。固有値に注目することで、原子の安定なエネルギーレベルが明らかになったり、回転する球の不動点が判明するのと同じで、ネットワーク内でさらに星を再分配したとしてもそのサイトの星の数が不変になるような星の分け方を突き止めることができる。これはつまり、インターネットの任意のウェブサイトのページランクを計算する際に、手順を何度も繰り返してすべてが平衡状態になるのを待たなくても、行列の固有値が賢い近道になるということだ。

わたし自身が作った偽のガウスの伝記サイトの評価を上げる試みは阻止されるにしても、やはり企業にとって、ブリンとペイジの近道がどのように機能するのかを理解することが重要だ。なぜなら企業には、グーグルの近道で自社のサイトを確実にランクインさせる手立てがあるからだ。実はグーグルのアルゴリズムにすこし揺らぎを与えると、近道の経路がわずかに変わり、結果としてみなさんのウェブサイトのランクは下がることになる。その場合みなさんとしては、どんな変化を起こせば自分のサイトを復活させられるかを知っておく必要がある。

社会的な近道

時には、ネットワークの一点から別の点にどうすれば最短経路で達することができるかが問題になる場合がある。はたして賢い近道が存在するのだろうか。地球の全人口を対象とする社会的な繋がりのネットワークを考えてみよう。今、そこからでたらめに二人を選んだとして、片方からもう片方にたどり着くまでの友達の繋がりは、最短でどれくらいなのか。驚いたことに、じつはごくわずかな人数ですむ。

この問いはまず最初に、ハンガリーの作家カリンティ・フリジェシュが一九二九年に発表した短編「連鎖」に登場した。作品の主人公が、このネットワークにリンクの連鎖を抜けるみごとな近道が存在するかどうかを考えるのだ。

> わたしたちのこの議論から、興味深いゲームが生まれた。一人が、地球上にいる人々が互いに未だかつてないほど近い存在だということを証明するために、次のような実験をしようといいだしたのだ。「地球上で暮らす一五億人の中から勝手に一人を選んでくれたまえ、どこの誰でもかまわないから。このとき、五人の知り合い――うち一人はぼくが個人的に知っている人物――を経由すれば君たちが選んだその誰かと自分を繋ぐことができる。個人的な知り合いのネットワークだけを使ってね。なんなら、賭けてもいいよ」

この架空のゲームが検証されたのは、三十余年も後のことだった。一九六〇年代にアメリカの心理学者スタンレー・ミルグラムが行った有名な実験でターゲットとなったのは、ミルグラムの友人であるボストン在住の株式仲買人だった。さらにミルグラムは、ボストンに住むターゲットから地理的にも社会的にももっとも隔たっていると思われるアメリカの二つの都市、ネブラスカ州のオマハとカンザス州のウィチタを指定した。そして、これら二つの都市の無作為に選んだ複数の住人に宛てて、指定された株式仲買人に手紙を転送するための指示を記した手紙を送った。ここでのポイントは、株式仲買人の住所がどこにもなかったことで、手紙を受け取った人が指定された人物を知らない場合は、自身の知人のネットワークのなかのこの手紙を転送できる可能性が高そうな友人に転送してほしい、と書かれていた。

　発送された手紙は二九六通、そのうちの二三二通はボストンのターゲットに届かなかった。ところが届いた手紙を見てみると、平均六回の転送で最初に受取った人からターゲットの元にたどり着いていた。つまり鎖の始点と終点の間には、五人がいたのだ。

　この実験は、やがて有名な「六次の隔たり《シックス・ディグリーズ・オブ・セパレーション》」という社会現象を生みだした。この言い回しが世に広まったのは、ジョン・グェアによる同名の戯曲のおかげだった（後に、「私に近い6人の他人（シックス・ディグリーズ・オブ・セパレーション）」という題名で映画化）。その劇の終盤では、ある登場人物が次のように語る。「どこかで読んだんだが、この惑星上の誰もが、たった六人の他人によって隔てられているにすぎない。六次の隔たり。わたしたちと、この地球上のほかのみんなが。合衆国の大統領でも、ヴェニスのゴンドラ漕ぎでも。なにか名前を書いてみてほしい。有名人でなくていい。誰でもいいんだ。熱帯雨林の先住民でも、ティエラ・デル・フエゴ（南米大陸最南端の群島）の人でも、イヌイットでも。わたしはこの地球上のみんなと、六人を仲立ちにして繋がっているんだ」

　このデジタル時代に、わたしたちはかつてないほど繋がりあっており、しかも合衆国の郵便制度を経由して手紙を転送するよりもずっと容易にそのネットワークを探ることができる。二〇〇七年に行われた、二億四〇〇〇万人の人々のあいだの三〇〇億の会話を集めたメッセージのデータセットの調査によると、ユーザー間のパスの長さは実際に平均六であることがわかった。二〇一一年に発表された論文によると、ツイッターの場合は、平均するとたった三・四三人のユーザーを仲立ちにして、二人のツイッタラーをつなぐことができる。

　なぜ社会的ネットワークにこのような近道が存在するのか。これが、どのネットワークでも成り立つことでないのは確かだ。実際、円の上にとにかく一〇〇個の点を取って、そのうちの隣り合うものだけを結んでみると、そのネットワークの一点からその反対側の点まで行くには、五〇回の握手が必要になる。これに対してどの二点を取ってもごく少数の仲立ちで移りあえるようなネットワークを、「スモール・ワールド」という。

しかるに、じつはとほうもない数のネットワークがスモール・ワールドであることがわかった。わたしたちの社会的繫がりやインターネットの繫がりだけでなく、あらゆるもの――小は神経細胞が三〇二個しかないC.エレガンスという線虫から、大はニューロンが八六〇億個もある人間の脳まで――のニューロン結合は、スモール・ワールドの例であるらしい。だからこそ、その系の一つのニューロンが、わずかな数のシナプスを経由してすばやく他のニューロンと連絡を取ることができるのだ。電力網はスモール・ワールドであり、空港ネットワークも、食物連鎖も然り。では何が、これらのネットワークをスモール・ワールドにしているのか。

二人の数学者ダンカン・ワッツとスティーヴン・ストロガッツはその謎を発見し、一九九八年に「ネイチャー」誌に論文を発表した。みなさんがいくつかの点《ノード》を取ってきて、近接したノード間に局所的なリンクを作ると、通常は先ほどの円のような図ができて、ネットワーク全体からでたらめに選んだ二つのノードを結ぼうとすると、どうしてもたくさんの点を経由することになる。だがワッツとストロガッツは、そのネットワークに大局的なリンクが数本ありさえすれば、近道が現れることを突き止めた。これはちょうど、ボストンに住む人々は全員が互いを知っていて、しかも住人の一人にたまたまカンザス州に住む叔母がいる、というようなもので、こうなると、これらの局所的な近隣がより大局的に繫がる。C.エレガンスの場合も、同じような構造が観察されている。ニューロンは円状に並んでいるのだが、その円をまたぐように遠くのニューロンをつなぐリンクが見て取れるのだ。人間の脳も、どうやらこれと似た構造になっているらしい。つまり、局地的な繫がりがたくさんあって、さらに脳のまったく異なる領域をつなぐ数本の長いシナプスがある。

空港ネットワークの機能の仕方もこれと似ている。いくつかの空港が長距離便によって世界をつなぐハブの役割を果たしており、個々の領域内では多数の短距離フライトがハブから地方の目的地へとみなさんを運ぶ。

ワッツとストロガッツは自作の数理モデルを用いて、ノードがN個あるネットワークにおいて、このような局地的‐大局的なやり方で各ノードにK個の「知人」がリンクしている場合、でたらめに選んだ二点間のパスの平均が次のような式で与えられることを示した。

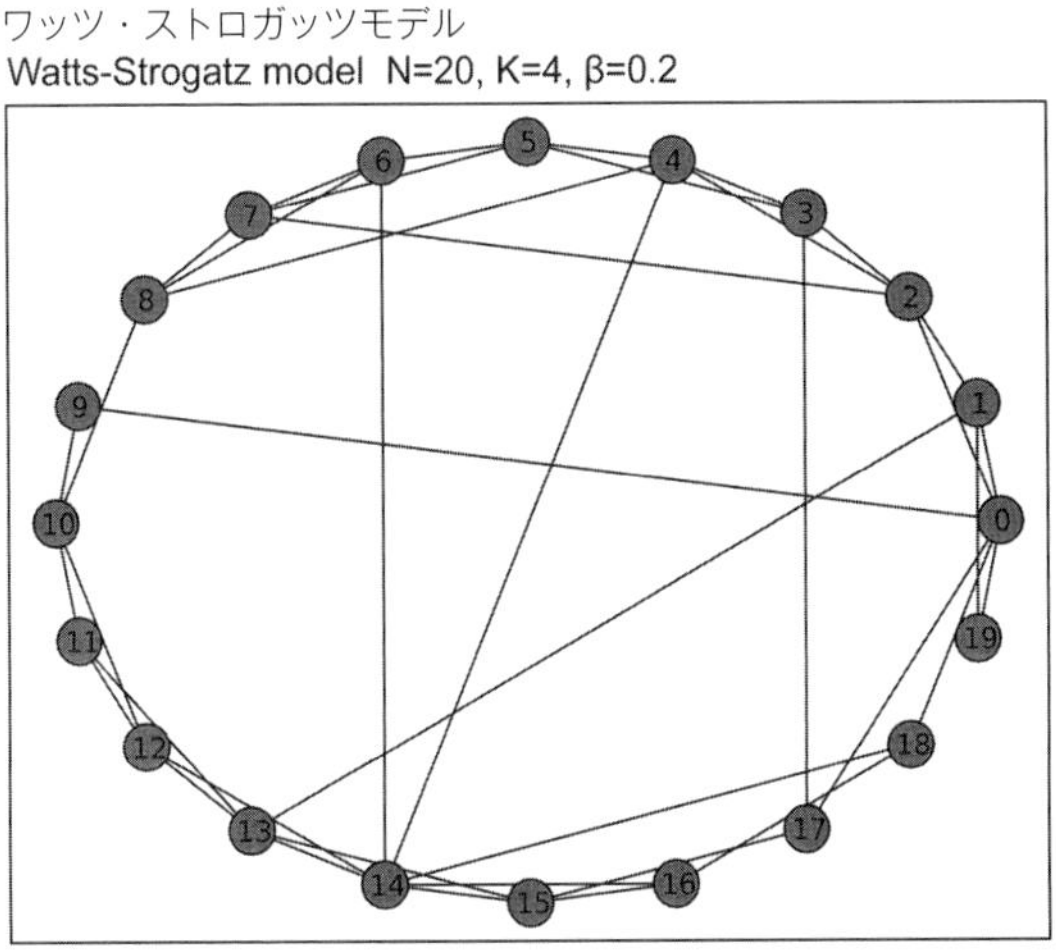

9.5 スモール・ワールド・ネットワークの例

$$\log N/\log K$$

ちなみにこのlogは、ジョン・ネイピアが計算の近道として考案した対数関数である。Nを六〇億として、彼らを一人につき三十人の知人と結んでみると、二人の間の隔たりの次元数は……6.6になる。

みなさんがネットワークを構築しているとしたら、それが社会的なものであれ、物理的なものであれ、仮想のものであれ、そのネットを抜ける近道がほしいと思うことも多いはずだ。しかるに今やわたしたちは、近道がある系を作るにはどうすればよいのかを知っている。片隅から別の片隅に繋がるみごとな近道がある、というスモール・ワールドの性質を備えたネットワークを作りたいのなら、ランダムに選んだ大局的な繋がりを一束付け加えればよいらしい。

ガウスの脳

一八五五年にガウスが亡くなると、その脳は科学的な調査に附されることとなった。脳の解剖を引き受けたのはゲッチンゲン大学の生理学者で、ガウスの友人であり同僚でもあったルドルフ・ヴァーグナーだった。ガウスがあれほど巧みな数学的近道を見つけることができたのは、脳に何か特別なところがあったからではないか。その解剖は、当時大学で進んでいた大きなプロジェクト――エリートの脳と一般大衆の脳に構造上の特別な差があるかどうかを解明するプロジェクト――の一部として実施された。ヴァーグナーは、重要なのは重さや体積などのおおざっぱな量ではなく、ガウスの脳の皮質が普通の脳より複雑であることだ、と主張した。

ヴァーグナーの作業を補う形で、チームの一員が銅版画と石版画を作成した。近年ゲッチンゲンのあるチームが現代の高解像度の fMRI を使って、実際にガウスの脳の左半球の二つの領域の間にかなり珍しい繋がりがあることを確認した。ところがそのチームは、そのコレクションで生じた奇妙な取り違えに足を掬われることになった。長年ガウスの脳とされてきたものが、じつはもう一人のゲッチンゲンのエリート、コンラッド・ハインリッヒ・フックスの脳であることが明らかになったのだ。フックスはガウスと同じ年に亡くなっており、どうやらヴァーグナーが分析を行って図が作成された後で、標本の取り違えが起きたらしい。この取り違えは、チームが fMRI のスキャン映像とオリジナルのスケッチを比べたことではじめて発覚した。

エリート思索家の脳に現れた構造の違いを理解するという一九世紀ゲッチンゲンのプロジェクト

は、じつは今も続いており、最近ではケンタッキー州のルイビル大学の解剖学教室のラボが、「尋常でない人々」とされる人々や死去した科学者の脳を研究している。そしてこの調査を率いるマヌエル・カサノヴァ教授は、科学の専門家の脳に構造的な違いがあることを突き止めた。

どうやら、局地的な短い繋がりがたくさんある脳は、集中した思考に特化するらしい。そのような人々は、脳のある一つの領域の力を活用することができるが、これに対して脳のさまざまな領域をつなぐ長いリンクがあると、枠に囚われない思考や新たなアイデアの創造が促進される。

面白いことにこの二つの特徴は、思考スタイルの間に浮び上がる二分法に対応しているように見える。「キツネはたくさんのことを知っているが、ハリネズミは大きな事を一つ知っている」とは古代ギリシャの詩人アルキロコスの弁で、キツネのように狡猾な哲学者、アイザイア・バーリンはこの言葉を踏み台にして、思索家を二つのカテゴリーに分けようとした。キツネは広範な興味、すなわち水平的な思考過程を活用する。ハリネズミは深く考えるが、これは垂直思考過程であってキツネのそれと直交する。キツネは何にでも興味を持ち、ハリネズミは取り憑かれたように一心不乱になる。

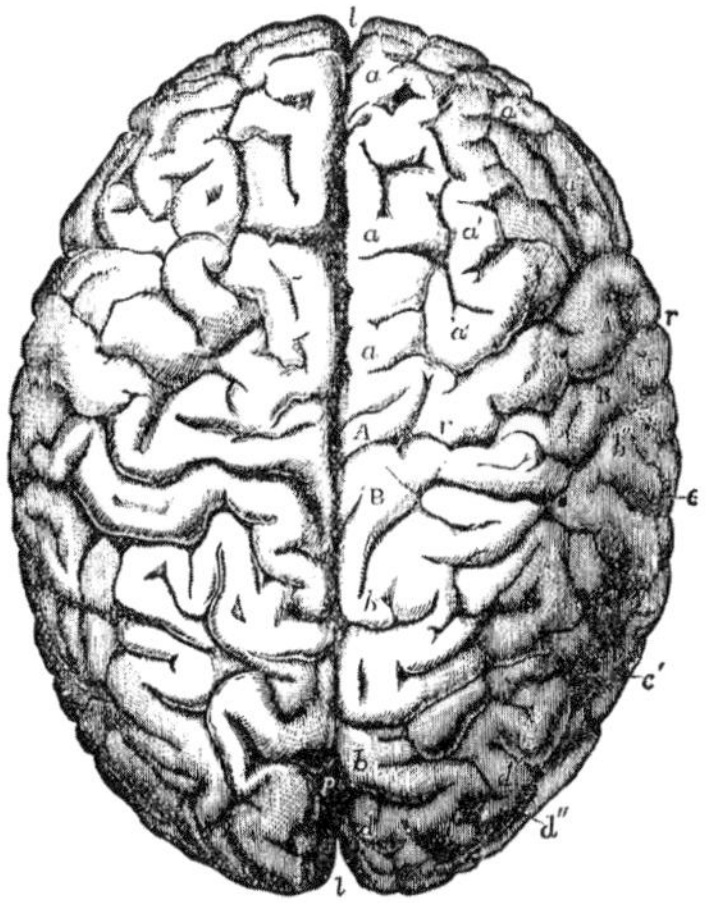

9.6　ガウスの脳

大量の短い繋がりがハリネズミの特徴で、長い繋がりがキツネの特徴だとすると、これらの短い繋がりと長いリンクとを組み合わせられる脳は、キツネのスキルとハリネズミのスキルを併せ持つことになる。それができれば理想的なのだろうが、実際に脳内の配線を行おうとすると、空間や代謝活動が必要になる。したがって、頭蓋骨という幾何学的な制約がある以上、この二つを融合させることは不可能だ。

しかし、ここにもう一つ別の選択肢がある。それが協働だ。ガウスはヴェーバーと力を合わせて世界初の電信線を作り、そこから現代のインターネットが生まれた。互いの専門知識を分かち合うことによって、集中した思考に特化できる脳同士の間に長い繋がりを作れれば、何か心躍る新しいものを生み出せるかもしれない。複数の分野に挟まれた未開拓の地でなら、簡単に解けそうな問題が見つかるかもしれないし、異分野の人が語っている言葉を学んでそれを自身の分野の問題に適用すれば、容易に収穫を得ることができるかもしれない。だからこそ、専門が何であろうと互いの分野の考え方を身につけることで、力を合わせて向こう側への近道を見つける可能性を高められるのだ。

たぶん人間と機械の協働こそが、キツネとハリネズミの完全な融合なのだろう。わたしは近道を嗅ぎつけるというきわめて人間的な特徴を言祝ぐためにこの本を書いているのだが、それにしても、機械が提供できるかもしれないものをただ拒絶すべきではないのかもしれない。確かに機械は力ずくでより速くより多くの計算をすることができるが、結局は、人間が抜け目なく巧みな近道を見つけたときにはじめて、人間だけ、機械だけでは手が届かない目的に手が届く。

クイズの答え

この章の冒頭のクイズは、じつはわたしが就職活動で課された心理テストに含まれていた問題だ。オイラーの近道のおかげで、この図を一筆書きできないことはわかっていた。なぜなら三つ以上の点から奇数本の線が出ているからだ。ところがある小細工（厳密にはズルになる）をすると、この図形を描くことができる。どうするかというと……紙を一枚取ってきて、下から四分の一のところで折り、そこに、いちばん上の左の端から正方形を描いていくのだが、正方形が完成するまではペンを紙から離さない。正方形の下の辺が折った紙に乗るように描いて、左上の隅にペンを置いたままで紙を開くと、正方形の三本の線だけが残る。そのうえで、さらに描き加えるべき図を分析してみると、オイラーのテストをパスする（つまりその続きを一筆で書くことができる）。

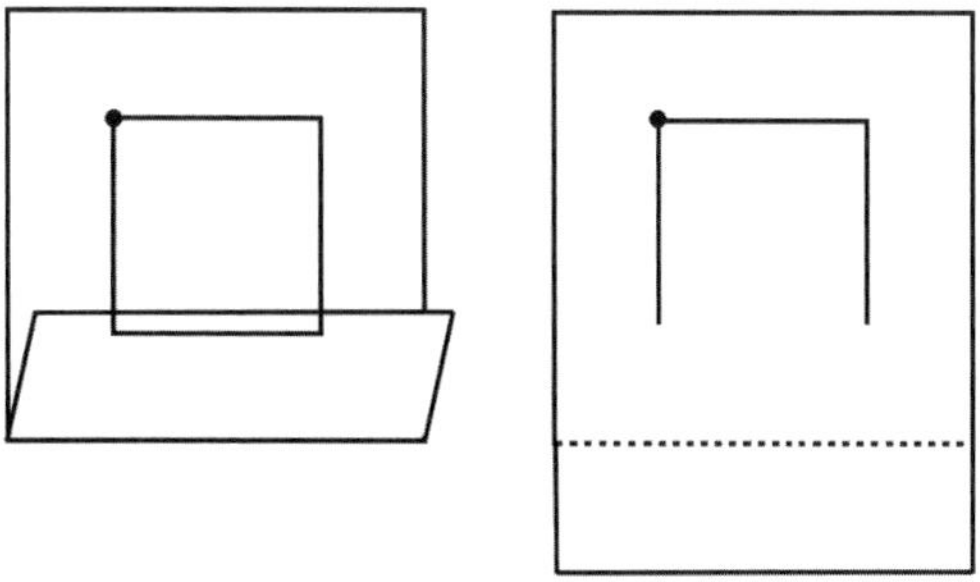

9.7　この章の冒頭の図を描くための工夫　紙を折る

近道への近道

この世界の至る所にネットワークがある。企業の構造にも、コンピュータの配線にも、異なるストックオプションの相互依存にも、交通のネットワークにも、さらには人体の細胞間相互作用にも、小説に登場する人物の関係にも、わたしたちの社会ネットワークにも。一揃いの対象とその間の繋がりがあれば、そこにはネットワークができる。理解しようとしているのがどんな構造であろうと、そこにネットワークが隠れているか否かを分析してみるだけのことはある。なぜならネットワークを確認できさえすれば、数学が、その構造を扱う際に助けとなる近道をよろこんで提供しようと待ち構えているからだ。ネットワークのもっとも重要なノードを特定するツールや、既存のネットワークを片隅から別の片隅に達する迅速なパスがあるスモール・ワールドに変えるための戦略や、本質的でない情報を放りだした何が起きているのかを理解するのに役立つトポロジー的地図などの近道を。

ちょっと一息

神経科学

最高のアイデアは、どこからともなくやってくる場合が多い。まるで何も考えないことが、答えへの近道を探している脳の役に立つかのように……。哲学者のマイケル・ポランニーは、脳が無意識の曖昧な議論を活用するこの暗黙の思考過程こそが人間の思考力の鍵だと考えた。そしてその命題を、次のようにまとめた。「わたしたちは、語りうる以上のことを知っている」

確かにこれは、わたしが数学を生み出すときに経験することだ。なぜ自分が正しいと感じるのかもはっきりしないのに、答えが「わかった」と感じる。そして、数学の大地の地勢に関する自分の仮説をどうにかひねり出す。どうやったらそこに達することができるのか、その道もよくわからないのに、遠くに頂があるのを感じる。

これまでにも多くの数学者が、洞察の瞬間や脳がわたしたちの意識のなかに着想を送り出すやり方について語ってきた。脳は無意識の領域で働き続け、解に出くわすとすぐに、その解を意識の領域に吐き出す。わたし自身もこのような洞察の瞬間を経験してきた。それに続いて、わたしの潜在意識がなぜそのような結論に至ったのかを論理でつなぎ合わせてまとめる、という辛い作業が始まるわけなのだが……。

数学者のアンリ・ポアンカレは、ある問題に取り組んでもいっこうに前進できなかったときに経験した、ある有名な瞬間を紹介している。机を離れて精神を遊ばせたときに初めて――具体的には、パリでバスに乗った瞬間だったという——急にその問題の解き方がわかったという。「わたしがバスのステップに足をかけた瞬間に、その着想が降りてきた。それまで考えていたことが役に立ったとはとうてい思えないのだが、わたしがフックス関数を定義するのに使っていた変換が非ユークリッド幾何学のそれと同じであることに気づいたのだ」

アラン・チューリングも、チューリング・マシーンの着想を練っているときに、同じような経験をしたという。チューリングは部屋でさんざん考えを巡らした後で、気晴らしに、ケンブリッジのケム川の川縁を走ることが多かった。ある日、走り終わってグランチェスター近くの牧草地に寝っ転がっていたチューリングは、無理数の数学を使えば、このチューリング・マシーンで計算できるものに限界があるという証明が可能になることに気がついた。

その問題について考えないことで問題を解く、ということについてさらに知りたくなったわたしは、神経科学者のオグニェン・アミジッチに連絡を入れた。アミジッチはこれまで、特定分野の専門家たちの脳がどのように機能しているかを研究してきた。

じつはアミジッチは、神経科学者になるつもりはなかった。チェスのグランドマスターになることを夢見て何千時間も練習に明け暮れ、世界最高の先生たちの指導を仰ぐために旧ユーゴスラビアからロシアに移住した。だが結局は、成績が頭打ちになった。熟達者の域を出られなかったのだ。

そこでアミジッチは、自分の脳の配線具合に何か自分にとって不利な点があるのかどうか、調べることにした。そしてそこから神経科学者になるための修業に入ると、チェスのアマチュアとグランドマスターの脳の働きに差があるかどうかを確認するための研究を始めた。

アミジッチは自分の発見を説明するために、わたしをイギリスのチェスのグランドマスターの一人、スチュアート・コンクエストと対戦させた。そして、脳の活性の違いを実証するために、二人の脳磁気図をとった。確かにわたしはグランドマスターや熟達者にとうてい及ぶべくもないが、それでも論理的に考えることはできるし、駒の位置を分析して、最良の次の一手を考えることはできる。

　わたしはすぐに試合に負けた。だがわたしの興味を引いたのは、試合の結果ではなかった。得られた脳磁気図がじつに印象的だったのだ。その図によると、わたしたちは脳のまったく異なる部分を使ってチェスをしていた。わたしのほうが脳の活性をより多く使っていたが、成功の度合いは低かった。

　アミジッチの研究から、わたしのようなアマチュアは脳の中央にある側頭葉内側部を使っていることが明らかになっている。この事実は、アマチュアはその知性をゲームのなかで通常見られない新たな動きの分析に鋭く集中させる、という解釈と合致する。ようするに、あり得るひとつひとつの動きがもたらす結果を言語化して意識し、分析しているようなもので、たぶんアマチュアのプレイヤーは、自分の考えを実際に言葉にして、思考過程に関するコメントを出すことができるはずだ。

　これに対してグランドマスターが使っているのは前頭皮質と頭頂葉皮質で、側頭葉内側部は完全に回避されている。これらの領域はより直観と結びつけられることが多く、ヒトが長期記憶にアクセスする場所でもあって、意識下の思考プロセスとの関わりが強い。グランドマスターは、たとえその理由を言葉にできなかったとしても、ある動きが良い動きであることを感じ取れる。アマチュアの脳と違って、グランドマスターの脳は感じたことを必死になって論理的に理由付けようとしないから、側頭葉内側部でエネルギーを浪費しなくてすむ。つまりグランドマスターは、意識的な思考を省いて解答にたどり着く。

　これではまるで、わたしの脳が気のふれたガゼルのようにそこらじゅうを走り回っている間に、グランドマスターの脳がライオンのように草むらに身を潜めて座り込み、余分なエネルギーを使うことなく必殺の動きに備えているようではないか。

この点についてはまだ反論もあるのだが、アミジッチにいわせると、人々の脳の活性は練習ではあまり変わらない。だからアマチュアの脳をスキャンすれば、彼らの脳がグランドマスターになりうるものであるかどうかがわかる。なぜならグランドマスターたちは、チェスのプロとしてのキャリアを始めた時点で、すでに試合中に前頭皮質や頭頂葉皮質にアクセスしているから。「誰もが、自分には成し遂げられる、自分の望むものになれる、と考えたがる。そして、生涯をかけても成し遂げることができなければ、それを誰かのせいにする。母親のせい、政府のせい、父親の支援が足りなかったせい……金がなかったからとかなんとか、とにかく説明を付けるんだ」とアミジッチはいう。

だがアミジッチにいわせると、基本的に問題なのは、教育や練習時間の多さや偉大なる指導者に出会えるかどうかではなく、遺伝だ。「人は、グランドマスターに生まれつくか、平均的なプレイヤーに生まれつくかのどちらかなんだ。偉大なる数学者でも、ミュージシャンでも、サッカー選手でもなんでもいいけれど。人は生まれるのであって、作り出されるわけじゃない。ぼくは作り出されるとは思わないし、天才を作れるという証拠を一度も見たことがない」

アミジッチは、ある子どもの脳をスキャンしたときのことを話してくれた。父親はその子を必死にグランドマスターに仕立てようとしていたが、アミジッチには、その子の脳が物事を側頭葉内側部で分析することにこだわっているのがわかった。これでは決して熟達者の域を出られないと考えて、その父親に別の道を追求することを考えるよう助言したが、どうやら父親はその助言を無視したらしく、結局アミジッチの評価が正しかったことが証明されたという。

アミジッチは、自分の脳が優れた直観を発揮できそうな活動を見つけることが重要だ、と考えている。彼自身は、優れた素地があったのが、結局はチェスではなく神経科学だった。「人生って面白い。ぼくは、たとえチェスの選手になったとしても、こんなに有名になれなかったと思う」

チェスをしているわたしの脳を分析した結果、わたしも決してグランドマスターにはなれそうにないことがはっきりした。わたしの脳は、良い手に向かう近道を見つける代わりに、側頭葉内側部の長い道のりを進んで、物事を深く掘り下げていた。これに対して、数学をしているときのわたしの脳をスキャンしたら、当然、脳の直感的な部分にアクセスしているはずだ、とアミジッチはいう。

アミジッチの研究からは、これがほんとうに遺伝子レベルでもいえることなのか、あるいは脳も訓練可能なのかははっきりしない。しかしその研究からみる限り、脳のパフォーマンスが最高潮に達する時、脳は、解決への旅を混乱させるさまざまな考えを避けて、近道を使っている。

第十章　不可能な近道

グラストンベリー・フェスティバル（一九七〇年からイギリスで開かれている世界最大級の音楽フェス）が開かれると、わたしはよくアストロラーベ劇場で演奏に参加する。それが終わったら、次ページの地図に載っている他のすべてのステージを見て回りたいのだが、みなさんは、アストロラーベ劇場から出発して他のすべての舞台を通り、最後にまたアストロラーベ劇場に戻る最短の一筆書きの経路を見つけることができますか。

すべての問いに、近道や抜け道があるわけではない。これまでにも、楽器を習うとか、セラピーで脳の配線を替えるとか、訓練によってスポーツ選手になるといった物理的に身体を変える必要がある課題を達成するには時間と努力が不可欠であることを確認してきた。だがそれとはまた別に、近道が存在しない課題があるかもしれない、ということがわかっている。今では数学者たちは、解の候補を総ざらいして確認するという辛い作業抜きでは解決できない問題がたくさんあると考えている。

みなさんが教師で、次年度の時間割を作ろうとしているとしたら？　運送会社の社員で、自社のトラックで物品を配送する最良のルートを組み立てようとしていたら？　スーパーマーケットの陳列担当で、どうすれば棚に箱を効率的に並べられるかを知りたいとしたら？　サッカーのサポーターで、自分の推しのチームがリーグのトップになる可能性が今でもあるかどうかをなんとしても知

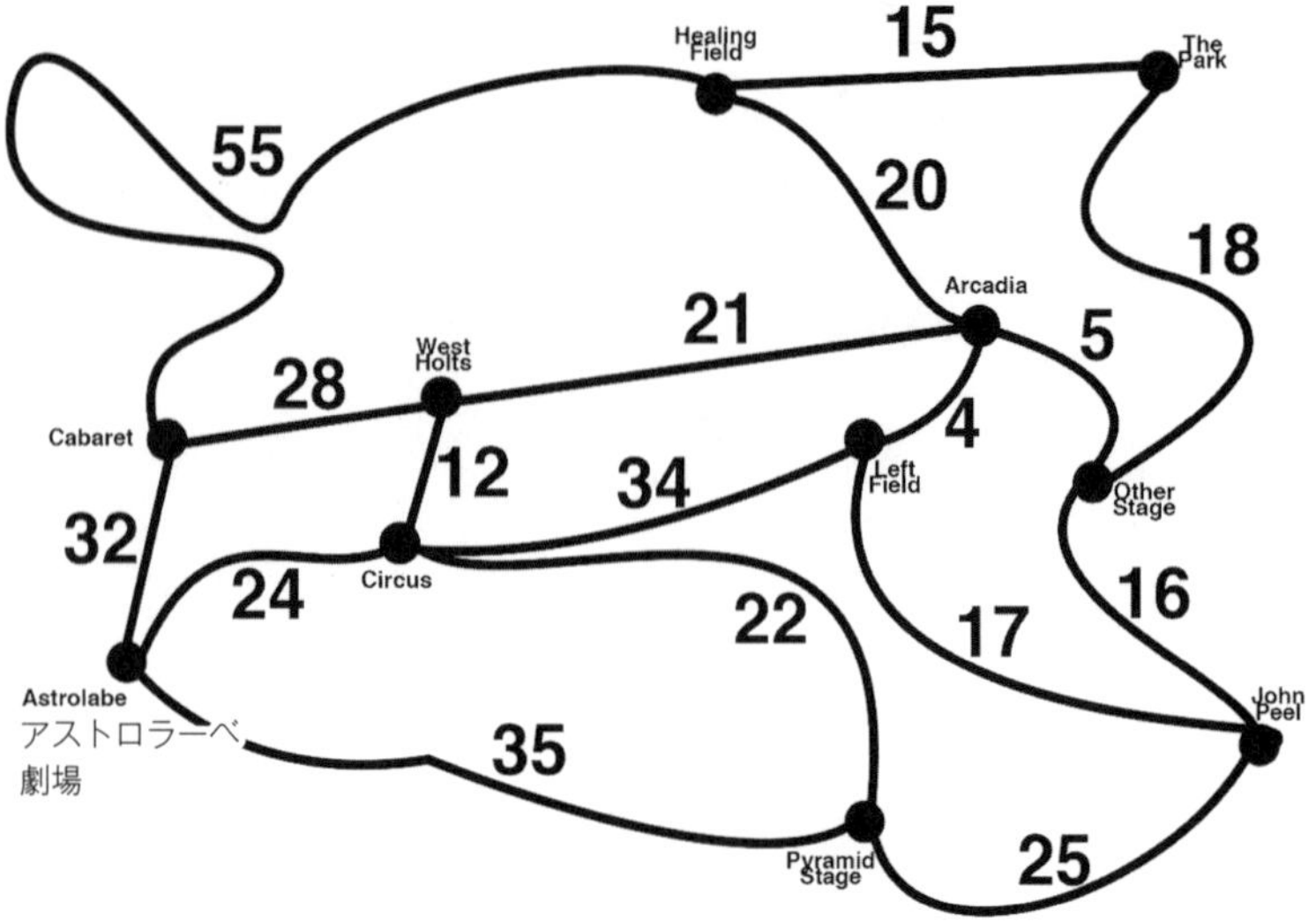

10.1　グラストンベリー・フェスティバルの地図

りたかったら？　数独のファンで、あのひじょうに難しいパズルを解くいい手を見つけたいと思っているとしたら？　みんながみんな、近道を探すことだろう。だが悲しいかな、これらの問いに関しては、たとえよりよい思考をしたとしても解が見つからない可能性がある。あのガウスですら、解を見つけたければ、考え得る筋立てすべてを確認するという辛い作業をするしかなかったはずだ。おそらくもっとも衝撃的なのは、抜け道や近道の技たる数学が、ある種の問題に近道が存在しないことを、なにがなんでも証明しようと頑張っていることだろう。

数学者たちが解決への近道がないと考えている古典的な問題の一つに、「旅するセールスマン問題」がある。これは、町のネットワークを周回する最短経路を求める問題で、どうやらこの名前は、一八三二年に発行された旅するセールスマンのための手引き書から来ているらしい。その手引き書にはこの問題が、ドイツとスイスを周回する経路の例とともに載っていた。数学者たちは今日に至るまで賢い方法を考案できず、ほんとうに近道が見つかったかどうかを確認するには、あらゆる経路の候補を試すしかない。

問題は、町の数を増やしたときに経路の候補の数が急激に増えていって、たとえコンピュータにやらせたとしても、すべての候補の確認がまったく実行不可能になることだ。でも、解を見つけるもっと手早い方法がきっとある、よね？　オイラーやガウスやニュートンみたいな人物が、近道を探り出す賢い戦略を見つけていそうなものだが……。たとえば、今自分がいる町から、常に一番近い町を選ぶようにしたらどうだろう。これは、「最近傍アルゴリズム」と呼ばれるもので、こうするとしばしば、かなりよい——最適な経路より二五パーセント長い——経路ができる。ところがどっこい、このアルゴリズムを適用したときに最短経路ではなく最長経路ができるようなネットワークを簡単に作ることができる。

どんなネットワークに対しても確実に最適経路の一・五倍以下の長さの経路を作れるアルゴリズムということなら、すでにいくつか開発されている。しかしここでほしいのは、徹底的な探索を端折って最適経路を見つけることができる巧みな近道なのだ。しかるに数学者たちはさんざんこの問題に悩まされた挙げ句、そのような近道はじつはなさそうだ、と考えるようになった。実際に、そのような近道が存在しないことの証明は、七つある「ミレニアム問題」——二一世紀が始まるときにもっとも大きな未解決の数学問題として選ばれた問題——の一つになっている。つまり、旅するセールスマン問題に近道がないことを証明した数学者は、賞金として百万ドルを受け取ることができる。

この場合の近道とは

百万ドルを手に入れるには、この場合に何が数学的な近道の要件になるのかを、実際に定義することが重要だ。長く辛い道と近道の違いを数学の言葉に翻訳すると、解の探索に指数的な時間がかかるアルゴリズムと多項式時間しかかからないアルゴリズム、ということになる。これは、正確にはいったい何を意味しているのか。

この問題の核になっているのは、一つの問題に限らず、どんな形、どんな大きさの問題にも使えるアルゴリズムをひねり出すという課題であって、その場合、リズムの解決に要する時間がどう変わるかが問題になる。たとえば、今手元に模様の異なる九種類のタイルがあったとして、それらを隣同士の模様が繋がるように三×三に並べて正方形を作りたい。

10.2　隣り合う正方形の模様が一致するように並んでいる九枚のタイル

与えられた問題の大きさによって、そのアルゴリズムの解決に要する時間がどう変わるかが問題になる。

とりあえず、タイルの並べ方は全部で何通りあるのだろう。左上の端に置くタイルの選び方は九通りあって、しかもそのタイルは異なる四つの方向を向けられるから、計9×4＝36通りの置き方がある。次にこれと隣り合うタイルは残る八枚の中から選ぶことができて、そのタイルも異なる四つの方向を向けられる。この調子でタイルを置いていくとすると、これらすべてのタイルの置き方の数は全部で、

$$9! \times 4^9$$

通りになる。ただし9!というのは9×8×7×6×5×4×3×2×1を約めたもので、9の階乗と呼ばれる。今、コンピュータが毎秒一億回の確認作業をこなせるとすると、これらすべての場合について隣同士の模様が繋がっているかどうかをチェックするのに一五分以上かかる。これくらいなら、まあ、そう悪くはない。ところがタイルの数を増やすにつれて、確認に必要な時間は急激に増えていく。十六枚のタイルを四×四に並べる場合について、同様の分析をすると、確認するべき組み合わせの数は、

$$16! \times 4^{16}$$

となり、これらすべてをチェックするのに必要な時間は二八五〇万年に跳ね上がる。さらにこれが五×五になると、たかだか一三八億年でしかない宇宙の年齢を軽く超える。

タイルを一辺に n 個並べる場合、並べ方の候補は計 $n! \times 4^n$ 個になるわけだが、この 4^n は、n が増えるにつれて指数的に増える関数として知られている。実際、この関数の値がいかに危険な増え方をするかは、この本の第一章ですでに紹介した。インドの王様がチェスゲームを考案した人物に報酬としてチェス盤にのせた米粒を支払うことにしたら、その量が指数的に増えた、というあの逸話である。しかも n の階乗、つまり $n!$（1から n までのすべての数の積）は、じつは指数よりもはるかに急激に増加する。

これが、「長い道」の数学的な定義であって、「長い道」に属するアルゴリズムでは、問題の規模が大きくなったときに、その問題を解くのに必要な時間が指数的に増えていく。こちらとしては、

このタイプの問題の近道を見つけたいところだが、それにしても、良い近道とはいったいどのようなものなのか。じつはここでいう近道とは、問題の規模が大きくなったとしても、わりとすばやく解を見つけられるアルゴリズム——いわゆる多項式時間アルゴリズムのことなのだ。

今、言葉をランダムに選んでおいて、それらをアルファベット順に並べることを考える。この場合、単語の一覧が増えると、並べるのにかかる時間はどれくらい延びるのか。アルファベット順に並べるための単純なアルゴリズムとしては、次のようなものが考えられる。まず単語がN個並んでいる一覧をざっと見て、辞書順で一番最初に来る単語を拾う。それが終わったら、次に残りの$N-1$個の単語で同じ作業を繰り返す。このやり方だと、$N+(N-1)+(N-2)+\dots+1$個の単語をざっと見ては並べることになる。ところがガウスが教室で発見した近道を使うと、この総数は$N\times(N+1)/2=(N^2+N)/2$回であることがわかる。

じつはこれは、多項式時間アルゴリズムの一例になっている。なぜなら単語の数Nが増えると、ざっと見る回数はNの二次式（Nの二乗）の勢いで増えるから。ということは、旅するセールスマン問題でいえば、N個の町を周回する場合に、たとえばN^2、つまり町の個数の二乗くらいの経路を確認すれば最短のものが見つかるアルゴリズムがほしい。

さきほどとりあえずひねり出したアルゴリズムは、残念なことに多項式時間ではない。本質的に、まず訪問する町を一つ選んで、それから次の町を選んで……という具合に進むので、地図にN個の町があったとすると、$N!$本の経路をチェックすることになる。ところが先ほど述べたように、$N!$の値は指数より急激に増える。ということで、すべての経路を確認するよりはましな戦略を見つけることが課題になる。

近道への近道

多項式時間のアルゴリズムが存在しないとはかぎらない、ということを示すために、一見同じくらい扱いにくそうな問題を考えてみる。旅するセールスマンの地図から訪問先をでたらめに二つ選んだとき、これら二つの町を結ぶ最短経路はどのようなものになるのか。この場合も、やはりはじめは考慮すべき候補がたくさんありそうに見える。結局のところ、出発する町と繫がっているどの町を最初に訪問してもかまわず、さらにその町と繫がっているどの町を訪問してもよいのだから。ということはつまり、町の数に対して指数的に増える作業を避けて通れない、ということなのか。

ところが一九五六年にオランダの計算機学者エドガー・ダイクストラが、じつに巧みな戦術をひねり出した。この戦術を使うと、二つの町の間の最短経路を、単語をアルファベット順に並べるのと同じ程度の時間で見つけることができる。当時ダイクストラは、オランダの二つの町ロッテルダムとフローニンゲンを結ぶ最速のルートを探す、という実際的な問題についてあれこれ考えていた。

ある朝わたしは、アムステルダムで若い婚約者と買い物をしていた。くたびれたので、二人そろってカフェのテラスに腰を下ろし、コーヒーを飲んだ。その間もわたしは、どうやったらこの問題を解けるのかな、と考えていた。そして、最短経路を求めるアルゴリズムを作ってみた。発明に要したのは、たったの二〇分……なんといってもすてきだったのは、紙も鉛筆もなしで作ったことだ。その後わたしは、紙や鉛筆を使わずに考察すると、避けられる複雑さをなにがなんでも避けるしかなくなる、という利点があることを学んだ。結局そのアルゴリズムは——これにはわたしも大いに驚いたのだが——わたしの名声の基礎になった。

次のような地図を考えてみよう。

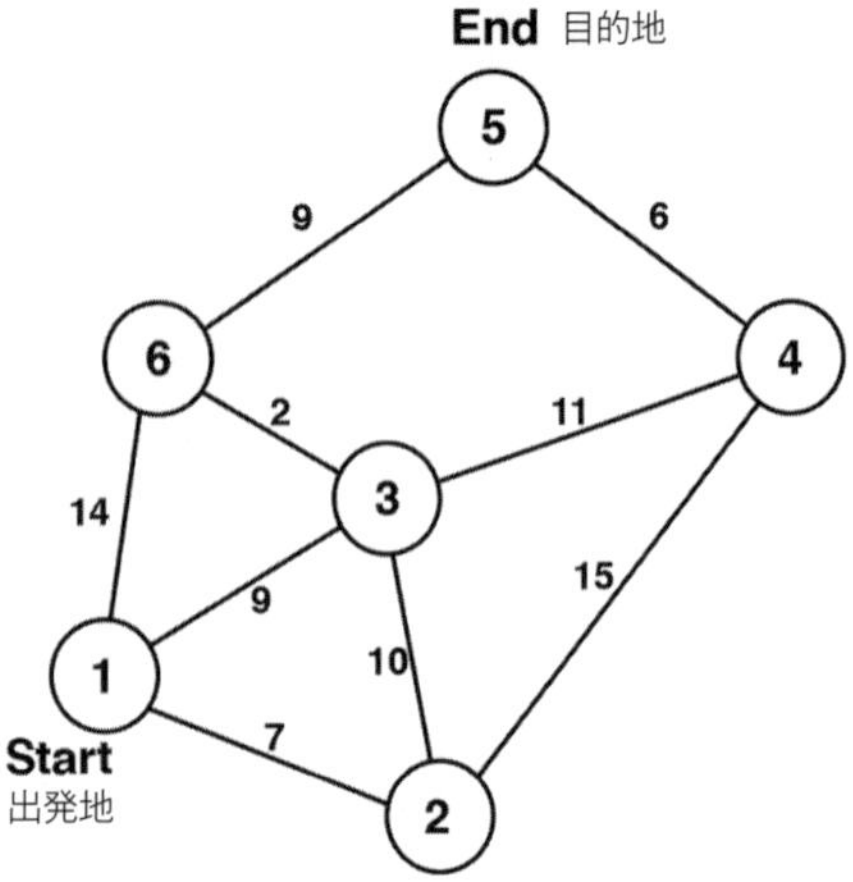

10.3　町その1と町その5との間の最短経路はどのようなものか

ダイクストラのアルゴリズムでは、出発点となる町その1から出発する。そのうえで、旅の各段階でその時点でのその町までの距離の合計を出すことで最短経路を探る。まず、出発する町と繋がっているすべての町に番号を振り、その町までの距離を書いておく。この場合、町その2、その3、その6に、7、9、14という数字が割り振られる。そしてとりあえず、それらのうちのもっとも近い町に移動する。ただしここは注意が必要で、このアルゴリズムによってみごと問題が解決された暁には、実はその町が最初に向かうべき最適な町でなくなるかもしれない。

この図では、まず、出発点である町その1から

の距離が一番近い町その2に移る。

そして、後にした町その1に「訪問済み」というマークをつける。それから、新たな町その2に繋がるすべての町の距離を記したラベルを更新する。つまりこの場合は、町その3とその4のラベルを更新するわけだ。そのためにまず出発点だった町その1から今いる町その2を経由した場合のそれぞれの町への距離を計算する。こうして得られた新しい結果が、その町にすでに割り振られている数値より短ければ新しい値で置き換える。長い場合は、数値はいじらずそのままにしておく。町その3でいうと、新しい距離（7＋10）のほうが長いから、元の9という値のままにしておく。

時には町その4のように、その前の町には繋がっていなかったので、まだ数字を割り振られていない場合がある。そこでこの新しい町には、その時点でのそこまでの距離を割り振る。つまりこの場合は、町その4に7＋15＝22が割り振られるわけだ。

そしてまた、今いる町に「訪問済み」のマークを貼ってから、まだ訪れておらず、出発点からの距離が現時点で最小になっている町に移動する。前ページの図でいうと町その3に移るわけだが、こうしてみると、はじめは町2に向かったほうがよさそうに見えたのに、じつはそれでは遠回りになっていたことがわかる。つまり、このアルゴリズムはすでに、町その3を経由せよ、とわたしに指示しているわけだ。

そこでもう一度、町その3に繋がっていてまだ訪れていない町のラベルを更新する。この手順を繰り返すと、最後には目的地の町その5にたどり着いて、そこに割り振られたラベルが出発地点からの最短距離を表すことになる。だからそれまでの旅を逆に辿って、どの町を通ればその距離で到達できるのかを確認すればよい。今の例では、結局のところ最短経路が町その2を通らなかった、という点に注意しよう。

このような作業をしたとき、最短経路が見つかるまでに必要なステップは何段階になるのか。町がN個あったとすると、単語をアルファベット順に並べるのと似たところがあって、各段階で、もう考えなくてよい町が一つ除外される。したがってこのアルゴリズムが完了するのに必要な時間はN^2、つまりNの2乗になるわけで、これは、数学の言葉でいう近道だ！

そうはいっても数学用語でいう近道を使って答えを出そうとすると、実際にはひじょうに長い時間がかかる場合がある。数学者たちは一般に、多項式時間アルゴリズムこそが求める近道だと考える。二次のアルゴリズムはかなり速い。ところが三次、四次、五次の多項式になると、数学的には速いとされても、物理的には長い時間がかかる可能性がある。

コンピュータが毎秒一億回の動作を行えるとすると、Nが小さい場合はほぼ問題ないが、それでも答えをN^2段階で見つけるアルゴリズムとN^5段階で見つけるアルゴリズムでは、必要な時間がまるで違ってくる。

N^2のアルゴリズムなら、一万の町からなるネットワークを一秒で確認できるが、N^5のアルゴリズムでは、同数の町からなるネットワークの確認に三万一七一〇年必要になる。それでもやはり、数学的には近道なのだ。今わたしたちが使える指数的なアルゴリズムと比べてみると、一万の町のネットワークを指数的アルゴリズムで確認するには宇宙の年齢以上の時間がかかるから、確かに近道ではある。実際、2^Nの指数的アルゴリズムを使うと、町の数が百個の場合でも確認に要する時間は宇宙の年齢を超える。

それでも実際的な目的からいって、実行時間のNの累乗の指数（肩の数）が最小になるアルゴリズムを探すことには意味がある。一口に近道といっても、長短いろいろなのだ。

藁山の針

みなさんは、自分は旅するセールスマンでないのだから、顧客たちのいる町を回る最短経路を見つけるための近道がなくてもかまわない、と思われるかもしれない。だが問題は、同程度に複雑な問題がたくさんあるということで、たとえば工学の世界では、ロケーションが百個ある回路基板の配線を行う際に、その基板を作るロボットにもっとも効率的に作業させる方法を見つける必要が生じるかもしれない。日々ロボットが作り出す基盤が何千にも上ることを考えると、ロボットがネットワークの周回に要する時間を数秒節約できれば、企業の経費は大いに圧縮される。しかるに、ぜひとも近道を見つけたい問題は、ネットワークの周回だけではない。というわけで今から、旅するセールスマン問題と同じ性質を持ついくつかの問題を紹介しよう。われわれ数学者が、ひょっとすると解を見つけるための近道が存在しないのかもしれないと思っている問題、あの偉大なるガウスでさえ、とにかく長く辛い作業をするしかないように見える問題だ！

車のトランク問題　さまざまな大きさの箱を、車のトランクに収めて運びたい。このとき、箱をうまく組み合わせて、無駄な空間をもっとも小さくすることが課題になる。ところが、箱の大きさに基づいて最良の組み合わせを見つける賢いアルゴリズムは存在しないことがわかっている。今、すべての箱の高さと奥行が同じでトランクの内法の高さと奥行も同じ、違うのは幅だけだとする。トランクの幅が一五〇センチメートルで、詰める箱の幅が一六、二七、三七、四二、五二、五九、六五、九五センチメートルとすると、トランクをできるだけ効率的に一杯にする箱の組み合わせを選ぶ賢い方法はありますか。

学校の時間割問題　すべての学校が年度初めに、生徒のために時間割を組むという難問に直面する。ところが生徒の選択によって、どの科目を何時間めに持ってくるかが制限される。エイダが科学と音楽を選択しているのだから、この二つの授業を同じ時間に組むことはできない。一方アランは科学と映画学を選択しているわけで……。しかるに一日の授業数は八コマしかなく、学校としては、すべてが重ならないようにうまく収める方法を見つけなくてはならない。このような制約のもとで時間割を編成するのは、寸法の合っていないカーペットを部屋一面に敷き詰めるのと似ている。片方の隅がうまく合ったかと思うと、別の隅が跳ね上がっていることに気づくのだ。あるいは数独をやっていて、完成したと思ったら、同じ列に2が二つあることに気がついた時のような……。まったく、なんてこった！

数独　日本発のこのパズルの超難問を解こうとしていると、とりあえず次の数を推測するしかない、と感じられる瞬間がしばしば訪れる。とにかく推測しておいて、それから論理的にどうなっていくかを考える。矛盾が生じてその数ではだめだとわかったら、推測した時点まで戻ってほかの道を試さなくてはならない。

晩餐問題　友達をパーティーに招待したいのに、互いにそりが合わない人が何人かいて、同じパーティーに招待できないという場合は、学校の時間割の問題と同じような問題が生じる。少なくとも何回パーティーを開けば、全員がパーティーに参加して、しかもそりの合わない同士が同じパーティーで鉢合わせしなくてすむのか。それを知るには、考え得るお客の組み合わせをすべてチェックしなければならない。

地図の色塗り　好き勝手な地図を持ってきて、隣り合う国の色が同じにならないように塗り分けるには、四色あればうまくいく。では、三色しかなかったらどうなるか。この場合も、あり得る塗り分け方をすべて当たる、というのが三色で十分か否かを調べるための唯一のアルゴリズムになる。数独と同じように、色塗りを始めてみたはいいが、初めのほうである選択をしたせいで、隣あう二つの国が同じ色になってしまう場合がある。国の数をN個とすると、それらを三色に塗り分けるやり方は3^N通りだから、指数的な個数の塗り分け方候補をすべてチェックすることになりかねない。

地図を塗り分けるには最大でも四色あればよいというのは、二〇世紀に証明された偉大な定理の一つである。五色あれば塗り分けられることは、一八九〇年に示されていた。その証明はそれほど複雑ではなく、数学者がよく利用する近道を使っていた。今、五色で塗り分けられない地図があったとして、そのなかの国の数がもっとも少ない地図を持ってくる。すると賢い分析を行うことによって、その地図から国を一つ取り除いた地図もやはり五色では塗り分けられないことが示される。ところがこれは、最初に持ってきたのが国の数がもっとも少ない地図だったという事実と矛盾する、というのだ。

ここで一つ、何かが存在しないことを証明するために最小の例を持ってくる、という近道の馬鹿げた使い方を紹介しておこう。この場合に証明するのは、「退屈な数などない」という事実だ。今、退屈な数があったとして、そのなかのいちばん小さいものをNとする。そのとたんに、その数は興味深い数になる。なぜならそれは、最小の退屈な数だから。

苛立たしいことに、四色で十分であることを示すときには、この賢い近道を使えないようだった。なぜ国を一つ取り去っても色分けできない地図になるのかを、数学者たちは説明できなかった。それでいて誰一人、四色で色分けできない地図の例も示せなかった。

結局一九七六年になって、四色で十分であることが証明された。ただしそれは、とうてい近道とはいえない代物だった。実際その証明では、何千もの事例をチェックするために――人間にはそんなことは到底不可能だ――コンピュータのばか力を使っていた。そしてこの証明は、数学における転回点となった。なぜならこのとき初めて、コンピュータが証明の最後の部分で解に至る径を強引に作ったからだ。まるで山岳地帯に出くわして、その向こうにある谷への賢い抜け道を見つけることができなかったので、機械を使って山をぶち抜いたような感じだった。

数学者の共同体に属する多くの人が、この証明でのコンピュータの使われ方に不安を抱いた。証明というのは、なぜ四色で十分なのかを人間が理解するためのものであって、たんにそれが正しいことを示すだけのものではない。人間の脳の繋がりを作る能力には限りがある。だからこそ脳にとって、近道がなぜそのようなものであるのかを納得できるかどうかが決定的に重要だ。長い迂回路を強いられる証明は、脳に詰め込みきれなくなって、わたしたちにすれば、真の理解を拒まれたような気がしてしまう。

地図の色分け問題と関連する問題に、何本かの線で結ばれた点からなるネットワークに関する問いがある。この場合の線は国境のようなもので、線で繋がっている点同士が決して同じ色にならないように点を塗り分けるには最低で何色必要かが問題になる。

サッカー　近道が見つからない問題の中でもとくにわたしが気に入っているのが、サッカーにまつわるものだ。といってもサッカーをするのではなく、現状から見て、はたしてわたしが推しているチームは数学的に、まだプレミア・リーグの覇者となる可能性があるのか、という問いで、このすばらしい問題は、シーズンが終了する頃になると姿を表す。そんなのは簡単に解ける、と思われるかもしれない。ひいきのチームがすべての試合に確実に勝つように——つまり一試合につき三点の勝ち点を得るようにしておいて、それで一位になれるかどうかを見てみたら？　ところがわたしにすれば、他のチーム同士の試合すべてが心配の種になる。現在一位のチームには、当然多くの試合で負けてほしい。しかしそうなると、そのチームの対戦相手は勝つことになり、ポイントをたくさん得ることになる。それらのチームにたくさんポイントが行きすぎて、結局一位になってしまったらどうしよう。

これもまた、試合と結果の組み合わせをたくさん考える必要がある問題で、各チームに勝ちや負けや引き分けを割り振っていくと——ちょうど数独のように何度も——その前に自分が割り振った結果のせいで注意深くバランスを取ろうとしていた作業が台無しになっていたことに気づき、結局前の作業に遡らざるをえなくなる。

今かりに残りがN試合だとすると、それぞれの試合の結果が勝ちか負けか引き分けになり得るから、問題のチームについては計3^Nの結果が考えられて、考慮すべき可能性の数はまさに指数的になる。だから、数学的にいって今なおひいきのチームがリーグで優勝する可能性が残っているかどうかをすばやく教えてくれる近道を見つけることは難問になる。

ところで、なぜわたしがこの問題をこんなに好むのかというと、学校時代には、優勝の可能性を計算するアルゴリズムが存在したからだ。あの頃と今はどこが違うのか。アルゴリズムが消えたのではなく、点数の分配方法が変わったのだ。以前は、勝ったチームに二点が与えられ、引き分けると一点ずつ分け合うことになっていた。ところがどうやらそのせいで、退屈な引き分け試合に持ち込もうとするチームがいたことから、一九八一年に、勝ち狙いを奨励することになった。勝ったほうに二点ではなく、三点が与えられるのだ。何の害もなさそうなこの変更は、しかし、ひいきのチームがプレミア・リーグのトップに立てるかどうかを突き止める、という問題に劇的な影響を及ぼした。

重要なのは、一九八一年までは、誰が勝とうと負けようと引き分けようと、全チームで分配される総得点はいっさい変わらなかった、という点だ。チームは全部で二十あって、各チームは別のチームと二度、ホームとアウェイで戦う。つまり、総試合数は20×19となるわけだ。旧来のやり方だと、二点が各試合の結果に応じて分配される。つまりシーズンの終わりの総ポイント数は、2×20×19＝760となって、これを二十チームが分ける。

ところが今では、がらりと状況が変わった。各試合では、勝ったチームに三点いくか、引き分けで各チームに一点ずついくかのどちらかで、シーズン中のすべての試合が引き分けなら、総点数はやはり七六〇点になる。ところが引き分けが一つもない場合は、3×20×19＝1140点になる。このように新しいやり方では総点数に変動があるので、以前はひいきのチームがリーグ一位になる可能性が残っているかどうかを数学的に教えてくれていたアルゴリズムがもはや機能しなくなったのだ。

すばらしいことにこれらの問題には、たまたま解に出くわした場合はそれが本当にその問題の答えかどうかをすぐにチェックできる、という性質がある。わたしはよくこれらの問題を「藁の中の針問題」と呼んでいる。針を見つけるという当初の問題を解決するにはうんざりするような長い探索が必要で、針がどこにありそうか、狙いを定める手立てはほぼ皆無。ところが針が手に当たっただけで、これが針だ！　とわかる。金庫を開ける場合も、次々に組み合わせを試すことになってひどく長い時間がかかるかもしれないが、いったん正しい組み合わせを入れてしまえば、たちどころに扉が開く。

　これらの「藁の中の針問題」、専門家が「NP完全問題」と呼んでいる問題には、ひとつ途方もない特徴がある。みなさんは、できる限り短時間で解をもたらすアルゴリズムを見つけるには、それぞれの問題に特化した戦略が必要だと思われるかもしれないが、実際には、旅するセールスマンの地図の最短経路を見つける迅速な多項式時間アルゴリズムが見つかったとたんに、このタイプのほかのすべての問題にそのようなアルゴリズムが存在するはずだと言い切れる。少なくともこれは、近道を見つけるという難問の近道ではある。一つの問題の近道が見つかりさえすれば、その近道に手を加えて、わたしたちの一覧に載っているすべての問題の近道にできる。トールキンの言葉を少々曲げていえば、近道一つですべて解決、なのだ。

　なぜそんなことができるのか。その感じをつかんでもらうために、今述べた問題のいくつかを別の問題に変換する方法を紹介しよう。たとえば、学校の時間割問題はどうだろう。この場合は、クラスがあって、細切れの時間があって、さらにそれらのクラス間の衝突を避ける必要がある。これらの情報に基づいて、各クラスを点とし、それらの衝突を線とするネットワークを作ることができる。つまり、二つのクラスがかち合うときは、その二つを線で結ぶ。こうすると、細切れの時間を割り振る作業が、線で結ばれた二つの点が決して同じ色にならないようにグラフの点を塗り分ける問題とぴったり重なる。

近道が存在しないという事実を利用する

場合によっては、近道が存在しないということがきわめて大きな意味を持つことがある。その一つが解読不可能な暗号の作成で、暗号制作者にすれば、どんなに頑張っても候補を網羅的に探索する以外に解読方法が存在しそうにない、という事実をうまく使いたい。たとえば組み合わせ錠でいうと、ダイヤルが計四個あって、各ダイヤルに十個の数字が書かれている場合、0000から9999までの計一万個の数字を当たる必要がある。作りがいい加減だと、最初のダイヤルが正しい場所にセットされた時点で、装置内部の物理的な変化によって正しい組み合わせがわかることもあるが、一般には、泥棒はすべての組み合わせを試すしかない。

ところがそのほかの暗号システムには弱点があって、それをうまく使うと近道が得られる。文字を体系的に別の文字に取り換える古典的なシーザー暗号の場合を見てみよう。この暗号では、たとえばすべてのAがGなどの別の文字に変換される。さらにBはそれ以外の文字に変換されるといった具合にアルファベットの各文字に新しい文字を割り振っていくと、さまざまな暗号を作ることができる。実際、アルファベットの文字を並べ替える方法は26!(1×2×3×……×26)通りにのぼる。(ここには、たとえば暗号化してもXはXのまま、というふうに動かない文字がある場合も含まれる。そこで面白い問題を一つ。あらゆる文字が別の文字に変換される暗号は、全部でいくつありますか?)ちなみに26!という数がどれくらいの大きさかというと……たとえば26!秒は、ビッグバン以降の時の流れより長い。

ハッカーがこのやり方で暗号化されたメッセージを横取りしたとして、そのメッセージを解読するにはさまざまな組み合わせを試す必要がある。だがこの暗号には一つ弱点がある。九世紀の博学者、ヤアクーブ・アル゠キンディが指摘したように、じつは文中に文字が出てくる頻度にばらつきがあるのだ。たとえば英語の場合、どんな文でももっともひんぱんに出てくるのが〝e〟で、全体の一三パーセントを占めている。これに続くのが〝t〟で、九パーセントを占めている。さらに各文字には個性があって、どの文字とともに現れるか――たとえば〝q〟のあとには必ず〝u〟が来る――といったことにその個性が表れる。

アル＝キンディは、暗号解読者にとってこの事実が、置換暗号で暗号化されたメッセージの解読を試みる際の近道になることに気がついた。暗号化された文に出てくる文字の頻度を分析し、もっとも頻度が高い文字を平文のもっともひんぱんに登場する文字に置き換えれば、メッセージに侵入する突破口が開ける。こうして、頻度分析によってこれらの暗号の解読に向けたすばらしい近道が手に入ることがわかった。つまりこれらの暗号は、登場したときに思ったほど安全ではない。

第二次大戦中にドイツ軍は、ついにこの暗号解読の近道を避けながら換字暗号を使ううまい方法を発見したと考えた。メッセージに新しい文字が出てくるたびに、その文字を前とは別の換字暗号で暗号化すればよい。EEEEをこの方法で暗号化すると、それぞれのEが別の文字になるから、頻度分析を用いたアル＝キンディ流の攻撃は役に立たない。そしてドイツ軍は、このような多重換字暗号を作成する機械を作った。その名は、エニグマ。

戦時下におけるイギリスの暗号解読者の拠点だったブレッチリー・パークにいってみると、今でも展示されているエニグマを見ることができる。それは一見ごく普通のキーボードがついたタイプライターのようだが、キーボードの上に、文字がもう一列並んでいる。わたしが試しに一つキーを押してみると、キーボードの上の文字が一つ、明るく輝いた。これによってその文字が何に暗号化されるかが決まったことになる。この装置の本質は、内部の配線によって古典的な換字暗号の文字をごちゃまぜにする所にある。実は、わたしがキーを押したとたんにカチッという音がして、装置の中央にある三つの回転子の一つが一刻み分動くのが見えた。そこでもう一度同じ文字を押すと、今度は別の文字が輝いた。なぜかというと、キーボードと電球をつなぐ配線が変わったからだ。配線は回転子を経由するようになっていて、回転子の設定が変わると装置の配線も変わる。こうやって回転子がカチッ、カチッと動き続けるので、装置は確実に各文字を別の換字暗号で暗号化することになる。

この装置は、全体としては解読不可能に見える。装置を設定するための回転子は六つあって、おのおのの初期設定が二十六通り。しかもその後ろに電線がたくさん走っていて、この対応にさらに攪乱を加えることができる。ということは、この装置全体としては一五八〇〇〇〇〇〇〇〇〇〇〇〇〇〇〇〇〇〇（一垓五八〇〇京）通りの設定方法があるわけで、オペレータがどの設定を使ったのかを突き止めるには、藁山の中から針を探すようなとんでもない作業が必要になりそうだった。だからドイツ軍は、この装置で作られた暗号は解読不可能だ、という絶対の自信を持っていた。

しかし彼らは、アラン・チューリングという数学者のみごとな手腕を考えに入れていなかった。二〇世紀のガウスともいうべきチューリングは、ブレッチリー・パークに腰を据えると、網羅的な探索を端折る手がかりになりそうなシステムの弱点をあぶり出していった。その際に鍵となったのは、「この装置は問題の文字を必ず別の文字に暗号化する」という事実だった。この配線では、文字は必ず別の文字に変換される。そんなことは、その装置にとってまったく無害な事実だと思われた。ところがチューリングはこの事実を使ってエニグマを追い詰め、具体的なメッセージがどのように暗号化されたのか、その候補をぐっと絞り込む方法を思いついた。

それにしても、最後の探索は機械に行わせる必要があった。かくしてブレッチリー・パークの小屋では、ボンブが夜通しうなりを立てて稼働することとなった。ボンブというのは、暗号解読チームがチューリングの近道を実行する機械に付けた名前である。そしてボンブは毎晩、ドイツ側が安全に送ったと思い込んでいたメッセージを連合軍が読めるようにしていったのだった。

素数らしきもの《プライム・サスペクト》

今日、インターネットの中を行き交うわたしたちのクレジットカードの情報は、数学的な問題──その性質上、近道が存在しないと考えられている問題──をうまく使った暗号によって守られている。RSAもそのような暗号の一つで、素数と呼ばれる謎の多い数が頼みの綱になっている。各ウェブサイトはまず、秘密裏におよそ一〇〇桁の素数を二つ選んで、それらを掛け合わせてできた約二〇〇桁の数字をウェブサイトで公開する。これが、ウェブサイトのコード番号となる。今わたしがそのウェブサイトを訪れたとすると、わたしのコンピュータはこの二〇〇桁の数字を受け取って、わたしのクレジットカードとコード番号を使ってある計算を行い、スクランブルされたその数字を相手方に送る。なぜこれで安全が保証されるかというと、この計算を逆に辿ろうとする人物は、掛け合わせた結果がウェブサイトの約二〇〇桁のコード番号になるような二つの素数を見つける、という難問を解かなければならなくなるからだ。この暗号法が盤石とされているのは、この難問が藁山の針を探すような問題だからで、数学者たちが知っている解き方はただ一つ、この数でウェブサイトのコード番号がぴたりと割り切れますようにと念じながら、次から次へとさまざまな素数を試してみるしかない。

ガウス自身はその偉大な数論の書『算術研究（*Disquisitiones Arithmeticae*）』（邦訳は『ガウス整数論』）のなかで、数を素数に分解する（素因数分解と呼ばれるもの）難問について、次のように述べている。「素数を合成数から識別して、後者をその素因数に分解する問題は、数論において最も重要で有用な問題の一つとして知られている。この問題には、太古から近代までの幾何学者たちがじつに多大なる英知と努力を傾けてきたわけで、それについては長々と論じるまでもない……。さらにこの科学自体の威厳からいっても、かくも優美でこれほど著名なる問題を解くために、あらゆる可能な方法を探ることが求められているようだ」

そのガウスも、まさかこの問題がインターネットと電子商取引の時代にこれほど重要になるとは思っていなかった。今日まで誰一人として、あの偉大なるガウス自身ですら、大きな数を割りきる素数を求めるための近道を見つけることはできていない。二〇〇桁の数を割り切るかどうかを確認するために当たらねばならない素数の数はあまりに膨大で、そのような攻撃はまったく役に立たない。ある数をより小さな数の積として表すことを因数分解というが、これは本質的に難しい問題とされており、今でも数学者が取り組んでいる未解決の問いの一つであり続けている。はたしてわたしたちは、素数を見つける近道が存在しない、ということを証明できるのか。

でも、ちょっと待っていただきたい。ウェブサイト自体は、そのメッセージをどうやって解読するのだろう。ここで重要なのが、そのウェブサイトが約一〇〇桁の素数を二つ選んだところからすべてが始まった、という点だ。そのうえで、それら二つの数をかけて二〇〇桁ほどの公開コード番号を作ったのだから、そのウェブサイトだけは、その計算を逆に辿るための素数を知っている。

いずれにしても、素数探しは未だに数学者が解明しきれていない問題の一つであって、素数が数の宇宙にどのように配置されているのか、その謎を解く「リーマン予想」なるものも、七つあるミレニアム問題のうちの一つになっている。だが、素数が正確にはどのように分布しているのか、本当のところは未だ不明であるにもかかわらず、インターネット暗号で使うこれらの巨大な素数を見つけるための面白い近道がある。その近道の決め手となったのは、一七世紀フランスの偉大な数学者ピエール・ド・フェルマーが発見した、素数を巡るある事実だった。フェルマーは、pを素数としたときに、pより小さい任意の数nを取ってきてそれをp乗してからpで割ると、あまりがnになる、という事実を証明した。たとえば、$2^5 = 32$を5で割ると、あまりは2になる。

これはつまり、候補となっている数qが素数かどうか知りたいとき、qより小さい数を持ってきて、その数がこの検査に合格するかどうかを見ればよいということだ。もしもその数がこの検査に合格しなければ、qは素数でないことがわかる。たとえば$2^6=64$を6で割ると、あまりは2でなく4になる。ということは、フェルマーの検査に引っかかったのだから、6は素数ではあり得ない。そうはいっても、qより小さくて検査に引っかかる数がたったの一つしかないと、この検査もあまり役に立たない。その場合は結局qより小さい数をすべて調べることになって、これでは一つ一つを直接確かめるのと変わらない。この検査のすごいところは、候補が引っかかる場合は派手に引っかかるという点で、このフェルマーの検査では、qより小さい数の半数以上が「qは素数でない」という事実の証人になる。

そうはいっても、玉には瑕があるもので、あたかも素数のように振る舞う数——つまりフェルマーの証人たちが全員口を閉ざしているのに、じつは素数ではない数——が存在するのも事実で、それらは擬素数と呼ばれている。それでも一九八〇年代の終わりには、二人の数学者ゲイリー・ミラーとマイケル・ラビンが、フェルマーのこの検査に磨きをかけて、多項式時間で実行可能な保証付きの素数判定法をひねり出した。ただし、この業績には一つだけ但し書きがついていた。その大前提として、ひじょうに高い山のてっぺんに登れた——つまりリーマン予想(あるいはこの予想の一般化)を証明できた——と仮定する必要があったのだ。

ミラーとラビンは、数学者たちがリーマン予想という頂に至る道を見つけさえすれば、その向こうには確かに素数探しの近道がある、ということを証明した。この頂がなぜこんなに重要なのかというと、一つには、じつに多くの数学者たちがその向こうにたくさんの近道が存在することを示してきたからだ。わたし自身も、リーマン予想が証明できれば成り立つはずの定理をいくつか証明している。

それでも、問題の山を迂回するもっと巧妙な方法があるかもしれない、という可能性に見切りをつけるべきではない。二〇〇二年、数学界は驚くべきニュースに揺れた。カーンプルにあるインド工科大学に所属するインドの三人の数学者、マニンドラ・アグラワル、ニラジュ・カヤル、ナイティン・サクセナが、リーマン山を越えずに多項式時間で素数を判定する方法を見つけた、というのだ。しかも驚いたことに、後の二人の著者はアグラワルとともに仕事をした学部学生だという。このチームの中心メンバーであるアグラワル自身も、数学界の数論関係者にはほとんど名を知られていなかった。この出来事から偉大なるラマヌジャンにまつわる物語を連想した人は多い。ラマヌジャンは、自分の数学的発見をケンブリッジの数学者G・H・ハーディーに書き送ったことがきっかけで、二〇世紀初頭の数学の舞台に躍り出たのだった。

このチームの大発見のおかげで、リーマン山を越えたらという前提抜きの多項式時間で実行可能な素数判定法が確立されたわけだが、そのアルゴリズムは、じつはあまり実際的ではなかった。前にも述べたように、この場合は多項式の次数を知ることが重要で、もしそれが二乗なら、物事は迅速に進む。ところがアグラワルとカヤルとサクセナが最初に提案したアルゴリズムには、次数一二の多項式が含まれていた。多項式の次数は、やがてアメリカの数学者カール・ポメランスとオランダの数学者ヘンドリック・レンストラによって六まで下げられたが、これまた前にも述べたように、数学的には近道だとしても、現実には急激に減速する。六次の多項式を含むアルゴリズムでは、検査する数が大きくなると答えを出すのに必要な時間がかなり長くなる。

インターネットのセキュリティーは、巨大な素数が十分供給されるか否かにかかっているわけだが、では、金融サービスを効率的に提供したいウェブサイトの側は、どうすればすばやく素数を見つけられるのか。その場合は、ある数が素数だと保証はできなくとも、少なくとも素数である可能性がきわめて高いと請け合えるアルゴリズムを使うことになる。

先ほど述べたように、ある数が素数や擬素数でない場合、その数より小さい数の半数がフェルマー検査に引っかかる。だが、じつに不運なことに検査した半数がすべて合格したらどうなるのか。ある数が素数でないことの証人を確実に見つけるには、半数を検査しなければならないようだが……。いったい、一人の証人を見逃す確率はどれくらいなのか。今、百回検査してみても、証人が一人も見つからなかったとしよう。その場合、その数は素数か、擬素数か、あるいは2^{100}に一つの確率ですべての証人を見逃した可能性がある。というわけで、わたしならこの賭けに喜んで乗る！　なぜなら、そんなことが起きる可能性はきわめて小さいから。

わたしたちの手元には、決定論的なものにしろ確率論的なものにしろ、これらの暗号を作るのに欠かせない素数を見つけるための偉大なアルゴリズムは存在するのに、これらの暗号を解くための従来型のアルゴリズムは存在しないらしい。だったらもっと独創的なアルゴリズムはどうか。

量子を使った近道

巨大な暗号数を割り切る素数を探す、といった問題を処理する際に従来型のコンピュータが直面する問題のひとつに、一つの検査を終わらせないと次の検査に移れない、という事実がある。（状況をはっきりさせるために、ここからは一貫して余りが出ずにぴったり割り切れる数を探すことにする）できれば、コンピュータをいくつかに分けて、それぞれに別の検査をさせたいところだ。並列処理を行うと、動作は格段に速くなる。家を建てる場合を見てみると、ロサンジェルスで開催された一軒家を最速で建てられる建築業者チームを決定する競技会では、二百人が並行して作業を行ったチームがなんと四時間で家を建て終えて優勝している。もちろん、順を追って行う必要がある作業もあって、高層ビルを建てたり地面を掘って地下駐車場を作ったりする場合は、一つの階層ができてから次の階層を加えることになる。だが、大きな数が小さな数で割り切れるかどうかを調べる検査は、それぞれの作業がほかの検査の結果に左右されないから、並行して行うのにうってつけの作業といえる。

やっかいなことに、それでも物理的な能力の問題は残り、問題を二分割すれば検査を実行する時間は半分になるが、今度は必要なハードウェアが倍になる。というわけで、じつはこのやり方は、大きな数を割りきる素数を探す作業に向いていない。

だが、ハードウェアを倍にしないでこの並行処理を行えるとしたらどうか。ここに目を付けたのが、一九九〇年代にベル研究所で仕事をしていた数学者、ピーター・ショアだった。彼は、ある型破りな計算を行えば検査を同時に行えることに気がついた。量子世界の奇妙な物理学を使えばいい。量子力学では、電子などの粒子が観察されるまでは本質的に同時に二箇所に存在するように設定できる。今、この二つの位置を0と1とする。この量子重ね合わせと呼ばれる状態を使うと、ハードウェアを二倍にしなくてすむ。なにしろ、電子が一つあるだけなのだから。ところがこの電子は、じつは一つではなく二つの情報の欠片を蓄えている。この欠片は量子ビットと呼ばれていて、従来型のコンピュータでは一ビットをオンかオフの位置、つまり0か1にセットしなければならないが、この量子ビットは分裂して並行する量子世界——片方のスイッチが0に、もう片方のスイッチが1にセットされた世界——に入る。

こうなると今度は、これらの量子ビットをつなぎ合わせようということになる。たとえば、もしも六四量子ビットを量子重ね合わせ状態にできたとすると、そのメモリ・バンクは0から$2^{64}-1$までの数を同時に表すことができる。従来のコンピュータであれば、これらすべての数を次々に取り上げて各ビットを0か1に設定していく必要があるが、量子コンピュータならその作業を同時に行える。まるでわたしの手元にある従来型のコンピュータが、突然先ほど紹介した電子のように並行宇宙に同時に存在し始めたようなもので、それらのコンピュータでは六四量子ビットがそれぞれ別の数に設定される。

さらにここからが賢いところで、各並行世界のコンピュータに、それが表す数で暗号が割り切れるかどうかをチェックさせる。だとしても、量子コンピュータがたくさんの並行世界のなかから確実に検査されている数が暗号の数をうまく割り切る世界を拾うようにするには、どうすればよいのか。ショアはそのために、量子アルゴリズムにみごとな工夫を埋め込んだ。コンピュータは、わたしが量子重ね合わせを観察したとたんに決断を下す必要に迫られて、ある状態に崩壊する。本質的には0か1のどちらかを選ぶのだが、そのどちらに行くかは確率によって決まる。

しかるにショアは、各並行宇宙で割り算の検査をし終わった時点で、検査された数がうまく暗号数を割り切る世界に崩壊する確率が圧倒的になるようなアルゴリズムを作った。それ以外の割り切れない世界はどれも似たり寄ったりで、互いに相殺されてしまい、割り算がみごとに成し遂げられる世界だけが突出する。

時計の盤面を思い浮かべると、数字を指す方向は十二個あって、すべてが異なっている。このとき、それらすべてが同じ長さなら、足し合わせたときに互いに打ち消し合って、結果としてはどの方向にも偏らない。ところがどれか一つが他の二倍の長さであれば、その方向を向くことになる。実はこれが、割り算検査の量子観察で起きていることの本質なのだ。

ショアがソフトウェアを書いたのは一九九四年とかなり早く、そのアルゴリズムを実行できる量子コンピュータの作成は遠い夢のように思われた。というのも、量子状態を巡る問題の一つにデコヒーレンスと呼ばれるものがあるからだ。具体的には、六四の量子ビットが互いを観察し始めて、計算を実行させる前に崩壊が起きてしまう。これは、シュレディンガーの猫——観察されていない猫が同時に死んでいて生きているという量子思考実験——があり得ないとされる一つの理由でもある。そりゃあ確かに、一つの電子を重ね合わせ状態にすることはできるだろう。でもどうすれば、猫を構成しているすべての原子を同時に死んでいて生きている状態にできるんだ？　猫を構成する膨大な数の原子が互いに作用し始めてデコヒーレンスが生じれば、重ね合わせは崩壊するはずだ。

ところが近年、同時に存在するいくつもの量子状態を隔離する技術を巡る大きな進歩があった。そして二〇一九年十月の「ネイチャー」誌に、グーグルの研究者による「プログラム可能な超伝導プロセッサを用いた量子超越性（Quantum Supremacy Using a Programmable Superconducting Processor）」という論文が掲載された。その論文によると、五三量子ビットの重ね合わせを実現できたという。これはつまり、約 10^{16} までの数を同時に表せるということだ。そのコンピュータを使うと、〝あらかじめ決められた特定の〟作業を実行することができるが、その作業を従来のコンピュータにさせると一万年かかるという。

じつに心躍るニュースだったが、その量子コンピュータが実行した作業は、大きな数を割りきる素数を探すという作業とはまったく異なる、そのハードウェアのために作られた作業だった。グーグルの「量子超越性」という見出しは誇大だと感じた人が多く、ＩＢＭの量子コンピューティング・チームなどは、この発表を酷評したうえで、グーグルチームが実行させた作業を従来のコンピュータで一万年ではなく、たった一日で行わせる方法を紹介してみせた。とはいえこれは、みごとな結果といえる。もっとも、みなさんのクレジットカードの情報を盗める量子コンピュータができるのは、まだまだ先のことになりそうだが……。

生物学的コンピュータ

では、旅するセールスマン問題の場合はどうだろう。近道を見つける画期的な方法は存在するのか。じつは研究者たちはすでに、旅するセールスマン問題と関係するある問題を、じつに珍しいコ

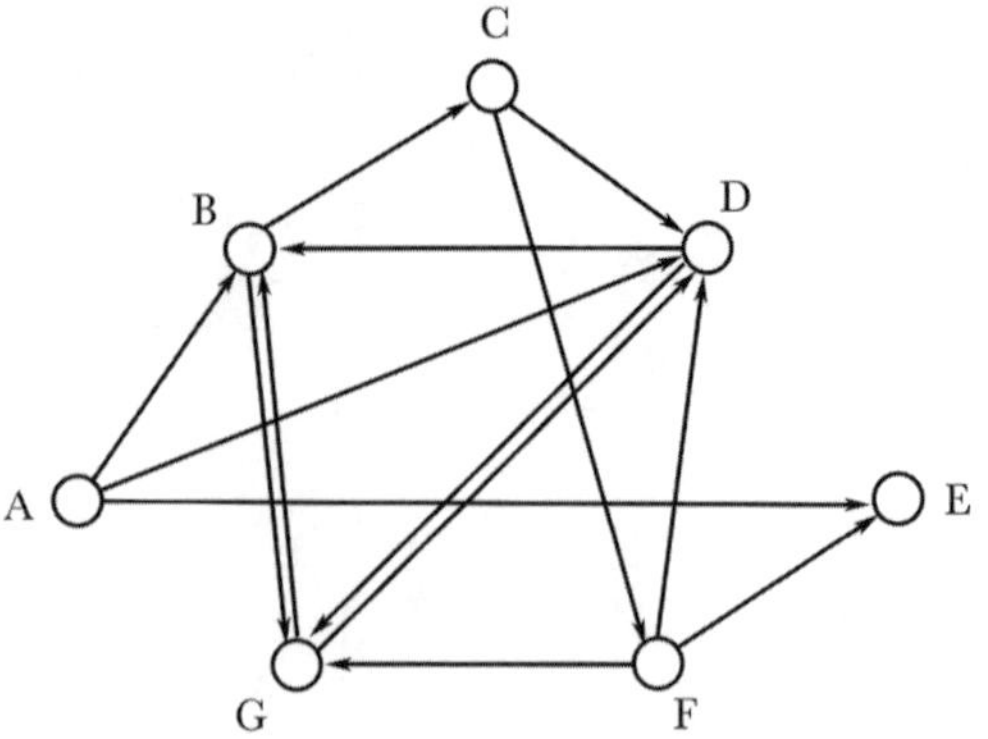

10.4　ハミルトン閉路問題。町Ａから、他のすべての町を一回だけ経由して、町Ｅへと至る

ンピュータを使って解いている。それは、ハミルトン閉路問題と呼ばれる問題で、この場合は、地図上の町を結んでいる一方通行の道のネットワークを周回する経路を見つけることが課題になる。

ある町、たとえばＡという町から始めてＥという町で終わる経路を見つける必要があって、しかもその途中で他のすべての町を一回だけ通らねばならないとする。はたしてそのような経路は存在するのか。この問題は旅するセールスマン問題と同じくらい複雑だが、じつは並列処理に向いている。数学者のレオナルド・エーデルマンは、量子世界を利用するのではなく、生物学を興味深いやり方で活用して、この問題を攻略した。ちなみにエーデルマン（Adleman）のＡは、オンラインでのやり取りを素数を利用して安全に守っている暗号、ＲＳＡのＡである。

エーデルマンは一九九四年にＭＩＴで行ったセミナーで、ハミルトン閉路問題を攻略するためにあるスーパーコンピュータを構築した、と発表した。そして、「これがそのＴＴ－１００というコンピュータです」というなり、ポケットから一本の試験管を取り出したから、聴衆はあっけにとられた。ＴＴとは試験管、つまりtest tube《テスト・チューブ》のことで、１００というのはその小さなプラスチックの試験管に入っている液体の量、一〇〇マイクロリットルの１００のことだった。しかもその試験管の中で作業を行っているマイクロ・プロセッサは、ＤＮＡの短い断片だった。

ＤＮＡのらせん構造は、Ａ、Ｔ、Ｃ、Ｇの四つの塩基から成っている。これらの塩基は、ＡとＴ、ＣとＧというふうに互いを補完して対になろうとする。この四つの塩基から成るオリゴヌクレオチドと呼ばれる短い一重の鎖を作ると、その鎖は、対をなす塩基が含まれた別の鎖を探す。たとえばＡＣＡが含まれている鎖は、ＴＧＴが含まれている鎖を見つけて、ＤＮＡの安定した二重らせんを作ろうとする。

エーデルマンはまず、地図上の経由したいすべての町に、識別ラベルとして八つの塩基から成る鎖を割り当てた。そのうえで、二つの町の間に一方通行の道がある場合は、前半の八つが出発点の町の識別ラベルで、後半の八つが到着点の町の識別ラベルを補完する識別ラベルになるような、計十六個の塩基から成るＤＮＡの鎖を作る。町Ａに入る道とＡから出る道がある場合は、十六個の塩基から成るこれら二本の鎖の、入ってくるほうの後ろ八つの塩基と出て行く方の最初の八つの塩基がくっつく。

こうすることによって、これらの道を通って町を巡るどのルートでも、道が町に入っては出ていくたびに互いにくっついていくＤＮＡの鎖に写し取ることができる。

たとえば、町ＡのラベルがＡＴＧＴＡＣＣＡで、町ＢのラベルがＧＧＴＣＣＡＣＧで、町ＣのラベルがＴＣＧＡＣＣＧＧだったとすると、ＡからＢに向かう道は、

ATGTACCACCAGGTGC

ＢからＣに向かう道は

GGTCCACGAGCTGGCC

で表される。

さらにこれら二つの道は、一本目の終わりの八つの塩基と二本目の最初の八つの塩基がくっついて合体するから、町Ａから町Ｃへと向かう旅が可能だとわかる。

この方法のすばらしいところは、このようなＤＮＡの鎖を商業ラボから大量に入手できるという点だ。エーデルマンは、七つの町からなるネットワークを探索するのに十分な量のＤＮＡを入手して、それらを試験官に放り込んだ。すると並列処理が始まって鎖が互いにくっつきあい、さまざまな経路ができた。もちろんそれらの多くは「それぞれの町を一回だけ通過する」という条件に反していたが、エーデルマンには、自分が求める経路が

8（元々の町）+6×8（それぞれの道）+8（目的とする町）

の長さのＤＮＡの鎖であることがわかっていた。

だから、得られた経路のなかからその長さの経路を選り出した後に遺伝子指紋法のような処理を施して、すべての町が鎖のどこかにもれなく含まれていることを確認した。

すべての作業を終えるには一週間以上かかったが、それでも、生物の世界をうまく利用して並列処理を効率的にこなせる装置を作る、という興味深い可能性が開かれたのは事実だ。科学者たちは試験管の中にある分子の量をモルという単位を用いて表すが、一モルの物質には、6×10^{23}個以上の分子が含まれている。エーデルマンは、生物界の極小のものを活用すれば従来の計算問題のなかでも極大の問題を処理するための近道が手に入る、と考えている。

ひょっとすると自然は、すでにこの近道を使っているのかもしれない。じっさい粘菌と呼ばれる

奇妙な生命体は、地図上のもっとも効率的なルートをかなり上手に見つけることが知られている。変形性単細胞生物であるモジホコリ（*Physarum polycephalum*）という粘菌は、一点から外側に成長しながら食べ物を探す。いちばんの好物は、エン麦《オーツ》の粉だ。

オクスフォードと札幌（北海道大学電子科学研究所の中垣俊之研究室）の共同チームが、飼っている粘菌にエン麦の粉への最短ルートを見つけるという課題を出したところ、粘菌は、東京の鉄道ネットワークとよく似た経路を作り上げた。人間であるエンジニアたちは長い年月をかけて町同士をもっとも効率的に結ぶ経路を考えてきたわけだが、いったい粘菌はどうやってその経路を見つけたのだろう。

はじめのうち、粘菌はエン麦の粉がどこにあるのかをまったく知らないので、あらゆる方向に成長する。ところがいったん餌にありつくと、結果として食べ物にでくわさなかった多くの枝は消え失せて、餌へと向かうもっとも効率的なルートだけが残る。さらに粘菌は、ものの数時間でその構造に磨きをかけ、新たな餌との間に異なる場所を効率的に結ぶトンネルを作る。

この実験を設計したチームが驚いたことに、結果として粘菌が作り出したパターンは、人間が作った東京周辺の鉄道網にきわめてよく似ていた。人間が長い年月をかけて行ってきたことを、粘菌は昼下がりの半日でやり終えたのだ。ひょっとして、この単細胞粘菌は、数学の未解決の大問題の一つを解くのに役立つ近道を知っているのか。

答え

グラストンベリー・フェスティバルの地図を周回する最短の経路は次の通り。この経路より短い経路が存在しないことを確認するのに、ずいぶん時間がかかった。

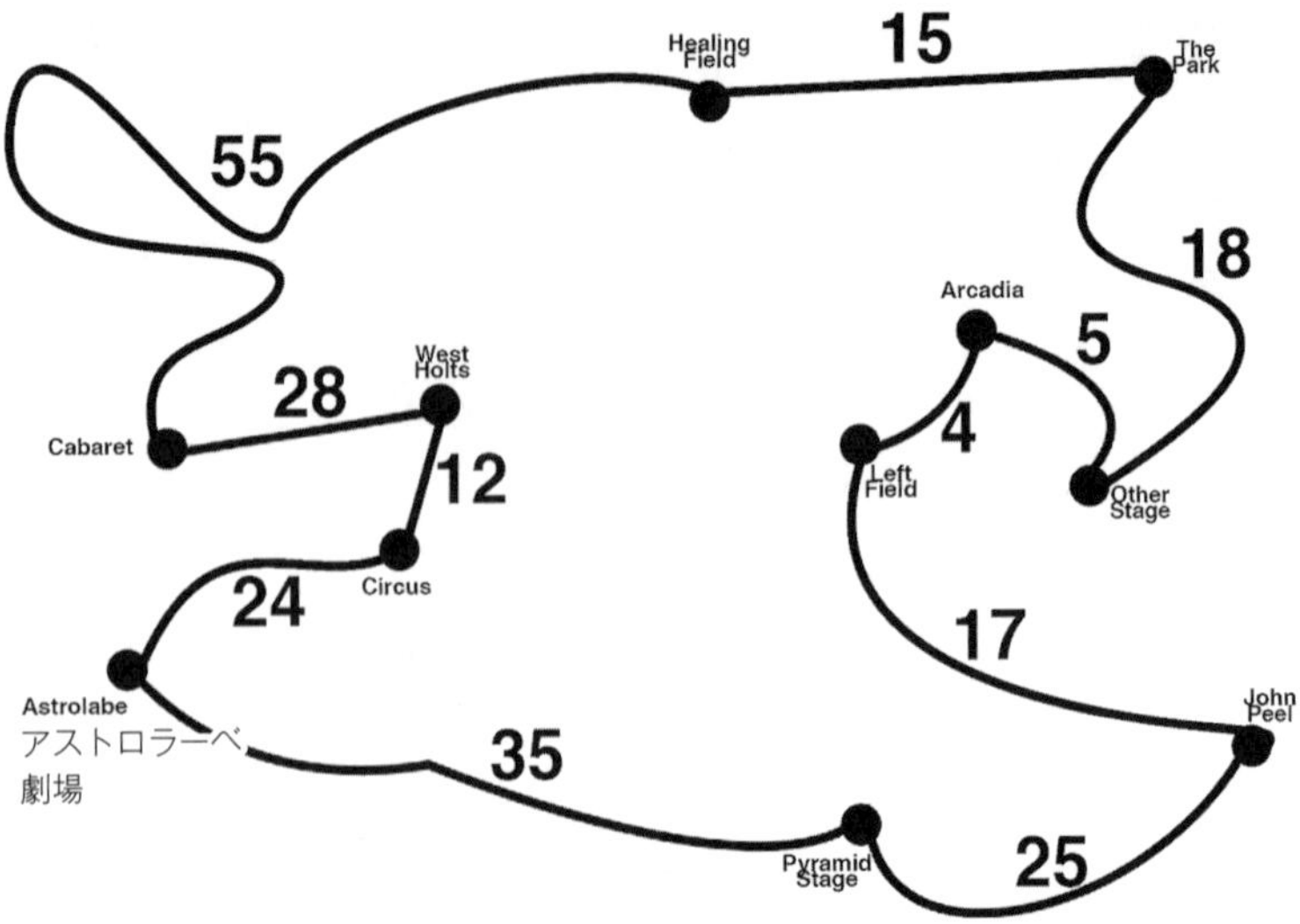

10.5　グラストンベリー・フェスティバルを周回する最短経路

近道への近道

時には、自分が解きたい問題に近道がまったくない、という事実を知ることが重要になる。目的地に達するには長い道のりを行くしかないということに気がつけば、近道を探して時間を無駄にしなくてすむ。それに、すべての作業を自分でするのなら、自分が時間を無駄にしているわけではないことがわかっていたほうがいい。自分が解こうとしている問題が、じつは姿を変えた旅するセールスマン問題なのかどうかをチェックするには、ある問題をまったく別の問題に変えるための近道を使えばよい。もしもまったく近道がないのであれば、暗号制作者たちがしたように、その事実をうまく使えるかもしれない。

到着

人間は創意工夫を重ねて、じつに多様な近道を作ってきた。そしてそれらは何世代にもわたり、種としてのヒトの発展を加速してきた。これらのじつに多様な「よりよい思考法」なくして、今日のような技術的進歩は実現できなかった。数を記号で表すという近道がなければ、三より多いものはすべて「たくさん」でしかない。地球上を実際に移動する際も、地球の幾何学を理解することで、より効率的に移動できるようになった。宇宙に滞在したことのある人は五六六人しかおらず、せいぜい月までしかいったことがないが、それでもわたしたちは三角法という近道を使って、宇宙の奥へと分け入ってきた。

パターン認識や微分積分学の力を借りると、未来への旅を端折って、次に何が起きるかを事前にのぞき見ることができる。確率による近道のおかげで、何百回も実験を繰り返さなくても、どの結果がもっとも起こりやすいのかがわかる。インターネットの空間を、自分が欲しいものを探してうろうろしなくても、関係を分析する賢い方法を使うことで、目的地への近道を取ることができる。そしてわたしたちはついに-1の平方根をはじめとする新たな数をひねり出し、鏡の向こうの世界を作り出すことで、解への近道に踏み出せるようになった。飛行機が安全に着陸できるのは、そのような虚の世界の旅が可能になったおかげなのだ。

確かに、退屈で辛い仕事を避けたいというのが、数学の旅に出発する際のわたしの動機だった。

頭を使わない骨折り仕事を端折れるというのは、十代の怠け心にとってとても魅力的だった。授業で退屈な反復や計算をさせることなく、数学とは賢く考えることなのだ、とわたしに教えてくれたあの数学の先生には心から感謝している。だが振り返ってみると、それと同時に近道の核に潜むパラドックスが見え始めていたような……。

数学者の仕事は、賢く考える新たな方法を見つけることにある。ところがそのような近道をひねり出すことは容易でない。数学を行うには、やはり一つの問題を延々と深く考えることが必要だ。いくら考えても、にっちもさっちもいかない時間が続き、それから突然強烈な理解が訪れて、その問題の原野を抜ける近道が見つかる。だが、何時間も深く考えて、お気に入りの黄色いリーガルパッドにあれこれ殴り書きをしなければ、突然近道が見つかったりはしない。わたしがなんとしてもほしいのは、「そうか！」という感激であって、すっかり病みつきになっている。そしてその瞬間が訪れるのは、自分を向こう側に連れていってくれる秘密の通路——近道を発見したときなのだ。

結局のところ、この身を近道の学問分野に捧げているのは怠惰だからではない、ということにわたしは気がついた。ほとんどその逆で、近道を見つけるのがたいへんだからこそ、大きな満足が得られる。

目の前に山があったとして、ヘリに乗って頂上に行くこともできる。それでも景色は楽しめるが、ロバート・マクファーレンによると、そんなのは登山家にとってまったく無意味だという。頂まで登り切ったという満足感が得られると思うからこそ、辛い作業に取りかかれる。自分の足で歩く、という作業に。

あるハーバードの物理学者と偉大なる未解決の問題に取り組むという知的挑戦について話したときのことを、今もはっきり覚えている。その女性は対話の中で、ボタンを一つ想像してほしい、とわたしにいった。自分が取り組んでいるすべての問題の答えを与えてくれるボタンを。わたしがそのボタンに向かって手を伸ばそうとすると、彼女はその手をつかんでいった。「ほんとうに、押したいんですか？　それではお楽しみが台無しになりませんか？」

ナタリー・クラインも、同じようなことをいっていた。もしもチェロを演奏する近道があったなら、たぶん演奏はあまり魅力的でなくなる、と。心理的なフローのなかで恍惚ともいえる瞬間に達するには、技量と困難な課題が組み合わさっていなくては。

「グッド・ウィル・ハンティング／旅立ち」というハリウッド映画がわたしのお気に入りなのは、一つには、数学者のノーベル賞と称されるフィールズ賞に初めて触れたポップカルチャーだからだ。しかもこの映画は同時に、まずイライラしながら何時間も懸命に考え続けることが大事で、それがあってはじめて問題を解くための近道を発見した瞬間が素晴らしいものになる、ということの一例になっている。マット・デイモン扮するＭＩＴの数学科の用務員は、黒板にある問題が書かれているのを見て、すぐにその解き方を理解する。翌日その教室にやってきた数学科の教授たちは、黒板に乱暴な字で書かれている解を見てびっくり仰天するが、デイモン演じる人物は、結局数学者にはならない。

わたしにいわせれば、なぜ数学者にならなかったかというと、彼にとって数学が単純すぎたからだ。主人公にすれば、その心を捉えたいと思っている少女こそが、自明の解がない複雑な問題だった。そしてその問題が、映画の最後へと向かう彼の旅の動機になる。真正面から問題を解こうとしてさんざん苦労した末に恍惚とした解放の瞬間がもたらされる、というのが、数学的な近道の重要な要件の一つなのだ。

わたしが追い求めている近道は、本の巻末に載っている答えを見ることとはまったく関係ない。それでは満足のいく近道にならない。最良の近道は、問題と必死に取っ組み合った末に出現するのであって、ついに緊張感が解消された瞬間の音楽のようなものだ。

この旅で明らかになったパラドックス、それは、はじめは延々と辛い仕事をするのが嫌で近道を探し始めたとしても、結局は近道を見つけるためにじつにたくさんの作業をすることになる、という事実だ。それでもわたしが近道を見つけようと嬉々としてきつい仕事に取り組む理由は、実は努力の様子を表す曲線の性質と関係があるのかもしれない。1から100までの数を足し合わせるのに必要な努力をグラフにすると、たぶんそのグラフはひたすら単調なものになる。時間が経ってもさして様子は変わらず、苦労全体が時間に比例して増えていく。これに対して近道を見つけるための努力を表すグラフははるかに予測が難しい。あがったり下がったりして、ひょっとすると最後のほうでぐんと跳ね上がる。そして近道が実行されると、ストンと落ちる。しかもその点から先では近道が威力を発揮するから、グラフは決して最低限の基準線を超えない。これに対して長く辛い作業のグラフは、あいかわらず単調に増えていく。

この旅ではさらにもう一つ、興味深いパラドックスが明らかになった。それは、キュレーターのハンス・ウルリッヒ・オブリストが強調した「回り道が欠かせない」という事実だ。最良の近道は、しばしば回り道から始まる。フェルマーの最終定理の証明は数学者たちに回り道をさせたが、これには十分価値があった。なぜならその途上でたくさんの奇妙な街道や抜け道に出くわしたからで、それらの迂回路が、たくさんのすばらしい近道――わたしたちは旅しながら、それらをひねり出さなければならなかった――の発見に繫がった。

近道の威力としてよく挙げられるのが、機会を捉えた人々がそのおかげでより迅速に目的地に到達できるという事実だ。二〇一六年に、世界一長くて深いトンネル、ゴッタルドベーストンネルが開通した。全長五七キロメートルのこのトンネルは、アルプス山脈を貫いて北ヨーロッパと南ヨーロッパを結んでいる。このトンネルの建設には一七年かかったが、列車は一七分で駆け抜ける。

カール・フリードリッヒ・ガウスは一八五四年に、ハノーファーとゲッチンゲンをつなぐ新たな鉄道の開通式に出席した。健康状態はその前からじょじょに悪化していて、一八五五年二月二十三日早朝、ついに眠ったまま息を引き取った。

ガウスは自ら、自分を数学者を目指す旅へと駆り立てた発見の一つである、正十七角形の作図を墓石に刻むよう指示していた。ところがそのデザインを見せられた石工は、正十七角形は刻めない、といった。理屈のうえでは作図できるんだろうが、これでは大きな円とほとんど変わらない、と思ったのだ。

学生時代にわたしが時間をかけて身につけた近道は、数学者たちが何年も深く考えを巡らした末に切り出したものだった。しかしいったんトンネルができてしまえば、その後の人々は可及的速やかに知の最前線に到達することができる。生徒として教室の席に着き、1から100までの数を足し終えたガウスには、何か新しいことを考える余裕ができた。わたしにいわせれば、近道の効用はここにある。ぼんやりしていてもできる作業に時間を取られると、自己分析をしたり新しい発見をしたりして自分の地平を広げるチャンスを逃してしまう。近道があればこそ、やりがいのある心躍る新しい試みに力を注ぐことが可能になる。

というわけで、ここまでの旅がみなさんに、より賢く考えて新たな考えに取り組む余裕を生み出すための近道を提供できていたとすれば、著者としても本望というものだ。近道の終点には、新たな旅を始めるチャンスがある。ガウスは友人のボーヤイ・ファルカシュ宛ての一八〇八年九月二日付けの手紙で、知の探求に関する自身の見方を次のようにまとめている。

最大の喜びをもたらすのは、知識ではなく、学ぶという行為であり、所有することではなく、そこにたどり着くことなのです。あるテーマを解明して研究し尽くすと、わたしはそのテーマに背を向けて、再び闇に向かいます。決して満足しない人間というのは、じつに奇妙なものです。ある構造を完成したとしても、それはそこに安穏と留まるためでなく、また別の構造を作り始めるためなのです。世界を征服する人も、きっとこのように感じているのでしょう。一つの王国をなんとか征服し終えると、また別の王国に手を伸ばすのですから。

近道は、自分の旅を最速で終えるためのものではなく、新たな旅を始めるための踏み石だ。道を阻む邪魔ものをどけ、トンネルを掘り、橋を作って、他の人々が知の境界に向かって、さらに迅速に各自の闇の中への旅を始められるようにする。さあわたしたちも、ガウスやその同僚の数学者たちが長い年月をかけて研ぎ澄ましてきたツールを手に、腕を伸ばして、次なる偉大な征服へと向うことにしよう。

謝辞

本をまとめるという壮大な作業を成し遂げるための近道はそう多くはないが、最良の近道の一つに、自分を支えてくれるすばらしいチームを持つという方法がある。版元の担当編集者ルイーズ・ヘインズは、まるで優れた心理学者のように、鋭い問いを投げかけることで、筆者が抱えている問題の解を自力で見つけられる環境を作ってくれた。グリーン・アンド・ヒートン社の担当エージェント、アントニー・トッピングは常にもう一組の重要な目として、わたしが袋小路に入りこんで迷子にならないようにしてくれた。校正者のイーアン・ハントはじつに辛抱強く筆者のずたずたな英語文法と取り組んで、きちんとした形にしてくれた。

　海の向こう側のアメリカの編集チームでは、ベイシック・ブックスのトーマス・ケラハーとエリック・ヘニーのすばらしい仕事によって、わたしの近道がアメリカの読者を確実に正しい方向に向かわせるものになった。

　この本の幕間となっている「ちょっと一息」に登場してくれた方々は、じつに寛大に時間を割いてさまざまな考えを聞かせてくれた。ナタリー・クライン、ブレント・ホバーマン、エド・クック、ロバート・マクファーレン、ケイト・ラワース、ハンス・ウルリッヒ・オブリスト、コンラッド・ショークロス、フィオナ・ケネディ、スージー・オーバック、ヘレン・ロドリゲス、そしてオグニェン・アミジッチには、近道に関する考えを巡って心躍る議論をしてくれたことに、心から感謝する。

画家のソフィア・アル＝マリア、トレイシー・エミン、アリソン・ノウルズ、オノ・ヨーコには、それぞれの「ドゥー・イット」の指示書を掲載させてくれたことに、感謝する。

現在の教授職が提供してくれた時間なくして、このような著作をまとめることはできなかった。この教授職を授けてくれたことについてはチャールズ・シモニー（ハンガリー生まれのプログラマーでエクセルやワードの開発者。著者は、その寄附によりオクスフォードに作られた「科学啓蒙のためのシモニー教授職」の二代目の教授）に、科学の一般理解のための教授として受けてきたあらゆる支援についてはオクスフォード大学に、心からの謝意を表したい。

ニュートンもシェイクスピアも、疫病の時代により生産的になって、成果を上げた。この本の執筆期間は二〇二〇年初頭に地球を襲ったパンデミックの時期と重なったが、じつはこれも奇妙な近道になった。なぜなら日常の気晴らしができなくなって、腰を据えて執筆する時間を取ることが可能になったからだ。その結果、草稿は締め切りの二ヶ月前に仕上がり、編集者のルイーズは、届いた草稿を見てぎょっとした。わたしが締め切りに二年も遅れることに慣れっこだったから！　しかし、原稿を早めに仕上げた著者はわたしだけでなかったことが判明した。ルイーズによると、担当している何人かの著者から頼んでもいない小説が届いたという。だからフィードバックにはちょっと時間がかかるかもしれません、という話だった。そこでわたしはロックダウンでできた時間を使って、フィードバックがくるまでの間に新たに一本芝居を書いた。劇場がすべて閉まっていることを思えば、これは馬鹿げたプロジェクトだったのだろうが、いずれどこかで日の目を見ることを祈っている。

ロックダウンの最中に原稿を執筆していた頃は、一日の終わりに家族全員が自分の部屋から出てきて、その日のオンラインでの冒険を報告し合うことにしていた。そうやってみんなで分かち合った笑いと愛のおかげで、締め切りまでに原稿を仕上げるという辛く厳しい作業がぐんと楽になった。

シャニ、トーマー、イーナ、マガリー、ありがとう。きみたちは、著作をまとめるというやっかいな旅をやり通すための最高の近道だった。

訳者あとがき

これは、Marcus du Sautoy の一般向け科学啓蒙書、*Thinking Better: The Art of the Shortcut*（よりよい思考のために：近道のアート）の全訳である。

数学者であるマーカス・デュ・ソートイは、数学の問題と数学者群像を紹介する一般向けの作品（『素数の音楽』）によって、一躍その名を知られるようになった。さらに近年は、本文にも登場したシモニー教授の使命である「一般への科学の啓蒙」の一環として、数学および科学全般の現状に関する著作（『知の果てへの旅』）や、数学あっての産物であるＡＩと社会との関わりを巡る著作（『レンブラントの身震い』）を発表してきた。これら近年の著作では、数学はそれほど前面に出ず、扱われる範囲もかなり広がっている。今回のこの作品ではさらに門戸を広げて、人間の思考そのものと数学の関わりが扱われている。まさに題名の通りだ。

デュ・ソートイは、「よりよい思考をするために開発された近道の集合体」こそが今日数学と呼ばれているものだ、と主張する。今日の「数学」を外から見ると、記号だらけの式だらけで、まるで素人を拒絶しているように見えるが、その本質は人類の発展に不可欠な思考と深く関わっている、というのだ。

訳者が原著と最初に向き合ったときにまず頭に浮かんだのは、「世の数学者というものは別に、早押しクイズや公式記憶選手権をやっているわけではなくて、問いについての『考え方』を考えている」という円城塔氏の（フィリップ・オーディング著『1つの定理を証明する99の方法』の）書評の一節だった。「答えがあるのかもわからない問いにとりくみ、どうやって問いをつくるかを考えていて、どんな解き方があるのかを考えている」という。ここだけを取り出すと、まさに、日々の暮らしや仕事のさまざまな場面で人々が出会う状況だ。たぶん数学は、それをもっとも先鋭的、かつクリアな形で行っているのだろう。

物理学者ユージン・ウィグナー（素粒子論でノーベル賞を受賞）には、一九八〇年に発表された「自然科学における数学の不合理なまでの有効性」という有名な論文がある。数学がなぜ物理学にとって途方もなく使えるものなのか。その意味を考察するなかで、数学は「ただそれだけのためにつくられた概念や規則の巧みな操作の科学である」と定義されている。つまり数学は、概念操作の科学なのだ。「概念」というと何やら思弁的なこと、抽象的なイメージが強いが、その基本は具体（現実）にあり、しかも人間は、「概念」抜きでは思考できない。日常普通に使っている、たとえば「山」という言葉や「椅子」という言葉は、じつは具体的な一つの山、一つの椅子だけを指すものではなく、「山」という概念（たとえばきわめておおざっぱに、平地より高く飛び出している土の塊とか）、「椅子」という概念（人が腰掛けるためのもの、とか……）に付けられた名前なのだ。そういう命名——すなわち言葉なしに、ものを考えることはできない。さしずめ辞書は、それらの概念の定義集なのである。

数学は、さまざまな概念をもっともピュアな形で定義し、操作し、表現する。だからそこに、概念操作の「原型」が立ち現れる。デュ・ソートイは「近道」というキーワードを通して、「概念操作の原型」集たる数学と「日常におけるよりよい思考」が、あるいは重なり、あるいは混じり、互いに深く関わっている様子を伝えている。

さらにもうひとつ、著者は繰り返し、「良い近道を見つけるには、引いてみること、俯瞰することが重要だ」と強調する。つまり、「この場合はこれしかない！」という思い込みの枠を脱して、より自由に思考してみよう、というのだ。そのような例の中でももっとも華々しいものとして、物理学におけるアインシュタインの相対性理論がある。ウィグナーは前出の論文で、数学において重要なのは「概念をつくり出すこと」だ、とも述べているが、アインシュタインの相対性理論はその好例になっている。

自分を取り囲む目に見えない「空間」、そして自分たちのうえを流れていくように思われる「時間」は、物理学においても（哲学においても、宗教においても）昔から重大な関心事だった。ごく普通の感覚でイメージした「空間」は、三次元（縦、横、高さ）の不動のものになるが、それだけでは「時間」の居場所がなくなる。だったら、空間の三次元に時間の一次元（過去から未来へと流れているだけなので一次元）を合わせて四次元にするしかない。「空間」と「時間」は無関係だから追加の次元が必要になって、（人間はその目で見ることができないが）「空間と時間」はそれぞれ独立な四つの方向に軸が伸びたモデルで表されるはずだ、というのがアインシュタイン以前の考え方だった。物理学はあくまで現実を説明するためのものだから、この「空間」のモデルは自然である。

ところが、「光の速度は有限だ」という事実についてとことん考察したところ、このモデルではどうもまずい、ということになった。そこでアインシュタインはいったんこのモデルをチャラにして、すでに得られていた物理的な証拠をすべて集め、あれこれ考えを巡らした末に、四次元は四次元でもまったく違うモデルになるはずだ、と結論した。いわく、空間と時間は互いに影響を及ぼし合い、完全に切り離すことができない四次元の「時空」として存在する。そしてわたしたちは、この巨大な軟体動物のような時空に浸っている。

その後この説は、現実の観察により正しいことが裏付けられてきたが、従来とはまったく異なるこのモデルにきちんとした形が与えられたのは、数学者がすでに従来の幾何学とは異なる幾何学の概念を開発していたからだった。なぜ数学者がそんな幾何学概念を開発できたのかというと、数学が、必ずしも現実に固執せず、現実から始まった概念を洗練し、操作し、さらにそれらの概念を一段も二段も一般化、抽象化した概念を作っていくからだ。そうやって抽象の度合いを上げることによって、現実の縛りを抜けていく。

しかるにアインシュタインの相対性理論の場合は、現実の縛りを脱したからこそ、結果として現実の真の構造を突き止めることが可能になった。これが、デュ・ソートイの強調する俯瞰の強みであり、数学の強みなのだ。

引いてみることで思考の自由度が上がり、対象物のそれまで隠れていた姿が見え始めるというところまではよいとして、強力な「近道」が見えてきたと思ったとき、その「近道」が「迷い道」でないことは、どのように担保されるのか。数学の場合は、「証明」がその道の正しさを裏書きする。そこでは「筋道」、「道理」の有無が決め手になる。数学者たちは常に、扱っている概念を極力クリアにしようとする。具体的には、その概念について何が言えて、何が言えないのか、その輪郭を明確にしようと努める。その作業なしには、ウィグナーのいう、「偉大な数学者は、完璧に、ほとんど容赦なく、許容される推論の領域を開拓し、許容されない領域を避ける」ことが、できなくなる。この著作を見ていると、デュ・ソートイ自身の「近道」に対する姿勢にも、そのような数学者らしさが感じられる。「近道」をもっぱら優れたものとして礼賛するのではなく、どういう欠点があるのか、矛盾はないのか、近道が存在しない場合もあるのか、といったことにも突っ込んで、「近道」の輪郭を極力クリアにしようとする。その意味で、これはいかにも数学者らしい著作といえる。

ここで改めて、著者について簡単に紹介しておく。

デュ・ソートイは一九六五年八月二十六日にロンドンで生まれ、ジロット総合中等学校《コンプリヘンシブ・スクール》（ここで、本文に登場するベイルソン先生と出会う）を経て、オクスフォードのウォドム・カレッジに進んだ。自分自身が、王立研究所《ロイヤル・インスティチューション》における数学者クリストファー・ジーマンのクリスマス・レクチャー（中学生以上を対象とする連続啓蒙講演会）や、アイザック・アシモフの啓蒙書に魅了されたおかげで自分の道を見つけられたことに恩義を感じていたことから、念願の数学者としての研究生活に邁進しながらも、「タイムズ」紙の記者からの熱心な誘いに応じてフィールズ賞受賞者を巡るコラムをまとめ、初めて読者からの（好意的な）反応を得る。自身の本分は研究にあり、という思いが強く、なかなか次なる一歩には踏み出せなかったが、やがて、少年時代に一世を風靡した科学啓蒙番組『人間の進歩』（ジェイコブ・ブロノフスキーの番組。今回の著作は、この番組へのオマージュのようでもある）に感動してからずっと抱いていた啓蒙活動への関心がじょじょに頭をもたげ、少しずつ数学啓蒙に時間を割くようになっていった。そして冒頭にも触れた著作『素数の音楽』が世界的なヒットとなり、自身も王立研究所のクリスマス・レクチャーを行うといった活動を重ね、二〇〇八年にオクスフォードのシモニー教授に就任する。シモニー教授職は一九九五年にオクスフォード大学に創設されたもので、具体的な科学分野で優れた業績を上げた人物のためのポストであり、その分野での研究活動と、一般の人々の科学理解への貢献とを並行して行うことが求められる。初代のリチャード・ドーキンスに続く二代目教授として、科学啓蒙への尽力に向けた時間や資金を大学に保証されている今日、デュ・ソートイは、一般向け科学啓蒙書や、多数の科学記事、テレビ番組の制作、さらには児童文学や演劇との関わりをさらに深め、増やしている。たとえば二〇二二年の五月のクセナキス生誕一〇〇周年記念行事では、英国王立ノーザン音楽大学の客員教授として、アーティストと共同製作した「クセナキスの『ノモス・アルファ』の数学的対称性に基づく動画」を発表した。クセナキスは一九二二年生まれのギリシャ系フランス人の現代音楽作曲家で、数学を使った曲作りで知られており、「ノモス・アルファ」は、三人の数学者に捧げられた一本のチェロのための楽曲である。発表された二〇分弱の動画では、クセナキスが作曲の基礎とした立方体のさまざまな頂点と辺が、チェロの音色に乗って明るくなったり震えたりすることで、聴衆や演奏者にもこの曲に潜む対称性が見えるようになっている。デュ・ソートイは今も、「どうやったら数学を日々の生活に持ち込めるかを知っている人物」としての守備範囲をどんどん広げているのだ。

最後になりましたが、新潮社校閲部の田島弘さんには、訳稿をたいへん丁寧に校閲してくださったこと、心より感謝いたします。いつにも増して、ご苦労をおかけいたしました。また、新潮社出版部の田畑茂樹さんにも、最初から最後までいろいろとお世話になりっぱなしでした。ほんとうに、ありがとうございました。

読者の皆様には、どうかデュ・ソートイとともに「近道」探索を楽しまれますように。

二〇二三年二月

冨永　星

ワ行

マ行

ヤ行

ラ行

ナ行

ハ行

タ行

サ行

カ行

索　　引

数字

英字

ア行

Thinking Better
Marcus du Sautoy

数学《すうがく》が見《み》つける近道《ちかみち》

著 者
マーカス・デュ・ソートイ
訳 者
冨永星
発 行
2023 年 3 月 30 日

発行者　佐藤隆信
発行所　株式会社新潮社
〒162-8711 東京都新宿区矢来町 71
電話 編集部 03-3266-5411
読者係 03-3266-5111
https://www.shinchosha.co.jp

印刷所
株式会社精興社
製本所
大口製本印刷株式会社

ISBN978-4-10-590187-5 C0398

CREST BOOKS
Shinchosha

知の果てへの旅

What We Cannot Know
Marcus du Sautoy

マーカス・デュ・ソートイ
冨永星訳

知の探究の最前線で、いま何が問われているのか。
宇宙に果てはあるのか？　時間とは、意識とは何か？
はたして、科学はすべてを知りえるのか？
『素数の音楽』の著者による人間の知の限界への挑戦。

CREST BOOKS

レンブラントの身震い

The Creativity Code
Marcus du Sautoy

マーカス・デュ・ソートイ
冨永星訳

あのレンブラントが「新作」を発表!?
AIは創造性を獲得できるのか——。
機械と人間を分かつ最後の聖域だった芸術の世界で
生じているAI進化の最前線を数学者が訪ね歩く。

CREST BOOKS

波

Wave
Sonali Deraniyagala

ソナーリ・デラニヤガラ
佐藤澄子訳

わたしの人生にはすべてがあった。
あの波が来るまでは――。
２００４年12月、スリランカを襲った巨大津波。
夫と息子たち、両親を一度に失った経済学者の回想録。

CREST BOOKS